园林工程
从新手到高手——

园林植物养护

主编　董亚楠

参编　魏文智　何艳艳　白巧丽
　　　阎秀敏　孙玲玲

U0359943

机械工业出版社
CHINA MACHINE PRESS

本书将内容分为新手必读、高手必懂及工程综合实例，以帮助读者掌握专业内容的关键点，从而快速提升从业技能。

本书共分为六章，内容包括：园林植物养护基础知识、园林植物养护管理、园林树木的整形修剪、园林植物病虫害防治、各类园林植物的养护管理、综合实例。

本书内容通俗易懂，与园林绿化生产实践及技能鉴定相结合，将新知识、新观念、新方法与职业性、实用性和开放性相融合，培养读者园林植物养护的实践能力和管理经验。可供从事园林植物养护等领域的工程技术人员、科研人员和管理人员参考，也可供高等学校园林景观及相关专业师生参阅。

图书在版编目（CIP）数据

园林工程从新手到高手：园林植物养护/董亚楠主编 . —北京：机械工业出版社，2021.2 （2023.3 重印）

ISBN 978-7-111-67304-0

Ⅰ.①园…　Ⅱ.①董…　Ⅲ.①园林植物 – 观赏园艺　Ⅳ.①S688

中国版本图书馆 CIP 数据核字（2021）第 017046 号

机械工业出版社（北京市百万庄大街 22 号　邮政编码 100037）
策划编辑：张　晶　责任编辑：张　晶　吴海宁
责任校对：王　欣　封面设计：马精明
责任印制：常天培
北京机工印刷厂有限公司印刷
2023 年 3 月第 1 版第 2 次印刷
184mm×260mm·12.25 印张·323 千字
标准书号：ISBN 978-7-111-67304-0
定价：49.00 元

电话服务　　　　　　网络服务
客服电话：010-88361066　机　工　官　网：www.cmpbook.com
　　　　　010-88379833　机　工　官　博：weibo.com/cmp1952
　　　　　010-68326294　金　书　网：www.golden-book.com
封底无防伪标均为盗版　机工教育服务网：www.cmpedu.com

前　言

　　随着我国经济的快速发展，城市建设规模不断扩大，作为城市建设重要组成部分的园林工程也随之快速发展。人们的生活水平提高，越来越重视生态环境，园林工程对改善环境具有重大影响。

　　园林工程主要是用来研究园林建设的工程技术，包括用于地形改造的土方工程，叠山、置石工程，园林理水工程和园林驳岸工程，喷泉工程，园林的给水排水工程，园路工程，种植工程等。园林工程的特点是以工程技术为手段，塑造园林的艺术形象。在园林工程中如何运用新材料、新设备、新技术是当前的重大课题。园林工程的中心内容是如何在综合发挥园林的生态效益、社会效益和经济效益功能的前提下，处理园林中的工程设施与风景园林景观之间的矛盾。

　　园林工程施工人员是完成园林施工任务的最基层的技术和组织管理人员，是施工现场与生产一线的组织者和管理者。随着人们对园林工程越来越重视，园林施工工艺越来越复杂，导致对施工人员的要求不断提高。因此需要大量掌握园林施工技术的人才，来满足日益扩大的园林工程人才需求。为此，我们特别编写了"园林工程从新手到高手"丛书。

　　本丛书分为5分册，包括：《园林基础工程》《园路、园桥、广场工程》《假山、水景、景观小品工程》《园林种植设计与施工》《园林植物养护》。

　　本书不仅涵盖了先进、成熟、实用的园林施工技术，还包括了现代新材料、新技术、新工艺等方面的知识，将新知识、新观念、新方法与职业性、实用性和开放性融合，培养读者园林植物养护的实践能力和管理经验，力求做到技术先进、实用，文字通俗易懂，书中文字、图片及视频相结合，能满足不同文化层次读者的需求。

　　由于时间有限，书中难免还有不妥之处，希望广大读者批评指正。

编　者

CONTENTS

目 录

第一章
园林植物养护基础知识

第一节
园林植物概述

【新手必读】园林植物的概念

园林植物是园林树木及花卉的总称。花卉给人普遍的印象是草本花卉类植物。花卉的广义要领是指有观赏价值的草本植物、草本或木本的地被植物、花灌木、开花乔木及盆景等。园林植物是城市绿化的主要组成部分，是改善和建设城市生态环境的主要因子。种植园林植物，利用有生命的植物来构成空间，达到绿化、美化、香化、彩化和艺术化人们的生活环境。

园林植物是指能绿化、美化、净化环境，具有一定观赏价值、生态价值和经济价值，适用于布置人们生活环境、丰富人们精神生活和维护生态平衡的栽培植物。如今，人们对园林植物的功能赋予了新的要求。不仅要求园林植物具有观赏功能，还要求其具有改造环境、保护环境以及恢复和维护生态平衡的功能。因此，园林植物不仅包括木本和草本的观花、观果、观叶、观姿态的植物，也包括用于建立生态绿地的所有植物。随着科学技术的进步和社会的发展，园林植物的范畴也在延伸扩大。

一、植物的多样性

世界上的植物种类丰富，分布极广，形态结构多种多样，有单细胞和多细胞的植物体。根据植物的不同特征，一般可以分为6类：藻类植物、菌类植物、地衣植物、苔藓植物、蕨类植物和种子植物。其中藻类、菌类和地衣植物统称为低等植物，苔藓、蕨类和种子植物统称为高等植物，如图1-1所示。种子植物是地球上种类最多、形态结构最复杂的一群植物，也是和人类生活最密切的一类植物。

藻类、地衣、苔藓、蕨类和种子植物具有叶绿素，属于绿色植物，细菌和真菌体内不具有叶绿素，属于非绿色植物。在自然界中，绿色植物和非绿色植物都有特殊的作用。绿色植物可进行光合作用，光合作用是含有叶绿素的植物组织在光下利用二氧化碳和水合成碳水化合物的过程，是有机物的合成过程，也是光能转变为化学能贮藏在碳水化合物中的过程。植物体内的碳水化合物是合成脂肪、蛋白质等有机物的基础。

植物的光合作用是地球上唯一的最大规模的把无机物转化为有机物、把太阳能转化为化学

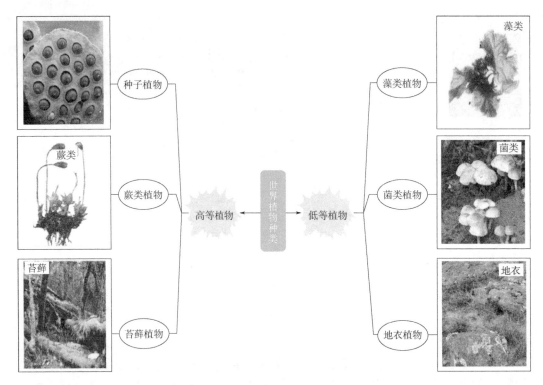

图 1-1　世界植物种类

能并释放氧的过程，是地球上所有生命活动所需要的能量的基本源泉。

死的有机体经过非绿色植物（细菌和真菌）的矿化作用发生分解，使复杂的有机物分解成为简单的无机物，再回到自然界中，会重新被绿色植物利用。

植物在维持自然界的生态平衡中起着重要的作用，自然界中的碳素循环、氮素循环和矿物质循环等都以绿色植物为主要载体。可以说，植物是人类维持生命活动的物质基础。

二、植物细胞

细胞是生物体结构和功能的基本单位，一切有机体都是由细胞构成的。1838—1839 年德国植物学家和动物学家提出细胞学说，它和能量守恒定律、转化定律及生物进化论并称为 19 世纪自然科学的三大发现。植物细胞由细胞壁、液泡和原生质体组成。原生质是生命活动的物质基础，它由水、蛋白质、类脂、碳水化合物、核酸和无机盐组成，原生质的重要特征是具有生命现象。在生活的植物细胞中，细胞壁以内由原生质组成的原生质体在形态结构上分化成细胞质、细胞膜、细胞核三部分。

三、植物组织

种子植物的植物体是由无数细胞构成的。当植物由小到大，随着细胞数量的增多和所担负的生理功能的不同，原来差异不大的柔嫩细胞，分化为形态、构造和功能各不相同的细胞群，并有规律地分布在植物体的一定部位。因此把形态、构造和功能相同，并有一定起源的细胞群叫作组织。植物体的每一个器官都是由许多不同的组织构成的。植物组织分为分生组织、薄壁组织、保护组织、机械组织、输导组织和分泌组织。

四、植物器官

植物器官包括营养器官根、茎、叶和生殖器官花、果实和种子，如图1-2所示。

（1）根　根是植物体的下行部，上部与茎相连，具有正向地性，一般在土壤中生长，其上无节，决不生叶。根的重要功能是固定植株、支持枝叶于空间；吸收水、无机盐和部分二氧化碳。

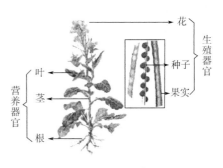

图1-2　植物器官

植物的根按分布和层次分为主根、侧根和须根；根按起源分为胚源根和不定根；根系分为直根系和须根系，按分布特性分为深根性和浅根性；按根的变态分为支柱根、呼吸根、板状根、气根、附生根和寄生根。

（2）茎　茎的功能主要是联系根和叶，起输送物质和水分、支持和繁殖作用。

按茎的木质化程度的不同，分为木本植物和草本植物，木本植物包括乔木、灌木和半灌木，草本植物包括一年生、二年生和多年生植物。

按茎的生长状态分为直立茎、匍匐茎、缠绕茎和攀缘茎。

按茎的分枝方式，有单轴分枝、合轴分枝和二叉分枝等。

茎的变态有地下茎的4种：根状茎、块状茎、鳞茎、球茎，地上茎4种：茎刺、肉质茎、茎卷须和叶状枝。

（3）叶　叶着生于枝节上，一般为绿色扁平，是由生长点周围的突起叶原基发育而成，生长达到一定大小即停止生长，其主要功能为光合作用、呼吸作用和蒸腾作用。

叶由叶片、叶柄和托叶3部分组成，3部分完全具备的如桃、梨等的叶为完全叶，3部分缺少的叶为不完全叶，如樟缺托叶、台湾相思无叶片。叶在茎上排列的次序叫叶序，主要有四种：互生（桃）、族生（银杏）、对生（桂花）和轮生（夹竹桃）。叶有单叶和复叶之分，按落叶方式分为常绿树和落叶树。

（4）花　花是被子植物特有的生殖器官，在形态学上，花是适于生殖作用的变态短枝，节间极短，花的各部都是变态的枝和叶。一朵完全花由花萼、花冠、雄蕊、雌蕊四部分组成。花萼通常绿色，花冠是花瓣的总称。

（5）果　果实是被子植物特有的器官，是植物开花受精后的子房发育形成的，其中子房壁发育成果皮，子房内的胚珠发育成种子。

【新手必读】园林植物的分类方法

一、园林植物按植物分类学分类

园林植物种类繁多，不论从研究和认识的角度，还是从生产和消费的角度，都需要对这么多的种类进行归纳分类。

人们根据植物的进化规律和亲缘关系，将具有相似的形态构造、有一定生物学特性和分布区的个体总和定为"种"，相近似的种归纳为一属，相近似的属归纳为一科，从此建立了分类系统。常用的单位为界、门、纲、目、科、属、种，并可根据实际需要，再加划中间单位，如亚门、亚纲、亚科、亚属、变种、变型等。界是最高级单位，种是最基本单位。如马尾松在分类系统中的地位，如图1-3所示。

全世界的植物大约有40多万种，其中高等植物有30多万种，归属300多个科，被子园林植物主要的科有：十字花科、蔷薇科、豆科、菊科、茄科、芸香科、百合科、葡萄科、苋科、唇形科、禾本科、石蒜科、鸢尾科、兰科、毛茛科、仙人掌科、景天科、虎耳草科、木犀科、旋花科、芭蕉科、天南星科、棕榈科、凤梨科、桑科、山茶科、杜鹃花科、石竹科、睡莲科、漆树科、无患子科、锦葵科、报春花科、杨柳科、木兰科等。蕨类植物、裸子植物中也有一些重要的园艺作物，如银杏、铁线蕨、油松、雪松、水杉、圆柏等，分别归属不同的科。

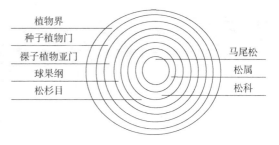

图1-3 马尾松在分类系统中的地位

二、园林植物按其生长特性分类

1. 乔木

树体高大（6m以上），具明显高大主干者为乔木。

1）依叶片大小与形态分为针叶乔木和阔叶乔木两大类。

针叶乔木

叶片细小，呈针状、鳞片状或线形、条形、钻形、披针形等。除松科、杉科、柏科等裸子植物属此类外，木麻黄、柽柳等叶形细小的被子植物也常被置于此类。

针叶乔木可按叶片生长习性分为两类：

一类是常绿针叶乔木，如雪松、白皮松、圆柏、罗汉松等。

另一类是落叶针叶乔木，如水杉、落羽杉、池杉、落叶松、金钱松等，如图1-4所示。

罗汉松　　　　落叶松

图1-4 针叶乔木

阔叶乔木

叶片宽阔，大小和叶形各异，包括单叶和复叶，种类远比针叶类丰富，大多数被子植物属此类。阔叶乔木可按叶片生长习性分为两类：

一类是常绿阔叶乔木，如白兰花、桂花、扁桃、香樟等。

另一类是落叶阔叶乔木，如毛白杨、二球悬铃木、栾树、槐树等，如图1-5所示。

2）乔木类可依其高度而分为伟乔（30m以上）、大乔（21~30m）、中乔（11~20m）和小乔（6~10m）四级，乔木类树木多为观赏树种，应用于园林露地，还可按生长速度分为速生树、中生树、慢生树三类。

香樟　　　　二球悬铃木

图1-5 阔叶乔木

2. 灌木

树体矮小，通常无明显主干或主干极矮，树体有许多相近的丛生侧枝。有赏花、赏果、赏叶类等，多作基础种植和盆栽观赏树种。

1) 根据叶片大小分为针叶灌木和阔叶灌木，如图 1-6、图 1-7 所示。

针叶灌木只有松树、圆柏树和鸡毛松树等少量树种，其余均为阔叶灌木。

图 1-6　针叶灌木　　　　　　　　　　　　图 1-7　阔叶灌木

2) 按叶片生长习性分为常绿阔叶灌木和落叶阔叶灌木两类，如图 1-8、图 1-9 所示。

常绿阔叶灌木

如海桐、茶梅、黄金榕、龙船花等。

海桐　　　　　　　　　　　　　　茶梅

黄金榕　　　　　　　　　　　　　龙船花

图 1-8　常绿阔叶灌木

落叶阔叶灌木

如蜡梅、铁梗海棠、紫荆、珍珠梅等。

蜡梅 　　　　　　　　　铁梗海棠

紫荆 　　　　　　　　　珍珠梅

图 1-9　落叶阔叶灌木

3. 藤本类植物

茎细长不能直立，呈匍匐或常借助茎蔓、吸盘、吸附根、卷须、钩刺等攀附在其他支撑物上才能直立生长。藤本类植物主要用于园林垂直绿化，依其攀附特性可分为四类，如图 1-10 所示。

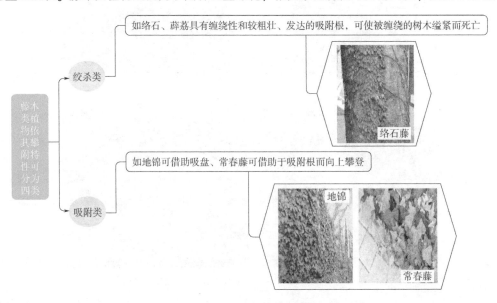

图 1-10　藤本类植物依其攀附特性可分的类型

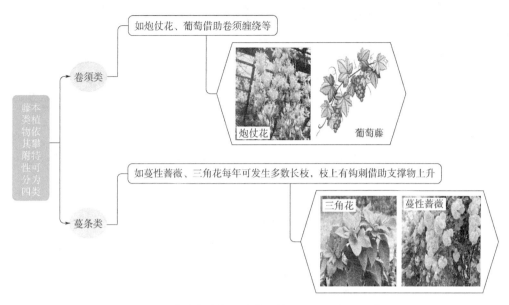

图 1-10　藤本类植物依其攀附特性可分的类型（续）

三、园林植物按观赏性分类

1. 草本观赏植物

（1）一、二年生花卉　一年生花卉是指一个生长季节内完成生活史的观赏植物，即从播种、萌芽、开花结实到衰老、乃至枯死均在一个生长季节内，如凤仙花、鸡冠花、一串红、千日红、万寿菊等。

二年生花卉是指两个生长季节内才能完成生活史的观赏植物，一般较耐寒，常秋天播种，当年只生长营养体，第二年开花结实，如三色堇、金鱼草、虞美人、石竹、福禄考、瓜叶菊、羽衣甘蓝、美女樱、紫罗兰等。

（2）宿根花卉　地下部分形态正常，不发生变态，依其地上部茎叶冬季枯死与否又分为落叶类（如菊花、芍药、蜀葵、铃兰等）与常绿类（如万年青、萱草、君子兰、铁线蕨等）。

（3）球根花卉　地下部分变态肥大，茎或根形成球状物或块状物，其中球茎类花卉有小苍兰、唐菖蒲、番红花等；鳞茎类花卉有水仙、风信子、朱顶红、郁金香、百合等；块茎类花卉有彩叶芋、马蹄莲、晚香玉、球根秋海棠、仙客来、大岩桐等；根茎类花卉有美人蕉、鸢尾、射干等；块根类花卉有大丽花、花毛茛等。

（4）兰科花卉　有春兰、惠兰、建兰、墨兰、石斛、兜兰等。

（5）水生花卉　生长在水池或沼泽地，如荷花、王莲、睡莲、凤眼莲、慈姑、千屈菜、金鱼藻、芡实、水葱等。

（6）蕨类植物　这是一大类观叶植物，包括很多种的蕨类植物，如铁线蕨、肾蕨、巢蕨、长叶蜈蚣草、观音莲座蕨、金毛狗等。

2. 木本观赏植物

（1）落叶木本植物　有月季、牡丹、蜡梅、樱花、银杏、红叶李、丁香、爬山虎、西府海棠、碧桃、山杏、合欢、柳树等。

（2）常绿木本植物　有雪松、侧柏、罗汉松、女贞、变叶木等。

（3）竹类　有紫竹、佛肚竹、方竹、矮竹、箭竹等。

3. 地被植物

地被植物一般指低矮的植物群体，用于覆盖地面。地被植物不仅有草本和蕨类植物，也包括小灌木和藤本植物。主要的地被植物有多边小冠花、葛藤、紫花苜蓿、百脉根、蛇莓、二月蓝、百里香、铺地柏、虎耳草等。草坪草也属地被植物，但通常另列一类，主要是指禾本科草和莎草科草，也有豆科草。

4. 仙人掌类及多肉多浆植物

仙人掌类及多肉多浆植物多数原产于热带或亚热带的干旱地区或森林中，通常包括仙人掌科以及景天科、番杏科、萝摩科植物。

四、园林植物按植物原产地分类

园林植物按植物原产地分类如图1-11所示。

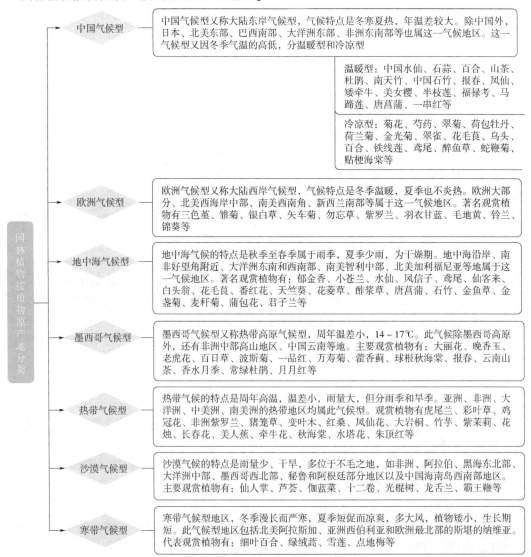

图1-11　园林植物按植物原产地分类

五、按栽培方式分类

1. 露地园林植物

露地园林植物是指在自然条件中生长发育的园林植物。这类园林植物适宜栽培于露天的园地。由于园地土壤水分、养分、温度等因素容易达到自然平衡，光照又较充足，因此枝壮叶茂，花大色艳。露地园林植物的管理比较简单，一般不需要特殊的设施，在常规条件下便可栽培，只要求在生长期间及时浇水和追肥，定期进行中耕、除草。

2. 温室园林植物

温室园林植物是指必须使用温室栽培或进行越冬养护的园林植物。这类植物通常上盆栽植，以便搬移和管理。所用的培养土或营养液，光照、温度、湿度的调节以及浇水和追肥全依赖于人工管理。对于温室植物的养护管理要求比较细致，否则会导致生长不良，甚至死亡。另外，温室植物的概念也因地区气候的不同而异，如北京的温室植物到南方则常作为露地植物栽培。除以上两种栽培方式外，还有无土栽培、促成或抑制栽培等方式。

实践中，许多园林植物均是"身兼数职"，因此应用时应根据实际需要，灵活运用。

六、依植物观赏部位分类

依植物观赏部位分类如图 1-12 所示。

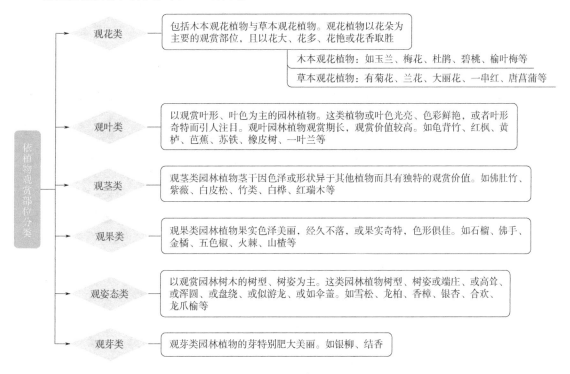

图 1-12　依植物观赏部位分类

七、按在园林绿化中的用途分类

按在园林绿化中的用途分类，如图 1-13 ~ 图 1-21 所示。

行道树

为了美化、遮阴和防护等目的，在道路两旁栽植的树木。如悬铃木、樟树、杨树、垂柳、银杏、广玉兰等。

银杏 　　　　　　　广玉兰

图 1-13　行道树

庭荫树

又称绿荫树，主要以能形成绿荫供游人纳凉、避免日光曝晒和装饰用。多孤植或丛植在庭院、广场或草坪内，供游人在树下休息之用。如樟树、油松、白皮松、合欢、梧桐、杨类、柳类等。

梧桐 　　　　　　　白皮松

图 1-14　庭荫树

花灌木

凡具有美丽的花朵或花序，其花形、花色或芳香有观赏价值的乔木、灌木、丛木及藤本植物。如牡丹、月季、紫荆、迎春花、大叶黄杨、玉兰、山茶等。

茶树花 　　　　　　迎春花

图 1-15　花灌木

绿篱植物

在园林中主要起分隔空间、范围、场地，遮蔽视线，衬托景物，美化环境以及防护等作用。如黄杨、女贞、水蜡、榆、三角花和地肤等。

水蜡树 　　　　　　地肤

图 1-16　绿篱植物

地被植物及草坪

用低矮的木本或草本植物种植在林下或裸地上，以覆盖地面，起防尘降温及美化作用。常用的植物有：酢浆草、枸杞、野牛草、结缕草、匍地柏等。

匍地柏   结缕草

图 1-17   地被植物及草坪

垂直绿化植物

通常的做法是栽植攀缘植物，绿化墙面和藤架。如常春藤、木香、爬山虎等。

木香   爬山虎

图 1-18   垂直绿化植物

花坛植物

采用观叶、观花的草本花卉及低矮灌木，栽植在花坛内组成各种花纹和图案。如石楠、月季、金盏菊、五色苋等。

石楠   五色苋

图 1-19   花坛植物

室内装饰植物

将植物种植在室内墙壁和柱上专门设立的栽植槽内。如蕨类、常春藤等。

蕨类   常春藤

图 1-20   室内装饰植物

片林

用乔木类植物带状栽植作为公园外围的隔离带。环抱的林带可组成封闭空间，稀疏的片林可供游人休息和游玩。如各种松、柏、杨树林等。

杨树林　　　　　　　　　　　　柏树林

图 1-21　片林

【新手必读】园林植物养护的意义

一、生态功能

1. 吸收二氧化碳和释放氧气

现代工业发展迅速，并且大多集中在较大的城市中，致使城市人口密集，各种机动车排出大量二氧化碳，使局部地区二氧化碳的浓度远远超过平均水平。这不仅会影响人类的健康，更为严重的是，二氧化碳是温室气体，还会引起局部地区气温升高，形成热岛效应，进而引起全球气候变暖，对环境造成破坏。此外，燃料的燃烧和密集的人口呼吸消耗大量氧气会影响城市中二氧化碳和氧气的平衡。

植物在利用阳光进行光合作用制造养分的过程中，吸收空气中的二氧化碳，释放氧气。据估计，地球上 60% 以上的氧气来自陆地上的绿色植物。植物的光合作用所吸收的二氧化碳要比呼吸作用所排出的二氧化碳多 20 倍。绿色植物消耗了空气中的二氧化碳，增加了空气中的氧气含量，可以有效地解决城市氧气与二氧化碳的平衡问题。试验表明，$1hm^2$ 公园绿地白天 12h 能产生 600kg 氧气并吸收 900kg 二氧化碳；$1hm^2$ 森林制造的氧气，可供 1000 人呼吸，只要每人有 $10m^2$ 的森林或 $25m^2$ 的草坪，即可解决供氧之需，保持空气清新。因此，森林和公园绿地被誉为"绿肺"和"氧吧"，如图 1-22 所示。花木草地繁茂的地方，不但山清水秀，风景优美，而且空气新鲜宜人，可以减少各种慢性病的发生。

金龙山国家森林公园　　　　　　　　　　公园绿地

图 1-22　森林公园与公园绿地

2. 调节温度，减少辐射

园林植物具有调节气温的作用，因为植物的蒸腾作用可以降低植物体及叶面的温度。一般 1g 水（在 20℃）需要吸收 584Cal（卡）的能量（太阳能），所以叶的蒸腾作用对于热能的消散起着一定作用。其次，植物的树冠能阻隔阳光照射，起到荫蔽作用，使水泥或柏油路及部分墙垣、屋面减少辐射热和降低辐射温度。夏季人们在树荫下的气温较无绿地处低 3 ~ 5℃。南方城市夏季气温高达 40℃ 以上，空气湿度又高，人们常感到闷热难忍，而在森林环境中，则清凉舒适。这是因为太阳照到树冠上时，有 30% ~ 70% 的太阳辐射热被叶片吸收。森林的蒸腾作用需要吸收大量热能，每公顷生长旺盛的森林，每年要蒸腾 8000t 水，蒸腾这些水分要消耗 167.5×10^8 kJ 热量，从而使森林上空的气温降低。

3. 调节湿度

在没有绿化的空旷地区，一般只有地表蒸发水蒸气，而经过了绿化的地区，地表蒸发会显著降低，这与植物的蒸腾作用有关。植物蒸腾产生大量的水分，增加了大气的湿度。大片的树林如同一个小水库，使林多草茂的地方雨雾增多。研究表明，树木在生长过程中所蒸发的水分要比它本身的重量大三四百倍。树林在生长过程中，每形成 1kg 的干物质，大约需要蒸腾 300 ~ 400kg 的水。据计算，$1hm^2$ 阔叶林，在夏季能蒸腾 2500t 的水，相当于同面积的水库蒸发量，比同面积的土地蒸量高 20 倍。由于树木的蒸腾作用，使绿地比非绿地的绝对湿度大 1mb，相对湿度大 10% ~ 20%，这为人们生产、生活创造了凉爽、舒适的气候环境。

4. 通风防风

园林植物对减低风速的作用明显，而且效果随着风速的增大而增强。当气流穿过绿地时，树木的阻截、摩擦和过筛作用将气流分成许多小涡流，这些小涡流方向不一，彼此摩擦，消耗了气流的能量。因此，绿地中的树木能使强风变为中等风速，中等风速变为微风。

5. 影响气流

城市绿地与建筑地区的温度差能形成城市上空的空气对流。城市地区的污浊空气因温度升高而上升，随之城市绿地温度较低的新鲜空气就移动过来，而高空冷空气又下降到绿地上空，这样就形成了一个空气循环系统。如果城市郊区还有大片森林，郊区的新鲜冷空气就会不断向城市建筑区流动。这样既调节了气温，又改善了通气条件。

二、环境功能

1. 吸收有毒气体

工厂或居民区排放的废气通常含有各种有毒物质，主要是二氧化硫、氯气和氟化物等，这些有毒物质对人的健康危害很大。当空气中二氧化硫浓度到达 6μL/L 时，人会感到不适；浓度达到 10μL/L 时，人难以长时间进行工作；浓度达到 400μL/L 时，人会迅即死亡。绿地具有减轻污染物危害的作用，一般污染气体经过绿地后，有 25% 的二氧化硫可被阻留。

空气中的二氧化硫主要是被各种植物表面所吸收，且植物叶片的表面吸收二氧化硫的能力最强，为其所占土地面积吸收能力的 8 ~ 10 倍以上。二氧化硫被植物吸收会形成亚硫酸盐，然后被氧化成硫酸盐。当植物吸二氧化硫的速度小于亚硫酸盐转化为硫酸盐的速度时，植物叶片就会不断吸收大气中的二氧化硫。叶片衰老凋落时，植物所吸收的二氧化硫会一同落到地面，或者流失或者渗入土中。植物年年长叶、年年落叶，因此可以不断地净化空气，是大气的"天然净化器"。

氟是一种无色而有腐蚀性的气体，很活泼，自然界中很少有游离态的氟，而都以氟化物的形式存在，氟化氢就是其中之一，在炼铝厂、炼钢厂、玻璃厂、磷肥厂等工厂的生产过程中排出。氟化氢对人体的毒害作用比二氧化硫大20倍，许多植物如石榴、蒲葵、葱兰、黄皮等能对氟化氢有较强的吸收能力。氟化氢对植物的危害也比二氧化硫要大。植物从大气吸收氟化氢，几乎完全由叶子吸收，然后运转到叶子的尖端和边缘，很少向下运转到根部。

氯气是一种有强烈臭味而令人窒息的黄绿色气体。主要在化工厂、电化厂、制药厂、农药厂的生产过程中逸出，污染周围环境，对人、畜及植物的毒性很大。在氯污染区生长的植物，叶中含氯量往往比非污染区高几倍到十几倍。山桃、皂荚、青杨、银桦、悬铃木、水杉、君迁子、柽柳、桧柏、棕榈等树种均具有较强的吸收氯气的能力。对氯气或氯化氢敏感的树种有油松、落叶松、复叶槭、柳树、石榴等，可使植株叶片产生褐色斑点或斑块，严重时全叶褐色或脱落。

许多植物能够吸收氨气、臭氧，有的植物还能吸收大气中的汞、铅、镉等重金属气体。其中银杏、柳杉、日本扁柏、樟树、海桐、青冈栎、日本女贞、夹竹桃、栎树、刺槐、悬铃木、连翘、冬青等净化臭氧的作用大。

据国外研究表明，苏铁、美洲槭等40多种植物具有吸收二氧化氮的能力，栓皮槭、桂香柳、加拿大白杨等树种能吸收空气中的醛、酮、醇、醚和致癌物质安息香吡啉等毒气。

2. 吸收放射性物质

园林植物可以阻隔放射性物质和辐射的传播，并且起到过滤吸收作用。在有辐射性污染的厂矿周围设置一定结构的绿化林带，能够在一定程度上防御和减少放射性污染的危害。在建造这种防护林时，要选择抗辐射树种，针叶林净化放射性污染的能力比常绿阔叶林低得多，因此优先选择常绿阔叶树种。

3. 吸滞粉尘和烟尘

粉尘和烟尘是造成环境污染的原因之一。一方面粉尘中有各种有机物、无机物、微生物和病原菌，人呼吸时，飘尘进入肺部，使人容易得气管炎、支气管炎、尘肺、矽肺等疾病；另一方面，粉尘可降低太阳照明度和辐射强度，特别是减少紫外线辐射，对人体健康产生不良影响。

森林及绿地对粉尘有明显的阻滞、过滤和吸附作用，从而能减轻大气的污染。树木之所以能减尘，一方面由于树冠茂密，具有降低风速的作用，随着风速的降低，空气中携带的大颗粒灰尘便下降；另一方面由于叶子表面不平，多绒毛，有的还能分泌黏性油脂或汁液，空气中的尘埃经过树木便附着于叶面及枝干的下凹部分，从而起到过滤作用。蒙尘的植物经过雨水冲洗又能恢复吸尘的能力。由于树木叶子总面积很大，$1hm^2$高大的森林其叶面积总和可比其占地面积大75倍，因此，树木吸滞粉尘的能力是很强的，是空气的"天然滤尘器"。

4. 保持水土

树木和草地对保持水土有非常显著的功效。树木的枝叶茂密地覆盖着地面，当雨水下落时首先冲击树冠，然后穿透枝叶，不会直接冲击土壤表面，这样可以减少表土的流失。树冠本身还会积蓄一定数量的雨水，不使其降落地面。同时，树木和草本植物的根系在土壤中蔓延，能够紧紧地"拉着"土壤而使其不被冲走。加上树林下往往有大量落叶、枯枝、苔藓等覆盖物，能吸收数倍于本身的水分，因此也有防止水土流失的作用，这样便能减少地表径流，降低流速，增加渗入地下的水量。森林中的溪水澄清透彻，就是植物保持了水土的证明。

5. 防噪作用

城市中的噪声随着工业的发展日趋严重，对居民身心健康危害很大。一般噪声超过70dB便会使人体感到不适，如高达90dB，则会引起血管硬化。

园林绿化的增加是减少噪声的有效方法之一。树木对噪声具有吸收和消声的作用，可以减弱噪声的强度。目前，一般认为树木衰减噪声的机理是噪声波被树叶向各个方向不规则反射而使声音减弱；另外，由于噪声波造成树叶微振而使声音消耗。因此，树木的减噪因素是林冠层。树叶的形状、大小、厚薄，叶面光滑与否、树叶的软硬，以及树冠外缘凸凹的程度等都与减噪效果有关。街道、公路两侧种植树木不仅有减少噪声的作用，而且可以防治汽车废气及光化学烟雾的污染。

6. 杀菌驱虫

在空气中含有千万种细菌，其中很多是病原菌。园林植物可以杀灭多种细菌，从而达到改善空气质量的功效。

绿色植物之所以可以减少空气中细菌的数量，一方面是通过吸附尘埃减少了细菌的载体，使空气中含菌量降低；另一方面，许多植物的芽、叶、花粉能分泌出具有杀死细菌、真菌和原生动物的挥发性物质，称为杀菌素。樟树、桉树的挥发物可杀死肺炎球菌、痢疾杆菌、结核菌和流感病毒；圆柏和松的挥发物可杀死白喉、肺结核、伤寒等多种病菌；紫薇、柠檬等植物5min内便能杀死白喉菌和痢疾菌等原生菌；桦树、栎树、椴树、冷杉等分泌的杀菌素能杀死白喉、结核、霍乱、痢疾等病原菌；蔷薇、玫瑰、桂花等植物散发的香气对结核杆菌、肺炎球菌、葡萄球菌的生长繁殖具有明显的抑制作用。将悬铃木的叶子揉碎后，能在3min内杀死原生动物；洋葱、大蒜的碎糊能杀死葡萄球菌、链球菌及其他细菌。$1hm^2$松柏林，一昼夜能分泌30kg的杀菌素。据测定森林内空气含菌量为 $300 \sim 400$ 个/m^3，林外则达 3 万 ~ 4 万个/m^3。在松林中建立疗养院有利于治疗肺结核等多种传染病，这些森林都是对人类健康有益的"义务卫生防疫员"。

7. 净化水体与土壤

树木可以吸收水中的溶解质，减少水中的细菌数量。如在通过 $30 \sim 40m$ 宽的林带后，1L 水中所含的细菌数量比不经过林带的减少1/2。

植物的地下根系能吸收大量有害物质，因而具有净化土壤的能力。一些植物根系分泌物能使进入土壤的大肠杆菌死亡。有植物根系分布的土壤，好气性细菌比没有根系分布的土壤多几百倍至几千倍，故能促使土壤中的有机物迅速无机化，既净化了土壤，又增加了肥力。研究证明，含有好气性细菌的土壤，具有吸收空气中一氧化碳的能力。

草坪草是城市土壤净化的重要地被植物，城市中裸露的土地种植草坪草后，不仅可以改善地上的环境卫生，而且也能改善地下的土壤卫生。草地可以大量滞留有害的重金属，吸收地表污物。

8. 安全防护

城市常有风害、火灾和地震等灾害。大片绿地可以隔断火势并使火灾自行停息。此外，树木枝叶中含有大量水分，亦可阻止火势的蔓延。树冠浓密，可以降低风速，防止台风袭击。

三、经济功能

许多园林植物既有很强的观赏性，又能获得一定的经济效益，如林木、果树、花卉和中草药等，水面景观如湖、池等可养鱼种藕。园林植物还可以产生间接经济效益，即生态效益，它是无形的产品，可以用有形的市场价值加以换算，做出科学的定性评估和定量计算。

四、景观功能

园林植物是现代城市景观中不可或缺的元素，是园林美的灵魂所在。园林植物之所以能够成景是因其具有一般植物不具备的景观效果。园林植物可以通过外形、颜色、质地所表现的视觉效果来感染人们。

园林树木形态各异，能够表现出独特的视觉效果。尖塔形树种有严肃端庄的效果，高耸的树木作主景，可以增加景观的层次感；圆形树种树冠体态浑厚；垂枝形的园林树种姿态优雅，可使景观氛围变得柔和；拱形花灌木体型潇洒，可与地面协调；攀缘植物可丰富单调硬质的墙体。此外，将形状相同或不同的植物配置在一起能创造出奇特的视觉景观。不同形状的乔灌木组合能打破建筑的呆板和单一，丰富景观效果；而在不同风格的建筑周围配置连续的、形状相似的植物，则可降低杂乱无章的感觉。

植物的色彩可以对人们的视觉和心理产生刺激。一般来说，人们愿意接近明快和鲜艳的色调，如红、黄、橙等暖色调，这些颜色可以使人们感到兴奋；而绿色和蓝色等冷色调则使人感到广阔、深远和宁静。将同一种色调的树种种植在一起，形成一个大块的景观背景主色，可以创造宏大开阔的视觉效果，如在广场周围种植同种颜色的树种更能突出中心的喷泉或雕塑。将各种颜色不同的植物相搭配可以形成色彩鲜明、万紫千红的植物景观。此外，植物的色彩还会随着季相的变化而发生变化，更加丰富了景观。

植物质地不同也会使人产生不同的感觉，如质地细腻的植物能让人感到明亮，粗糙的植物材料则显得暗淡。将不同质地的植物按一定的顺序种植，会产生一种视觉的空间感。

园林植物还可与建筑、山石、水体、亭台楼阁、道路等园林构成要素相互协调、融合、映衬，使园林内容更为丰富，从而提高整体的园林景观水平。

五、文化效应

1. 传统园林树木的文化内涵

植物作为古今园林的主要构成要素，具有深厚的文化内涵。植物具有深刻的文化象征和特定寓意，是园林文化的重要载体，不同园林植物会反应出不同的文化内涵。"有名园而无佳卉，犹金屋之鲜丽人"足见园林植物文化内涵的重要性。

儒家文化的"君子比德"思想和古代诗人对世间万物的赋诗感怀，不仅影响了造园文化，同时极大地丰富了植物的文化内涵。如竹因有"未曾出土先有节，纵使凌云仍虚心"的品格被喻为有气节的君子。人们常因植物的特征、姿态、色彩给人的不同感受，而产生比拟、联想，作为某种情感的寄托或表达某一意境。如以"岁寒三友"松、竹、梅来比拟文人雅士清高孤洁的性格；菊傲霜而立，象征离尘居隐、临危不惧；柳灵活强健，象征有强健的生命力，亦喻依依惜别之情；荷花出淤泥而不染，象征廉洁朴素；桃花鲜艳明快，象征和平、理想、幸福；石榴果实籽多，象征多子多福。

与此同时，植物景观的不同配置方式及其栽种的不同地点也被赋予了各种不同的文化内涵，比如学校常常栽种碧桃、绿叶以表达"桃李满天下"，绿篱修剪成方圆形状以隐喻"无规矩不成方圆"来赞扬严谨的教学风气，如图1-23所示。

除了植物本身的象征和时代赋予的文化内涵之外，植物的文化内涵有时还会融入诗文、碑刻、对联、匾额等，如"桃之夭夭，灼灼其华；之子于归，宜其室家"，则通过对

图1-23 学校绿篱

桃花的赞美，以花喻人，使植物成为一种具有审美意义的情感符号；"昔我往矣，杨柳依依"记述了亲友离别以柳枝表达惜别之情等。

人们对花草树木的鉴赏，还从形式美升华到意境美。在相互的交往中，常用花木来表达感情。如紫罗兰代表忠实、永恒，百合花代表纯洁，牡丹花代表富贵，木棉花代表英雄，红豆寓意相思，萱草寓意忘忧，玫瑰代表爱情等。

2. 市花市树的文化魅力

市花市树可以反映城市的历史和民俗风情，在一定意义上代表着城市的人文景观、文化底蕴和精神风貌。通过评选市花市树，能体现人民当家做主的民主意愿，增加市民对花卉的热爱，同时能提高城市的品位和知名度，优化城市生态环境，带动绿色产业的发展。我国各个城市都有各自的市花，以梅花、月季、桂花、丁香、山茶、杜鹃、荷花、菊花等栽培历史悠久、群众喜闻乐见的传统花卉为主，可见市花所具有的历史积淀和深厚的文化内涵。有的市花还富有地方特色，如香港的紫荆花、成都的木芙蓉、福州的茉莉、广州的木棉等。

月季是北京的市花，近年来为宣传月季文化，举办了月季文化节，让市民更好的了解月季。榕树叶茂如盖，四季常青，是福建省省树和福州市市树，福州又被称为榕城。丁香是西宁、哈尔滨和呼和浩特市的市花，丁香种类较多，西宁塔尔寺的北京丁香（常被叫作暴马丁香）被认为是该寺的菩提树，信徒们对其顶礼膜拜，如图1-24所示。金边瑞香是南昌市和赣州市的市花，观赏价值高，通过对市花的宣传推广，现已成为我国重要的年宵花卉，畅销国内和东南亚国家，带动了当地的花卉产业发展。

图1-24　西宁塔尔寺的北京丁香

3. 古树名木的文化价值

园林树木由于寿命长，很多是长寿树种，因而古树名木众多。古树是历史的见证，既是自然遗产，又是活的文物，留下了千古佳话和传奇故事。古树中最负盛名的当数陕西黄陵的黄帝手植柏，许多去黄帝陵祭拜的人们都对这棵参天古树充满敬意和感慨。

北京市的古树名木不仅种类多，而且数量大，最有名气的当属门头沟区潭柘寺的"帝王树"，如图1-25所示。该树是一棵银杏，栽植于辽代，其枝繁叶茂，气势恢弘，清代乾隆皇帝御封为"帝王树"，可谓是古树中的最高荣誉。北海公园团城的"遮阴侯"和"白袍将军"，如图1-26、图1-27所示，也是乾隆皇帝御封的名字，它们分别

图1-25　门头沟区潭柘寺的"帝王树"

是一棵油松和白皮松，相传为金代时所植，乾隆皇帝见油松亭亭如盖，浓阴满地，非常适合纳凉休息，因而赐名"遮阴侯"。

图 1-26　北海公园团城的"遮阴侯"　　　　图 1-27　北海公园团城的"白袍将军"

其他著名的古树还有戒台寺的"活动松""自在松""卧龙松""抱塔松""九龙松"，树种为油松和白皮松，姿态和神韵各异，被称为戒台寺"五绝"。北京植物园樱桃沟的"石上松"则是生长在一块巨石石缝中的一棵古柏，相传曹雪芹看到此景，构思出了"木石前盟"的一段精彩故事。曹雪芹纪念馆前有一株古国槐"歪脖槐"，令人想起曹雪芹的故事和"门前古槐歪脖树，小桥溪水野芹麻"的诗句。

此外，名人亲手栽植的树木也具有纪念意义，如北京市西城区珠市口西大街纪晓岚故居处的紫藤相传为纪晓岚亲手栽植，已近 200 年树龄，仍生机盎然。纪晓岚曾在《阅微草堂笔记》中描述"其荫满院，其蔓旁引，藤云垂地，香气袭人"，可见他对紫藤的喜爱和赞誉。苏州忠王府内也有一株文徵明手植的紫藤，苍劲有力，成为园内一景。

4. 行道树的特色文化

行道树是道路旁栽植的树木，起着遮阴、防护和美化的作用。街道犹如城市的大门，当人们想起某个城市时，首先出现在脑海里的就是街道。一个城市的街道行道树是该城市的重要组成因素，体现了城市的特色文化。

不同地区和城市在长期应用园林树木作为行道树的过程中，逐步形成了该城市的特有风貌，如上海的广玉兰行道树、南京的雪松行道树、郑州的悬铃木行道树、南宁的蒲葵行道树、福州的榕树行道树等，均构成具有地方特色的市容。郑州选用悬铃木作主要行道树，在金水路、文化路、人民路、经五路、经六路等街道上，通过细心养护和整形修剪，形成了绿荫如盖的景观，为人们遮阴挡风雨。南京引种应用雪松已有约 90 年的历史，虽然雪松不耐空气污染，但其高大挺拔，四季苍翠，姿态优美，且吸尘、降噪和杀菌能力很强，与日本金松、南洋杉、金钱松、北美红杉并列为世界五大庭园树种。

六、社会效应

1. 美化环境

城市街道、广场四周的植物对市容市貌有很大的影响。街道两边的绿化，既可供行人短暂休息、观赏街景、满足闹中取静的需要，又可以起到变化空间、美化环境的效果。园林绿化还可以遮挡不美观的物体或建筑物、构筑物，使城市面貌更加整洁、生动、活泼，并利用植物布局的统一性和多样性来使城市具有统一感、整体感，丰富城市的多样性，增强城市的艺术效果。此外，园林植物可以衬托建筑增加建筑艺术效果，用不同的绿化形式衬托不同用途的建筑，使建筑更加充分地体现艺术效果。如纪念性建筑为体现庄重、严肃的气氛，在建筑前多采用对称式布局，并采用常绿树较多；而居住性建筑四周的绿化布局及树种多体现亲切宜人的环境气氛。

2. 保健与陶冶功能

绿色植物能吸收强光中对眼睛和神经系统产生不良刺激的紫外线，且绿色的光波长短适中，具有平和的视觉感受，对视网膜组织有调节作用，从而缓解视疲劳。绿叶中的叶绿体及其中的酶利用太阳光，吸收二氧化碳，合成葡萄糖，把二氧化碳贮存在碳水化合物中，放出氧气，使空气清新，清新空气能使人精力充沛。绿化地带比非绿化地带含有更多的空气负离子，可以对人的生理、心理等各方面都有很大益处。

园林植物形成优美的景致能引发人们美好的记忆和联想。园林植物能寄物抒情，园林雕塑能启迪心灵，园林文学能表达情感。当人们在优美的园林环境中放松和享受时，可消除疲劳，陶冶情操，彼此间可以增进友谊，对生活质量和工作、学习效益的提高大有裨益，有利于构建文明、和谐的社会，这是不可估量的社会效益。

3. 使用功能

园林绿地中可以进行一些日常游憩活动，静态游憩活动如钓鱼、音乐、棋牌、绘画、摄影、品茶等，体育活动如游泳、划船、球类、田径、登山、滑冰、狩猎和健身等；动态游憩活动如射箭、碰碰车、碰碰船、游戏、攀岩、蹦极等。人们游览园林，可普及各种科学文化教育，寓教于乐，了解动植物知识，开展丰富多彩的艺术活动，展示地方人文特色，并展览书法、绘画、摄影等提高人们的艺术素养，陶冶情操。

第二节
园林植物的生长发育

【新手必读】园林植物的生命周期

一、木本植物

木本植物在个体发育的生命周期中，实生树种从种子的形成、萌发到生长、开花、结实、衰老等，其形态特征与生理特征变化明显。从园林树木栽培养护的实际需要出发，将其整个生命周期划分为以下几个年龄时期。

1. 种子期

植物自卵细胞受精形成合子开始到种子萌发时为止称为植物种子期。种子成熟离开植物体后如遇到适宜条件即能萌发，如白榆、枇杷等。但大部分种子成熟后，即使给予适宜的条件也不能立即发芽，需经过一段自然休眠后才能发芽生长，如银杏、女贞等。

2. 幼年期

从种子发芽到植株第一次出现花芽为止。幼年期的长短，因园林树木品种类型、环境条件及栽培技术而异。就幼年期长短则因植物种类而异，有的仅1年，如月季，当年播种，当年开花。大多数植物需1年以上时间，如桃需3年，杏需4年，云杉、银杏需20年左右。这一时期的栽培措施是加强土壤管理，充分供应水肥，促进营养器官健康而均衡地生长；轻修剪多留枝，使其根深叶茂，形成良好的树体结构；使其积累大量的营养物质，为早见成效打下良好的基础。对于观花、观果树木则应促进其生殖生长。在定植初期的 1～2 年中，当新梢长至一定长度后，可喷洒适当的抑制剂，促进花芽形成，达到缩短幼年期的目的。幼年期的植物，遗传性尚未稳定，可塑性较大，利于定向培育。

3. 青年期

以植物第一次开花、结果，逐渐长大到生命力强盛为止。此时植株有机体尚未充分表现出该种或该品种的标准性状，可年年开花结实，但数量很少。青年期植株的可塑性已经大为降低，必须给予良好的环境条件、水肥管理，使其充分表现本品种的特性。

4. 成熟期

植株个体方面已经成熟，花、果性状已完全稳定，充分反映出品种的性状。此时植株遗传保守性最强，性状最稳定。

5. 衰老期

以骨干枝、骨干根开始逐步衰亡，生长显著减弱到植株死亡为止。其特点是骨干枝、骨干根大量死亡，营养枝和结果母枝越来越少，枝条纤细且生长量很小，树体生长严重失衡，树冠更新复壮能力很弱，抗逆性显著降低，木质腐朽，树皮剥落，树体衰老，逐渐死亡。

这一时期的栽培技术措施应视目的的不同，采取相应的措施。对于一般花灌木来说，可以萌芽更新，或砍伐重新栽植；而对于古树名木来说则应采取各种复壮措施，尽可能延续生命周期，只有在无可挽救，失去任何价值时才予以伐除。

植株生长量逐年降低，开花、结果量减少而且品质低下，出现明显的"离心秃裸"现象，树冠内部枝条大量枯死，丧失顶端优势。对外界不良因素抵抗能力差，易感染病虫害。

上面对实生树木的生命周期及其特点进行了分析。对于无性繁殖树木的生命周期，除没有种子期外，也可能没有幼年期或幼年期相对较短。因此，无性繁殖树木生命周期中的年龄时期，可以划分为幼年期、成熟期和衰老期三个时期。各个年龄时期的特点及其管理措施与实生树相应的时期基本相同。

二、木本园林植物的年周期

1. 落叶树的年周期

由于温带地区在一年中有明显的四季，所以温带落叶树木的季相变化很明显。落叶树木的年周期可明显地区分为生长期和休眠期。即从春季开始萌芽生长，至秋季落叶前为生长期，其中成年树的生长期表现为营养生长和生殖生长两个方面。树木在落叶后，至翌年萌芽前，为适应冬季低温等不利的环境条件，而处于休眠状态，为休眠期。在这两个时期中，某些树木可因不耐寒或不耐旱而受到危害，这在大陆性气候地区表现尤为明显。在生长期和休眠期之间，又各有一个过渡期。因此，落叶树木的年周期可以划分为四个时期。

(1) 休眠期转入生长期　这一时期处于树木将要萌芽前，即当日平均气温稳定在3℃以上，到芽膨大待萌发时止。通常是以芽的萌动，芽鳞片的开绽作为树木解除休眠的形态标志。树木从休眠转入生长，要求一定的温度、水分和营养物质。不同的树种，对温度的反映和要求不一样。解除休眠后，树木的抗冻能力显著降低，在气温多变的春季，晚霜等骤然变化的温度易使树木，尤其是花芽受害。

(2) 生长期　从树木萌芽生长到秋后落叶时止，为树木的生长期，包括整个生长季，是树木年周期中时间最长的一个时期。在此期间，树木随季节变化气温升高，会发生一系列极为明显的生命活动现象。如萌芽、抽枝展叶或开花、结实等，并形成许多新的器官，如叶芽、花芽等。萌芽常作为树木生长开始的标志，其实根的生长比萌芽要早。

每种树木在生长期中，都按其固定的物候期顺序进行着一系列的生命活动。不同树种通过某些物候的顺序不同。有的先萌花芽，而后展叶；有的先萌叶芽，抽枝展叶，而后形成花芽并开花。树木各物候期的开始、结束和持续时间的长短，也因树种或品种、环境条件和栽培技术而异。

生长期是各种树木营养生长和生殖生长的主要时期。这个时期不仅体现树木当年的生长发育、开花结实情况，也对树木体内养分的贮存和下一年的生长等各种生命活动有着重要的影响，同时也是发挥其绿化作用的重要时期。因此，在栽培上，生长期是养护管理工作的重点，应该创造良好的环境条件，满足肥水的需求，以促进生长、开花、结果。

(3) 生长期转入休眠期　秋季叶片自然脱落是落叶树木进入休眠的重要标志。在正常落叶前，新梢必须经过组织成熟过程，才能顺利越冬。早在新梢开始自下而上加粗生长时，就逐渐开始木质化，并在组织内贮藏营养物质。新梢停止生长后，这种积累过程继续加强，同时有利于花芽的分化和枝干的加粗等。结有果实的树木，在果实成熟后，养分积累更为突出，一直持续到落叶前。秋季气温降低、日照变短是导致树木落叶，进入休眠的主要因素。树木开始进入休眠期后，由于形成了顶芽，结束了高生长，依靠生长期形成的大量叶片，在秋高气爽、温湿条件适宜、光照充足等环境中，进行旺盛的光合作用，合成的光合产物供给器官分化、成熟的需要，使枝条木质化，并将养分向贮藏器官或根部转移，进行养分的积累和贮藏。此时树木体内水分逐渐减少，细胞液浓度高，使树木的越冬能力增强，为休眠和来年生长创造条件。过早落叶和延迟落叶不利于养分积累和组织成熟，对树木越冬和翌年生长都会造成不良影响。干旱、水涝、病虫害等都会造成早期落叶，甚至引起再次生长，危害很大。树叶该落不落，说明树木未做好越冬的准备，易发生冻害和枯梢，在栽培中应防止这类现象的发生。

树木的不同器官和组织进入休眠的早晚是不同的。地上部分主枝、主干进入休眠较晚，而以根颈最晚，故根颈最易受冻害。生产中常用根颈培土法来防止冻害。不同年龄的树木进入休眠早晚不同，幼年树比成年树进入休眠迟。

刚进入休眠的树木处于浅休眠状态，耐寒力还不强。遇初冬间断回暖会使休眠逆转，使越冬芽萌动（如月季），又遇突然降温常遭受冻害。所以这类树木不宜过早修剪，在进入休眠期前也要控制浇水。

(4) 相对休眠期　秋末冬初落叶树木正常落叶后到翌年开春树液开始流动前为止，是落叶树木的相对休眠期。在树木休眠期内，虽然没有明显的生长现象，但树体内仍然进行着各种生命活动，如呼吸、蒸腾、芽的分化、根的吸收、养分合成和转化等。所以，确切地说，休眠只是个相对概念。落叶休眠是温带树种在进化过程中对冬季低温环境所形成的一种适应性反应，能使树木安全度过低温、干旱等不良条件，以保证下一年能进行正常的生命活动，并使生命得到延续。没有这种特性，正在生长着的幼嫩组织就会受到早霜的危害，并难以越冬而死亡。

在生产中，为达到某种特殊的需要，可以通过人为的降温，促进树木转入休眠期，而后加温，提前解除休眠，促使树木提早发芽开花。如北京有将榆叶梅提前至春节开花的实例：在11月将榆叶梅挖出上盆栽植，12月中旬移至温室催花，春节即可见花。

2. 常绿树的年周期

常绿树的年生长周期不如落叶树那样在外观上有明显的生长和休眠现象，因为常绿树终年有绿叶存在。但常绿树种并非不落叶，而是叶寿命较长，多在一年以上至多年。每年仅脱落一部分老叶，同时又能增生新叶，因此，从整体上看全树终年连续有绿叶。常绿针叶树类松属针叶可存活 2～5 年，冷杉叶可存活 3～10 年，紫杉叶可存活 6～10 年，它们的老叶多在冬春间脱落，刮风天尤甚。常绿树的落叶，主要是失去正常生理机能的老化叶片所发生的新老交替现象。

三、草本植物

1. 一二年生草本植物

一二年生草本植物生命周期很短，仅 1～2 年的寿命，但一生也必须经过几个生长发育阶段。各生长发育阶段具体内容如图 1-28 所示。

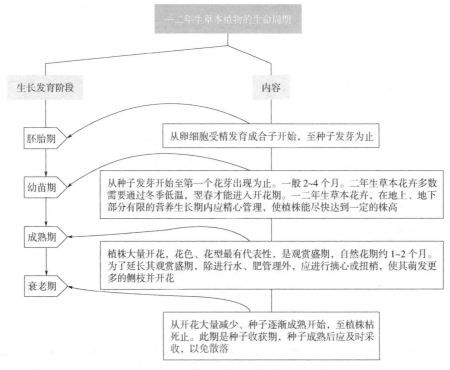

图 1-28　一二年生草本植物的生命周期

2. 多年生草本植物

多年生草本植物的生命周期与木本植物相似，但因其寿命仅 10 余年左右，故各个生长发育阶段与木本植物相比相对短些。

各类植物的生长发育阶段之间没有明显的界限，是渐进的过程。各个阶段长短受植物本身系统发育特征及环境的影响。在栽培过程中，通过合理的栽培养护技术，能在一定程度上加速或延缓某一阶段的到来。

四、草本园林植物的年周期

园林植物与其他植物一样，在年周期中也分生长期和休眠期两个阶段。但是，由于园林植物的种类极其繁多，原产地立地条件也极为复杂，因此年周期的变化也很不一样。

一年生植物由于春天萌芽后，当年开花结实，而后亡，仅有生长期的各时期变化而无休眠期，因此年周期就是生命周期，短暂而简单。

二年生植物秋播后，幼苗状态呈越冬休眠或半休眠。多数宿根花卉和球根花卉则在开花结实后，地上部分枯死，地下贮藏器官形成后进入休眠状态越冬（如萱草、芍药、鸢尾，以及春植球根类的唐菖蒲、大丽花）或越夏（如秋植球根类的水仙、郁金香、风信子等在越夏时进行花芽分化）。还有许多常绿多年生园林植物，在适宜的环境条件下，周年生长，保持常绿状态而无休眠期，如，万年青、书带草和麦冬等。

【新手必读】园林植物的生长及休眠时期

一、生长时期

园林植物的生长时期包括四个阶段：萌发期、新梢生长和组织成熟期、芽分化、果实发育与成熟。

1. 萌发期

叶芽膨大，芽鳞裂开，长出幼叶或露出花瓣，这段时期称为萌发期。先花后叶植物，一般是花芽首先萌发开放。先叶后花的植物则是叶芽先萌发。混合叶则花、叶同时萌发。

萌芽早晚依据植物种类、年龄和当地气候而定。通常落叶树在昼夜平均温度达 5℃ 以上时开始萌芽，常绿阔叶树要求温度较高，如柑橘类需 9 ~ 10℃ 以上。

展叶后，叶片形成的大小、重量和数量主要取决于叶原体的形成及展开时间，并与枝条的营养状况、类型及叶在枝上所处的节位等有关。一年中，叶幕面积形成按慢—快—慢的规律进行。一般说，树龄越大，早期形成的叶幕占总的叶面比例越高。叶片是植物碳素营养的来源，叶片面积和质量关系着光合作用的强度及产物高低，与植物生长关系极为密切。

2. 新梢生长和组织成熟期

萌芽后，新梢即开始生长，一直到顶芽出现为止。一年中新梢生长速度呈波浪形，生长高峰到来的时期、次数、封顶早晚均因树种、年龄、当年气候条件及管理情况而异。一般开始时新梢生长缓慢，一定时期后枝条生长明显加快，随后进入缓慢生长期。有些树种每年只抽梢一次，如核桃。有些树种一年可多次抽梢形成 2 ~ 3 次新梢，称春梢、夏梢和秋梢，如白兰花、桂花可春、夏、秋 3 次萌发抽梢。

枝条由伸长旺盛生长即转入加粗生长和组织充实阶段，枝条由幼嫩转为木质化，贮存大量营养物质，以供下一年萌发使用。一年中加粗生长的年周期动态同于加长生长，也有 2 ~ 3 个高峰。

3. 芽分化

芽是地上部分枝、叶、花等各器官发育的基础。花芽与叶芽形成是由芽内生长点的质量决定的。当枝条生长到一定程度后，在叶腋逐渐形成叶芽或花芽。新梢充实健壮者，花芽形成多，弱枝花芽很少。如月季在 3 ~ 4 月抽梢旺盛阶段，遇寒潮枝条生长差，则影响花蕾形成，出现大批无花新枝。芽的形成时期依树种、气温而定，芽生长点形成后，内部营养状态、生长激素水平等变化决定着是否分化形成花芽。如桂花于 6 ~ 8 月在小枝顶部及老干上形成花芽。

4. 果实发育与成熟

从受精、子房开始膨大到果实完全成熟，这段时期称为果实发育成熟期，此段时期长短因树种而异。松、柏类球果，上一年受精，第二年才发育和成熟，历时一年以上；榆树、杨、柳等，仅需数十天，在当年春季即可成熟。对秋季、冬季成熟的果实，需要低温处理，否则就会推迟成熟，如板栗、油茶等。

二、休眠时期

落叶植物自落叶开始至第二年春季发芽为止称为休眠期，这是由冬季温度降低引起的，又称自然休眠期。具有休眠期的植物，生长期与休眠期非常明显，这是植物在系统发育构成中对不利的外界条件适应能力的表现。植物各部分器官进入休眠期的迟早不同，一般芽及小枝最早，枝干次之，根颈最迟。解除休眠顺序正好相反，根颈最早，芽最迟。

休眠期中器官生长停止，生理活动处于最低水平，从生长到休眠，植物需经过一系列生理活动，如淀粉水解活动加强，转化为糖在细胞中积累，增加胞液浓度，原生质表层积聚起拟脂类物质，使抗寒能力增加，呼吸作用减弱。由初冬进入休眠后，休眠逐渐加深，处于休眠期的植物体内，具有抑制生长的物质，此时即使有较好的外界条件也不会解除休眠，必须经过一定的低温才能解除休眠，如不经一定低温处理，而直接转入较高温度栽培时，一般推迟萌发，花芽发育不良。

根系没有自然休眠特性，只要土温适合，周年都处于活动状态，特别是分布在土壤深层、土温较高而稳定的根系。

热带地区的树木、常绿树、温室植物，生长期与休眠期没有明显的界限，终年处于生长状态，只不过在气温较低的季节常绿树生长很缓慢但仍进行作用。一些原产温带地区的植物喜欢温凉的环境，对高温不适应，在炎热夏季来临前，即转入自然休眠，如水仙花、郁金香、仙客来、吊金钟等，当秋凉来临时又恢复生长。

此外，休眠期的长短及完成休眠的条件因树种而异。

三、地下部根系的生长

断根后长出新根的能力称为根的再生力。根的再生力首先与园林植物种类有关。其次不同季节，不同生态条件，同种园林植物根的再生力差异也很大。一般春季发生的新根数目多，而在秋季新根生长能力强，根系生长量大。所以春、秋季节适宜果树、花卉苗木出圃和定植。生态条件中土壤质地及土壤通透性对根的再生力影响最大，土壤孔隙度在40%时根的再生力最强。此外，植株生育状态对根的再生力也有很大影响。顶芽饱满、生长健壮的枝条对根的再生有显著的促进作用。

【新手必读】园林植物地下部根系的生长

根系是园林植物的重要器官。土壤管理、灌水和施肥等重要的管理，都是为了创造促进根系生长发育的良好条件，以增强根系代谢活力，调节植株上下部平衡、协调生长。园林植物的根系是其整体赖以生存的基础。

一、根系来源

根系来源如图 1-29 所示。

二、根系的类型

根系的类型如图 1-30 所示。

(1) 主根　种子萌发时，胚根最先突破种皮，向下生长而形成的根称为主根。主根生长很快，一般垂直插入土壤，成为早期吸收水肥和固着的器官。

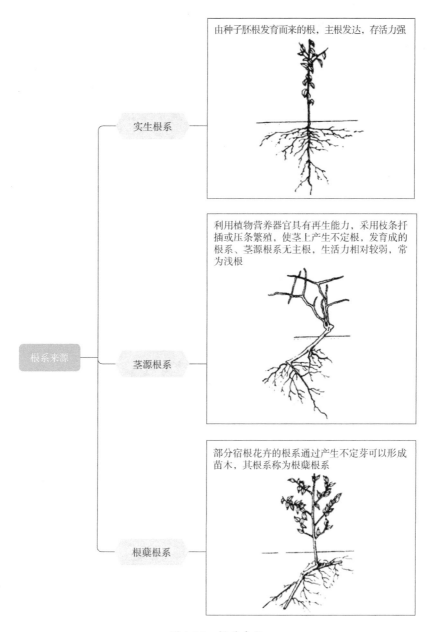

由种子胚根发育而来的根，主根发达，存活力强

实生根系

利用植物营养器官具有再生能力，采用枝条扦插或压条繁殖，使茎上产生不定根，发育成的根系、茎源根系无主根，生活力相对较弱，常为浅根

茎源根系

部分宿根花卉的根系通过产生不定芽可以形成苗木，其根系称为根蘖根系

根蘖根系

图 1-29 根系来源

（2）侧根 当主根继续发育，到达一定长度后，便从根内分化产生出与主根有一定角度，沿地表方向生长的分支，称为侧根。侧根与主根共同承担固着、吸收及贮藏功能，统称骨干根。

（3）须根 侧根上形成的细小根称为须根。按其功能与结构不同又分为4类：

1）生长根，为根系向土壤深处延伸及向远处扩展部分，一般为白色，具吸收功能。

2）吸收根，主要功能是吸收以及将吸收的物质转化为有机物并运输到地上部，正常吸收根多为白色。

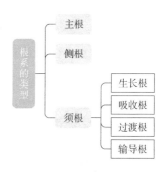

图 1-30 根系的类型

3）过渡根，主要由吸收根转化而来。

4）输导根，主要起运送各种营养物质和输导水分作用的根。

一些园林植物主根伸出不久即停止生长，或主根存活时间很短，而自茎基的数节上生长出长短相近、粗细相似的须根。这种主根生长较弱，主要根群为须根的根系称为须根系。如禾本科草坪草等均为须根系。

三、不定根的形成与应用

园林植物的侧根除从幼根轴上产生以外，还可由茎（枝）、叶、胚轴上产生，由此形成的根叫不定根。很多园林植物具有产生不定根和芽的潜在性能，可采用植物生长调节剂处理，辅之以配套栽培管理措施，以促进不定根形成，从而快速无性繁殖优良种苗。

四、变态根的特性与功能

园林植物的根系除起固定植株、吸收水肥、合成与运输等功能外，还以不同形态起着贮藏营养与繁殖作用。根的变态主要有 3 类，如图 1-31 所示。

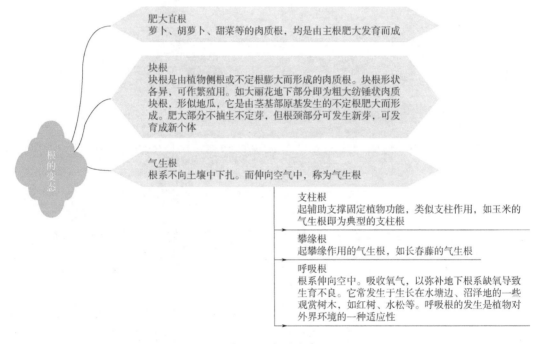

根的变态

肥大直根
萝卜、胡萝卜、甜菜等的肉质根，均是由主根肥大发育而成

块根
块根是由植物侧根或不定根膨大而形成的肉质根。块根形状各异，可作繁殖用。如大丽花地下部分即为粗大纺锤状肉质块根，形似地瓜，它是由茎基部原基发生的不定根肥大而形成。肥大部分不抽生不定芽，但根颈部分可发生新芽，可发育成新个体

气生根
根系不向土壤中下扎。而伸向空气中，称为气生根

支柱根
起辅助支撑固定植物功能，类似支柱作用，如玉米的气生根即为典型的支柱根

攀缘根
起攀缘作用的气生根，如长春藤的气生根

呼吸根
根系伸向空中。吸收氧气，以弥补地下根系缺氧导致生育不良。它常发生于生长在水塘边、沼泽地的一些观赏树木，如红树、水松等。呼吸根的发生是植物对外界环境的一种适应性

图 1-31　根的变态

五、根际与根系的生长发育

根际是指与根系紧密结合的土壤或岩屑质粒的实际表面，与生长根紧密相接，其内含有根系溢泌物、土壤微生物和脱落的根细胞，以毫米计的微域环境。其中存在于根际中的土壤微生物的活动通过影响养分的有效性、养分的吸收和利用以及调节物质的平衡，而构成了根际效应的重要组成成分。土壤中有些微生物能进入到根的组织中，与根共生，形成共生现象。

同真菌共生的根称为菌根。若菌丝不侵入细胞内，只在皮层细胞间隙中的菌根为外生菌根，如山毛榉、松等树木的根；菌丝侵入细胞内部的菌根为内生菌根；介于两者间的菌根为内外兼生

菌根。柑橘、李等多数果树和杜鹃、鸢尾等多为内生菌根，而草莓则为内外兼生菌根。

由于菌根的形成，扩大了园林植物根系的吸收范围，增强了根系吸收养分的能力，从而促进了地上部光合产物的提高和生理生化代谢的进行。这在土壤贫瘠和干旱地区，保持植物正常的水分代谢和养分吸收，提高园林植物抗逆性具有重要作用。

根瘤是由于细菌侵入根部组织所致，这种细菌称为根瘤菌。豌豆、蚕豆等各种豆科植物的根系均与根瘤菌共生，从而形成其显著特点。通常豆科蔬菜能分泌物质以吸引根瘤菌向其根部移动，当根瘤菌与根毛接触时，便由根毛处进入根组织，根瘤菌在根皮层中繁殖，从而刺激皮层细胞分裂，形成很多微小的细胞，导致根组织膨大突起而形成根瘤。这样豆类蔬菜与根瘤菌共同生活，一方面根瘤菌从植物体内获得能量进行生长发育；另一方面根瘤菌所固定的氮素又为植物所利用。因此，创造根瘤菌所需生活条件，促进根瘤菌活动对植物生长发育具有重要作用。

六、根系的分布

根沿土壤表层方向平行伸长，分布的范围受园林植物种类、育苗移栽与否、土壤条件及其他环境影响。根系一般都分布到树冠投影范围以外，一些根系强大的树种甚至超出 4~6 倍。

园林植物地上部和地下部相接处的部分为根颈。根颈以下向土壤深处下扎的根称为垂直根。垂直根在土壤中的分布深度与园林植物的根系特性、土壤质地、肥力水平及水分状况等有关。

七、根系生长动态

根系开始生长时期比地上部分早，结束生长时期比地上部分迟。在植物周年生长过程中，根系的生长与地上部分高径生长之间呈交替进行，主要依靠树体贮藏的营养物质。根系第二次生长高峰在秋季，地上部分缓慢生长后期。根系生长高峰出现次数，依树种、年龄、树体营养状况、外界环境条件等不同而不同。外部环境中的温度、水分与根系生长关系密切。土壤温度变化较气温稳定，所以根系生长开始早，结束较迟。一般土壤含水量达田间最大持水量的 60%~80% 时最适宜根系生长。

园林植物的根系受植物种类、品种、环境条件及栽培技术等影响，其生长动态常表现出明显的周期性，主要有生命周期性、年生长周期性和昼夜周期性。

1. 生命周期

对于 1 年生草本花卉，从种子到种子的生长发育过程即完成了一个生命周期。根系的生长从初生根伸长到水平根衰老，最后垂直根衰老死亡，完成其生命周期。果树是多年生以无性繁殖为主的植株，不同于 1 年生植物。一般状况下幼树先长垂直根，树冠达一定大小的成年树，水平根迅速向外伸展，至树冠最大时，根系也相应分布最广。当外围枝叶开始枯衰，树冠缩小时，根系生长也减弱，且水平根先衰老，最后垂直根衰老死亡。

2. 年生长周期

在全年各生长季节不同器官的生长发育会交错重叠进行，各时期有旺盛生长中心，从而出现高峰和低谷。年生长周期变化与园林植物自身特点及环境条件变化密切相关，其中自然环境因子中尤以土温对根系生长周期性变化影响最大。一般多年生植物根系在冬季基本不生长。而从春季至秋末根系生长出现周期性变化，生长曲线呈双峰曲线或三峰曲线。不同生长季节均能创造适宜的温度条件，其根系生长动态主要受自身遗传因子影响而呈现规律性的变化。

3. 昼夜周期

各种生物居住的环境总是白天温度高些，晚上温度低些，植物的生活也适应了这种昼热夜凉的环境。一般情况下，绝大多数的园林植物根系夜间生长量均大于白天，这与夜间由地上部转移至地下部的光合产物多有关。在植物允许的昼夜温差范围内，提高昼夜温差，降低夜间呼吸消耗，能有效地促进根系生长。

八、根的再生力

断根后长出新根的能力称为根的再生力。根的再生力首先与园林植物种类有关；其次不同季节，不同生态条件，同种园林植物根的再生力差异也很大。一般春季发生的新根数目多，而在秋季新根生长能力强，根系生长量大，因此春、秋季节适宜果树、花卉苗木出圃和定植。生态条件中土壤质地及土壤通透性对根的再生力影响最大，土壤孔隙度在40%时根的再生力最强。此外，植株生育状态对根的再生力也有很大影响，顶芽饱满、生长健壮的枝条对根的再生有显著的促进作用。

【新手必读】环境因子与园林植物生长发育的关系

一、温度及水分对园林植物的影响

1. 温度对园林植物的影响

(1) 温度三基点　温度的变化直接影响植物的光合、呼吸、蒸腾等生理作用。每种植物的生长都有最低、最适、最高温度，称为温度三基点。最适温度下植物生长发育最为旺盛，最低温度是植物能生长的最低需要温度，最高温度是植物能生长且不遭受危害的温度。超过最低、最高温度极限，则植物受害；距离最适温度越远，则生长越差。

植物种类不同，对温度三基点要求不同，原产热带植物温度三基点要求较高，原产寒带植物温度三基点较低。从最适温度看，不同的地带生长的树木有较大的差异，热带植物最适温度为18~30℃，如大岩桐、热带兰、部分仙人掌类植物，温带植物最适温度为7~16℃，如小苍兰、樱草、仙客来等。一般植物较适温度为20~30℃之间。

(2) 温度的影响　低温会使植物遭受寒害和冻害。在低纬度地区，某些植物即使温度不低于0℃，也能受害，称之为寒害；高纬度地区的冬季或早春，当气温降到零度以下，导致一些植物受害，叫作冻害。冻害的严重程度视极端低温的度数、低温持续的天数、降温及升温的速度而异，也因植物抗性大小而异。若冬寒早，降温突然，植物没有准备，春寒晚而多起伏，寒潮期间低温期长，昼夜温差大而绝对最低温度在零下的日数多，则植物受害严重。植物造景时，应尽量提倡应用乡土树种，外引植物最好经栽培试验后再应用。

高温会影响植物的质量，如一些果实的果形变小、成熟不一、着色不艳。

2. 水分对园林植物的影响

水分是植物体的重要组成部分。一般植物体都含有60%~80%，甚至90%以上的水分。植物对营养物质的吸收和运输以及光合、呼吸、蒸腾等生理作用，都必须在有水分的参与下才能进行。水是植物生存的物质条件，也是影响植物形态结构、生长发育、繁殖及种子传播等重要的生态因子。

没有水就没有生命，植物生长时需要空气湿度和土壤湿度，各种植物对湿度的需求量是不同的，阴性植物要求较高的空气与土壤湿度，阳性植物相反。原产热带地区植物长期生活在多雨的条件下，要求较高的空气湿度。

按照植物对水分的需求程度可将其分为旱生植物、中生植物、湿生植物、水生植物。植物在不同的生育期内，对水分的要求量不同。早春树木开始萌芽，花芽分化时需水量相对较少，旺盛生长期、开花期、结实期需水量较多。应根据植物在不同的生长期进行水分调节。土壤水分过多过少都不利于植物的生长。水分过少植物易发生干旱，土壤水分过多氧气不足，二氧化碳相对增加，从而引起一些有毒物质如硫化氢、甲烷等过多，使根系中毒，发生腐烂，甚至植株死亡。

在长江以南地区常因春季雨水过多，影响到春季开花树种的花器发育，授粉不良，易落花。同时高温高湿或低温高湿易引起病害的发生。

二、光照对园林植物的影响

1. 植物对光照的需要量

植物对光照的需要量如图 1-32 所示。

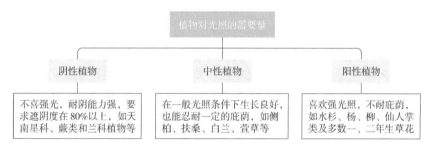

图 1-32 植物对光照的需要量

光对植物花芽形成关系密切，受光多则花芽多。植物从播种、发芽到开花结实，须经过两个阶段即春化阶段和光照阶段。光照阶段主要是昼夜长短的影响（光照和黑暗交替），这种白天与黑夜的交替称为光周期。植物需要在一定的光照与黑暗交替下才能开花的现象称为光周期现象。

2. 光周期对植物开花的作用

光周期对植物开花的作用如图 1-33 所示。

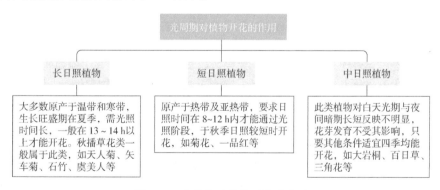

图 1-33 光周期对植物开花的作用

3. 其他

光照与花色的产生也有着密切的关系，花卉着色主要是靠花青素。花青素只能在光照条件下形成，在散射光下形成困难。在室内及阴暗处，花朵色彩平淡不艳。将室外花色艳丽的盆花移到室内较久后会逐渐褪色。白菊花在阳光下易变成紫红色，为保持白菊花色，必须遮断光线。

花朵开放时间还与光线强弱有关，午时花、酢浆草、半枝莲在强光下开花，下午光线变弱后即行关闭，雨天不开；牵牛花、紫茉莉、月见草等在早晨、傍晚日照微弱时开花。光照强度与生长量、开花数及光合强度是一致的，在一定范围内，光照强度愈大，则光合强度大，有利于有机物质积累，故生长量大，开花数多；反之，光合强度小，甚至只有呼吸作用，消耗体内有机物质，处于饥饿状态，则开不了花。

三、空气对园林植物的影响

1. 二氧化碳和氧气

（1）二氧化碳　植物在进行光合作用时以二氧化碳作为原料，合成葡萄糖，而在呼吸作用中作为废气排出。二氧化碳含量与光合强度有关，当二氧化碳在 0.001% ~ 0.008% 之间时，光合作用急剧下降，甚至停止。空气中二氧化碳含量提高 10 ~ 20 倍或达 0.1% 时，光合作用有规律增加。植物吸收二氧化碳的途径除气孔外，根部也能吸收。对植物光合作用来说，空气中二氧化碳含量通常过低，为了提高光合效率，提倡进行二氧化碳施肥。二氧化碳施肥对人畜无害。植物对二氧化碳的需要以开花期和幼果期为多。

（2）氧气　植物生命各个时期都需要氧气进行呼吸作用，释放能量维持生命活动。以种子发芽为例，大多数植物种子发芽时需要一定氧气。如大波斯菊、翠菊种子泡于水中，因缺氧、呼吸困难导致不能发芽，石竹和含羞草种子部分发芽。但有些种子对氧气需要量较少，如矮牵牛、睡莲、荷花种子却能在含氧量很低的水中发芽。

一般在土壤板结处播种发芽不好，就是因为土壤缺氧的缘故。植物根系需进行有氧呼吸，如栽植地长期积水，会严重影响植物的生长发育。因此，生产上特别注意加强土壤水分管理。

2. 风对植物的作用

风是空气流动形成的，对植物有利的生态作用表现在帮助授粉和传播种子。兰科和杜鹃花科的种子细小，杨柳科、菊科、萝　科植物有的种子带毛，榆、白蜡属、枫杨、松属等某些植物的种子或果实带翅，铁木属的种子带气囊，都借助于风来传播。此外，银杏、松、云杉等的花粉也都靠风传播。

空气中还常含有植物分泌的挥发性物质，其中有些能影响其他植物的生长。如铃兰花朵的芳香能使丁香萎蔫，洋艾分泌物能抑制圆叶当归、石竹、大丽菊、亚麻等生长。有的还具有杀菌驱虫作用。

风的有害生态作用表现在台风、焚风、海潮风以及冬春的旱风、高山强劲的大风等。

沿海城市树木常受台风危害，台风过后，冠大荫浓的榕树可被连根拔起，大叶桉主干折断，凤凰木小枝纷纷吹断，而盆架树由于大枝分层轮生，风可穿过，只折断小枝。椰子树和木麻黄最为抗风。

3. 大气污染对植物的影响

随着工业的发展，工厂排放的有毒气体无论在种类和数量上都愈来愈多，对人体健康和植物生长都带来了严重的影响。有害气体和粉尘排放物对植物的影响巨大，具体内容如图 1-34 所示。

四、土壤对园林植物的影响

1. 土壤耕作层的厚度与质地

根系分布在一定深度的土层内，在土壤中根系分布较深，取得的水、肥较多，植物生长必然良好。喜欢深厚肥沃土壤的树种，应选择土层肥厚处栽植。黏土保水能力虽好，但透气性差，砂土则相反。具体选择土壤质地时应按植物要求进行。

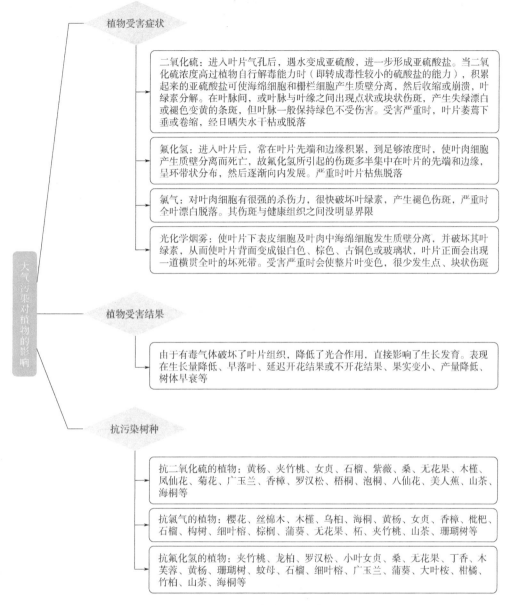

图 1-34　大气污染对植物的影响

2. 土壤物理性质对植物的影响

土壤物理性质主要是指土壤的机械组成。理想的土壤是疏松、有机质丰富，保水、保肥力强，有团粒结构的土壤。团粒结构内的毛细管孔隙小于 0.1mm，有利于贮存大量水、肥；团粒结构间非毛细管孔隙大于 0.1mm，有利于通气、排水。

城市土壤的物理性质具有极大的特殊性，很多为建筑土壤，含有大量砖瓦与渣土。城市内由于人流量大，人踩车压，增加土壤密度，降低土壤透水和保水能力，使自然降水大部分变成地面径流损失或被蒸发掉，使它不能渗透至土壤中去，造成缺水。土壤被踩踏紧密后，造成土壤内孔隙度降低，土壤通气不良，抑制植物根系的伸长生长，使根系上移。

城内一些地面用水泥、沥青铺装，封闭性大，留出树池很小，也造成土壤透气性差，硬度大。大部分裸露地面由于过度踩踏，地被植物长不起来，提高了土壤硬度，影响根系生长。

3. 土壤酸碱度与园林植物

土壤酸碱度的形成受多种因子影响，如气候、地势、成土母岩、施肥种类等。每种植物需要一定的酸碱度，依植物对酸碱度要求程度可分为 3 类，如图 1-35 所示。

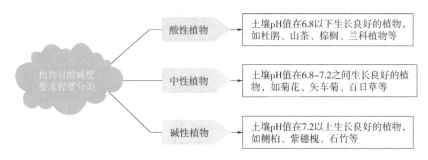

图 1-35 植物对酸碱度要求程度分类

4. 盐碱土对园林植物的影响

盐碱土包括盐土和碱土两大类，盐土是指土壤中含有大量可溶性盐类，如碳酸钠、氯化钠和硫酸钠，其中以碳酸钠危害最大。不同树木对有害盐类的反应和耐力不同，多数植物在盐碱土上生长极差甚至死亡，盐碱土盐分浓度高，植物发生反渗透，造成死亡或枯萎。

5. 土壤肥力与园林植物

土壤肥力是指土壤及时满足树木对水、肥、气、热要求的能力。土壤肥力高，则树木生长旺盛。土壤肥力与土壤质地关系很大，黏土保肥力高，土壤肥沃，沙土地保肥力差，肥分随水渗透到下层，肥力较差，在栽培中，应考虑植物耐贫瘠的能力。梧桐、樟树、核桃等喜肥树种应栽到土厚、肥沃的地方。马尾松、油松、侧柏等，可在贫瘠地种植。当然，能耐贫瘠的树种栽在深厚、肥沃土地生长将更好。

适宜于栽培园林植物的土壤，应有良好的团粒结构，疏松而又肥沃，排水保水性良好，含有丰富的腐殖质，且土壤酸碱度适合。

五、地形、地势对园林植物的影响

1. 海拔高度

气温随海拔高度的升高而降低，一般海拔每升高 100m，气温降低 0.4 ~ 0.6℃。降雨量随海拔升高而增加，湿度加大。海拔升高，日照增强，紫外线含量增加，这些变化影响着植物的生长发育与分布。同种植物在高山生长比在平地种植生长缓而矮，叶小而密集，保护组织发达，发芽迟，封顶早，花色较鲜艳。

2. 坡向与坡度

坡向、坡度关系到空气与土壤的水热条件，阳坡受光多，日照时间长，温度高，土壤蒸发量大，较干燥。阴坡日照短，受光少，土温低，较湿润。在树种培植时应考虑树木的喜光程度，合理布置。对喜光耐旱的植物应种在南坡、东南坡和西南坡，喜阴植物配置在北坡、东北坡和西北坡。

第二章
园林植物养护管理

第一节
园林植物的土肥水管理

【高手必懂】园林植物的土壤管理

园林植物土壤管理的目的是通过土壤整理等各种措施来改善土壤结构和理化性能，提高土壤的肥力，保证园林植物生长发育所需的水分与养分的供给，为其生长发育创造良好的条件。同时还可以结合其他措施，维持地形地貌整齐美观，防止土壤被冲刷，尘土飞扬，增强园林植物的功能，优化园林景观效果。

一、园林植物的土壤状况

1. 土壤与土壤肥力

农业是保障人类生存的基础，而土壤是保障农业生产的基础，是生物因素与非生物因素进行物质转化与能量流动的重要介质和枢纽，是进行农林业生产的基本资料。同时，土壤又是地球环境的重要组成部分，其质量与水、大气、生物的质量以及人类的健康密切相关。土壤具有能抵抗外界温热状况、湿度、酸碱性、氧化还原性变化的缓冲能力，对进入土壤的污染物能通过土壤生物代谢、降解、转化、消除或降低毒性，起着"过滤器"和"净化器"作用。所谓土壤是指覆盖于地球表面，由矿物质、有机质、水分、空气和生物组成，具有肥力特征，能够生长绿色植物的疏松表层。自然界里的土壤不论农地、林地、草地还是荒地，其基本物质组成都是由固体、液体、气体三相物质组成的疏松多孔体。土壤的三相物质组成及其比例，直接影响土壤肥力，是土壤肥力的物质基础。矿物质是岩石风化而成的矿物质颗粒，分为原生矿物和次生矿物，是建造土体的骨架和基本材料，是土壤中矿物养分的主要来源，也是土壤养分的最初来源。土壤有机质来源于动植物残体、微生物体和施用的有机肥料，它们好似土壤的"肌肉"，是土壤生产力的基础，是维持植物生长和农业可持续发展的物质基础。土壤的有机质含量通常作为土壤肥力水平高低的一个重要指标，它不仅是土壤各种养分（特别是氮、磷）的重要来源，对土壤理化性质如结构性、保肥性和缓冲性等有着积极的影响，并且有机质还在络合重金属离子，减轻重金属污染，对农药、除草剂等起到溶解、吸收、降解，减轻农药残毒及有毒有害物质的污染，净化土壤等生态环保方面发挥独特的作用。土壤水分和空气共同存在于土壤孔隙中，二者互为消长的关系，共同影响着土壤的热量状况，进而控制养分转化。土壤常常存在妨碍植物生长的各种限制因素，如土壤侵蚀、土壤砂化、土壤盐碱化、土壤肥力退化及土壤污染等，这就是所说的土壤的五大公害，存在这些限制因素的土壤就是逆境土壤。人类生活在自然环境中，以土壤为基地不断栽培植物，应针对园林植物的生物学特性和对土壤条件的要求，通过各种农业措施、技术手段等农林生产活动，人为调节和改善土壤环境条件，最大限度地满足其生长发育的要求，以实现人类的栽培目标，维持农业的可持续发展。对于园林土壤有机质含量一般低于1%，且土壤的结构性差，应当引起足够的重视，可以通过泥炭土、腐叶土及经处理的生活垃圾等有机肥的施入、归还园林植物的凋落物以及在公园、街道、广场的乔灌木下种草坪草或观赏价值较高的绿肥植物等途径加以改善。随着农业科技推广工作的逐步深入，农民越来越关心土壤肥力状况的问题。

土壤肥力是土壤区别于其他自然体的本质特征，是指土壤不断供给和协调植物生长发育所必需的水分、养分、空气、热量等生活因素的能力。

土壤肥力是土壤的本质属性和基本特性，自然界任何土壤都具有肥力，土壤与肥力不可分。土壤通过水分、养分、空气、温度等影响植物的生长，其中水、肥、气、热称之为四大肥力要素。土壤肥力还具有生态相对性，它是构成肥力的基本内容，是在对土壤和土壤肥力认识的基础上产生的，是从植物生态特性所要求的土壤条件出发，来研究土壤肥力的基本原理。即是指不同生态条件下，植物所要求的土壤生态条件是不同的，通常说某种肥沃或不肥沃的土壤只是针对某种（或某些生态要求上相同）植物而言的，而不是针对任何植物的。依据土壤肥力的生态相对性，在农林业生产实践上，应当根据园林植物对土壤的生态要求，"因地制宜""适地适树"，合理配置相适应的土壤，即把它们种植在适宜生存的土壤上，配合科学的农技管理，可以更好地发挥其生产潜力，也为科学种田打下坚实的基础。

2. 土壤质量与土壤生产力

土壤是植物扎根立足之地，土壤肥力是土壤的本质特性、土壤质量的标志，植物生长得好坏，也就是植物产量的高低、品质的优劣状况，都与土壤因素有密切的关系。质量高而健康的土壤是产品安全生产的基础，也是构建无公害、绿色、有机生产技术体系；生产绿色环保产品的基本保障。所谓土壤质量是指土壤在生态系统界面内维持生产、保障环境质量、促进动物与人类健康行为的能力，就是指耕作土壤本身的优劣状况，这不仅包括土壤生产力、土壤环境，还包括食物安全及人类和动物健康，同时土壤质量在管理上要有降低污染物潜力的技术和方法。土壤肥力对土壤丰产至关重要，丰产的土壤一定是肥沃的，但肥沃的土壤不一定是丰产土壤，这就需要弄清什么是土壤的生产力，即在一定的栽培管理制度下，土壤能生产某种产品的或某系列产品的能力，即土壤产出农产品的能力，它是由土壤肥力和发挥肥力的外界环境条件共同决定的，通常是由植物产量高低来衡量。土壤肥力是生产力的基础，而不是其全部，生产力高的土壤，土壤肥力一定是高的，而土壤肥力高的，土壤生产力不一定高，因此，要想提高土壤生产力，除了要从根本上提高土壤肥力基础外，还应加强环境条件的改善，改变影响农业生产的基本条件，控制和调节植物生长的养分、水分、空气、热量（温度）、光和机械支撑等生态因素，以满足植物高产、持续丰产和农业可持续发展的要求，为此必须正确利用土壤，认真保护土壤，努力改造以土壤为中心的农业生产条件，提高土壤肥力，增强土壤对各种自然灾害的逆能力，这是实现农业现代化的重要保证。

3. 我国耕地的肥力状况

2015年国土资源公报数据显示，我国耕地总量大约为 $1.35 \times 10^8 hm^2$。中国耕地质量总体偏低，中等和低等地共占耕地总面积的2/3以上，有针对性地改良中低产土壤、建设高产稳产田，是十分艰巨的任务。顾列铭认为，近年来随着城市化、工业化的发展，城市和村镇周边排灌条件好，经过多年培育的优质耕地被大量占用，中低产田比例大幅度上升，耕地总体质量持续下降。我国有大量的低产土壤，大部分是粗骨土、风沙土、盐碱土、石质土等。导致其低产的原因多是由于土壤的水肥气热状况不协调，是自然因素和人为因素综合作用的结果，具体表现为以下两种：

一是不利的自然环境条件，包括坡地冲蚀、土层浅薄、有机质和矿质养分少、土壤质地过黏或过砂、不良土体构型、易涝怕旱、土壤盐化以及土壤过酸或过碱等。

二是人类利用不合理，包括盲目开荒、滥砍滥伐、围湖造田、水利设施不完善、落后的灌溉方法及掠夺式的经营方式，导致土壤肥力不断下降。

二、园林植物土壤的常见类型

不同园林植物对土壤的要求是不同的，园林植物栽植地的土壤类型及其条件十分复杂，要在园林植物栽植前，做好土壤类型的鉴别，必要时还要进行土壤分析鉴定，做到有的放矢地选择园林植物种类，改良土壤，确保圆满地完成园林植物的栽培与养护工作。据调查，园林植物生长地的土壤基本可分为 3 种，具体如下：

1. 工程后的土壤

在城市中，市政工程施工后的场地如地铁、人防工程等处，由于施工将未熟化的心土翻到表层，使土壤肥力降低。因机械施工，碾压土地以及人流践踏，会造成土壤坚硬、土壤密度增加、空隙度降低、通透性不良等问题，形成紧实土壤园林绿地，对园林植物生长发育相当不利。施工后各类建筑垃圾，不清理或清理不彻底，以建筑后留下的灰槽、灰渣、煤屑、沙石、砖瓦块、碎木等建筑垃圾堆积而成的土壤。在生活居住区，由于生活活动而产生的废物，如垃圾、煤灰、瓦砾、动植物残骸等，形成的生活垃圾堆积土。

2. 人工培育的土壤

指以人工修造代替天然地基的构筑物为基础进行的客土栽植，主要是针对城市建筑过密，人工扩大土地利用面积的一种方法。常见的形式如建筑上的屋顶花园，地下停车场、地下铁道、地下贮水槽等上面的园林植物栽植，可以把建筑物等人工构筑物视为人工培育的场地载体。人工培育的土壤如果没有雨水或人工浇水，则土壤干燥，导致植物的生长不良。

人工培育的土壤一般多为客土栽植，土层较薄，受外界气温的变化和下部构筑物传来的热量变化的影响较大，土壤温度的变化较快、幅度较大，园林植物的根系生长发育受到气温变化的影响较大，甚至为决定性因子。所以，人工培育土壤的栽植环境不是园林植物栽植的理想条件，在栽植时应选择适宜的园林植物种类。

3. 其他类型土壤

园林植物栽植中常见的土壤类型还包括下列几种：

1）城市扩建中占用的耕作用地，即田园土，这类土壤最适合园林植物生长发育，一般土壤的结构、理化性能良好，在栽培中只需要适当的补充施肥，合理栽植即可。

2）荒山荒地的土壤，尚未深翻熟化，结构差，肥力低，要改良后才能使用。

3）城市中低洼地带的水边低湿地，包括人工湖畔、河流四周的土壤，一般表现为土壤结构紧实，水分多，通气不良。

4）在我国长江以南地区大多是红壤，红壤呈酸性反应，土壤颗粒细，团粒结构差，水分容易蒸发散失，含水量过低时，土壤变得紧实坚硬；土壤含水量过高，易吸水成糊状。土壤常缺乏氮、磷、钾等营养元素，大多数园林植物不能直接栽植于这种土壤，需要在土壤改良后，选择与其相适应的园林植物，进行栽植。在沿海地区的土壤一般是滨海填筑地，受填筑土的来源及海潮影响，土壤沙质，盐分易被雨水溶解能够迅速排出；土壤黏重，则透水性差，会长期残留盐分，在栽植前要设法排洗盐分，增施有机肥等。北方土质多带盐碱，栽植时也要选择适宜的园林植物类型。

5）在矿山和工厂等附近，由于工矿排出的废水、废气里面含有较多的有害成分，对土地造成较严重的污染，形成工矿污染地，在园林植物栽植中，除了选择抗污染的园林植物外，还可以根据土壤的污染程度，进行土壤改良或土壤替换。另外，园林植物的土壤还有可能是盐碱土、重黏土、沙砾土等各种不宜直接进行栽植的土壤类型。

三、土壤的改良及管理措施

园林植物土、肥、水管理的关键是从土壤改良入手，通过实施各种农业措施改土培土，并结合松土除草、地面覆盖、施肥、灌水与排水等技术，改善土壤的理化性质，提高土壤肥力和土壤质量等，以满足园林植物生长发育的要求。

1. 土壤质地改良

土宜是指适宜作物种植的土壤条件，是土壤的适宜性性状。在生产实践中，土壤的理化性状都能达到最佳或适宜种植、栽植条件的很少，因此，一般利用之前都要针对土壤的不良性状和障碍因素，采取相应物理措施或化学措施，进行土壤改良，以满足园林植物对土壤条件的要求。

改良土壤质地是农田基本建设的一项基本内容，而土壤质地是指土壤中各级土粒的配合状况，或大小土粒的比例组合，是土壤稳定的自然属性，它通常是决定土壤的蓄水性、保肥性、通气性、保温性和耕性等的重要因素，直接影响播种、耕作、施肥及灌水等，影响到土壤水、肥、气、热等各个肥力因素的协调。对于过沙过黏、性状不良土壤，可以通过改良，更好地发挥土壤生产潜力。

（1）增施有机肥料　增施有机肥料是改良土壤过沙和过黏最简便易行的有效方法。采用秸秆还田，翻压绿肥，施用各类农家肥及商品有机肥。由于有机肥中含有大量的腐殖质，可以促进土壤形成团粒结构，能降低黏土的黏性，增强沙土的团聚性，克服沙土过于松散和黏土过黏僵硬的缺点，以增加砂土的保水保肥性，改善土壤板结，使黏土发暄变软，从而提高土壤肥力。

（2）客土法　搬运别处的土壤（客土）掺在过沙或过黏的土壤中（本土），使之相互混合，以改良土壤质地的方法，称为客土法。掺砂掺黏、客土调剂，逐年改良达到沙黏比一般保持在7∶3或6∶4较适宜的范围内。对于栽种园林树木立地土层浅薄、土质不良的土壤，开挖树穴直径、深度至少要达60cm，将别处好土、细土与等量有机肥料和化肥混匀，配制成肥土，定植时将全量的1/3撒入坑底，栽植时土壤埋到1/3处，再将剩余的肥土旋入根的周围，上面再用客土填压，这样就为树木以后健壮的生长奠定了稳定的肥力基础。

（3）翻沙压淤和翻淤压沙　一般要就地取材，因地制宜，通过耕作使沙黏掺和，如有的耕层土壤质地过沙或过黏，僵其底层有黏土层或沙土层，可以通过深翻，把下层的黏土或沙土翻上来，与表土掺混均匀，以达到改良偏沙过黏土质的目的。

（4）引洪放淤　引洪放淤指在有条件的河流中下游两岸地区，可利用河流不同季节所携带泥沙的粗细的不同，分别将河水引入过沙或过黏的土壤上，使之沉积下来，对本土进行改良的方法。

2. 盐碱洼地的改良

盐碱洼地，土壤紧实，水分多，通气不良，土质多带盐碱，改良时首先应挖沟排水，降低地下水位，以防"盐随水来，水去盐留"，防止返盐返碱，危害植物的生长。其次，加强施用有机肥料，提高有机质的含量，改善土壤结构，使土壤疏松、水气协调。另外，综合利用其他农业措施如种植耐盐碱植物、增加土壤覆盖、种植绿肥、旱田改水田等都能达到抑盐压碱、改良盐碱土的效果。

3. 酸碱性土壤的改良

土壤的酸碱度是土壤的重要化学性质，土壤酸碱度的大小受生物气候条件和施肥性质等因素控制。"南酸北碱"，气候几乎起到决定性的作用。另外，施用酸性、生理酸性肥料会使土壤酸化，而碱性、生理碱性肥料的施用以及碱性水（如石膏分布区的水碱性大）灌溉会使土壤碱化。pH 值在 6～7 之间的土壤中的营养元素，最容易被植物吸收，有效性高。对于酸碱性土壤，首先要因地制宜，合理种植耐酸或耐碱植物，如酸性土壤适于种植茶树、板栗、松类、甘薯、马铃薯和毛叶苕子等喜酸的植物，而碱性土壤可以选种甜菜、山楂、枣树、向日葵、蓖麻、苜蓿、田菁等耐碱植物，都能收到良好的效果。过酸过碱的土壤可以利用化学物质调节，酸性土壤应加强碱性物质或碱性肥料的施用，如石灰、草木灰或钙镁磷肥、硝酸钠等以中和酸性而改良酸土，而碱性土壤则多施用石膏粉、硫黄粉或明矾矿粉等进行改良，施用硫酸铵、过磷酸钙、硫酸亚铁等酸性肥料也能缓和土壤碱性。另外，综合利用其他农业措施如增加土壤覆盖、种植绿肥、合理灌水等都能达到抑制盐碱、改良盐碱地的目的。

四、土壤管理

1. 深翻改土，平整地面

园林植物生长地的土壤多为荒山薄地、城市紧实的土壤、工矿污染地及平原肥土等，种植前应当根据园林植物对土壤条件的要求，人为改良和调节土壤肥力因素，最大限度创造适于其生长的土壤条件。通过深翻整地，平整地面，促进土壤熟化，加厚营养层，去除障碍物（如砾石层、铁盘层、粘盘层等），增强土壤蓄水保肥能力，促进养分释放等。据研究表明，地下部分只要有 1/4 的根系处于适宜的土壤条件下，依靠植物根系强大的吸收功能及旺盛的生长力吸收的营养物质就能满足地上 3/4 部分的营养需要。为此，要严格细致、因地制宜，针对不同土壤深翻改造。一般平缓地区，全面耕翻结合加大有机肥料的投入，深度应达 30cm，打造优质土壤环境，使保肥性与供肥性协调稳定，以增强农业生产的后劲；城市园林绿地、市政工程场地和居民建筑小区、道路两侧绿化地等，要去除杂物，客土调剂，加强松土，促进通气透水；荒山薄地，坡度大，土层薄，应深翻平整地面，深翻扩穴，下层生土翻上来，上层熟土翻到下层，去除枯树根，清除障碍物。深翻要结合使用有机肥和客土调剂改良，提高肥力，熟化土壤，整地采用沿低山等高线整成水平带状，以利于水土保持。

2. 加强培土改土，增厚营养层

像树木、苗圃等园林植物应于晚秋初冬后注意培土，厚度多在 5～10cm，不超过 15cm，可增厚土层，增加营养，保护根系，防止受冻，使其安全越冬。对于苗圃、棚室板结僵硬的土壤，应结合土壤结构改良剂，增强改土效果。一般应用人工合成的结构改良剂，它是通过模拟天然土壤结构改良剂的分子结构进行人工合成。聚乙烯醇、聚丙烯酰胺及衍生物等的应用效果好，如聚丙烯酰胺除改良土壤结构外，还可蓄水保墒，用量为 200～400kg/hm²，遇水可形成水稳性团粒结构，且土壤的蓄水力提高 100 倍，在沙漠绿化中意义重大。

3. 中耕松土，疏松土壤

由于降水、灌溉、施肥等农事活动会使土壤紧实，树盘土壤板结，通气性差，影响养分物质的释放和园林植物生长，因此，应根据实际，中耕松土，改善土壤的通气透水状况，维持良好的空气质量，促进根系对土壤养分的吸收利用，促进土壤微生物活动和根系健壮生长，有利于有机物的分解。中耕还切断了土壤的毛管作用，减少土壤水分的蒸发，更好满足植物对水的要求，正是所谓的"锄头底下三分水""旱榜地"等农谚蕴含的科学道理。通常选在盛夏前和秋末冬初进行中耕，要在土壤处于适耕状态下进行，中耕的深度一般在 3~10cm，以不伤根为原则，具体因不同植物、根系的深浅及其分布状况有所不同。如高大乔木和木本花卉等中耕适宜深些，灌木、藤木、草本花卉适宜浅些，根系分布较深及远根处适宜深中耕，而根系浅及近根处宜浅中耕，以免伤根而影响植物生长。

4. 穴贮肥水

在土层较薄、无水浇条件的山丘地区应用效果尤为显著，是干旱果园重要的抗旱、保水技术。穴贮肥水技术简单易行，投资少见效大，具有节肥、节水的特点，一般可节肥 30%，节水 70%~90%。具体技术如下：秋季在树冠投影边缘向内 50cm 处挖深 40cm、直径 20~30cm 的定植穴，依据树体、树龄每株可挖 4~8 个穴。随后将玉米、高粱等秸秆捆成直径 15~25cm、长 30~35cm 的草把，放在 5%~10% 的尿素溶液中或人粪尿中浸泡透后，放入穴中央，草把要低于周围的土壤，然后每穴以 5kg 有机肥料（一般混合 150g 过磷酸钙、50~100g 尿素或专用复合肥）与土壤按 2:1 的比例混合均匀回填踩实，最后浇足水分并覆盖地膜，地膜边缘用土压严，中央正对草把上端打一个孔洞，平时用石块或土封住洞穴，防止水分蒸发，以方便将来追肥浇水。这样只要平时降水，树盘内的水分就可从孔洞渗入土壤，遇到干旱可 1~2 周浇水一次，每次浇水约 2~2.5kg/穴。另外，一般根据树木生长状况，结合开花后、新梢停止期和采果后等生育时期，每穴可追肥 50~100g 尿素或复合肥，将肥料置于草把顶端，随即浇水 3~4kg，进入雨季，可将地膜撤去，使穴内蓄存雨水，草把应每年换一次，发现地膜损坏应及时更换，营养穴可维持 2~3 年，下次再挖穴时应改变位置，逐渐实现全园改良。

5. 防除杂草

清除杂草，控制杂草蔓延，提高绿地景观效果，同时也减少了水分与养分的消耗，防止因与园林植物争水、争肥而妨碍植物的生长。应在每次灌溉或降雨后及时进行除草、松土。杂草防除要遵循和掌握"预防为主，综合防治"以及"除早、除小、除了"的原则，可采用人工除草、化学除草等方法，定期对树木周边的杂草进行清除，保证树下无杂草，减少病虫害的发生。注意化学除草宜选择晴朗无风、气温较高的天气，可提高药效，增强除草效果，又可防止药剂飘落在树木的枝叶上，造成药害。在大面积化学除草前应进行药剂试验。

6. 地面覆盖与地被植物

园林植物在生长季节、土温较高和干旱时，应加强地面覆盖和种植地被植物，能防止地面水分蒸发、减少地面对太阳辐射能的吸收，降低土壤温度，从而改善土壤水热状况，调节小气候，利于园林植物的生长。秋冬季节植物尤其是经济林木，树盘覆草、树干绑草、基部培土或全园覆盖，以此防止冻害，覆草厚度保持 15~20cm，对保湿、稳温、抑制杂草效果最佳。干旱地区可使用土壤增温保墒剂，能减少地表蒸发，增加地表温度，如国外生产的"TAB"是一种高效的土壤保湿剂，使用简单，稀释后直接喷洒在土壤表面，遇水时，微粒体积可膨胀 30 多倍，能吸收超过自身重 300~1000 倍的水分，其中绝大部分可供植物吸收。

【高手必懂】园林植物的水分管理

一、园林植物水分管理的原则

植物体在整个生命过程中都不能离开水分。首先，水是绿色植物的主要组成成分，其含量约占植物鲜重的70%～90%，水使细胞和组织处于紧张状态，使植株挺立。其次，水是光合作用的物质来源之一。植物含水量的多少与其生命活动强弱有密切的关系，在一定范围内，植物组织的代谢强度与其含水量成正相关。由此可知，水对植物生理活动起了决定性作用。陆生植物必须不断地从土壤中吸收水分，以保持其正常含水量。但另一方面它的地上部分（尤其是叶子）又不可避免地要向外散失水分（蒸腾作用）。吸收到体内的水分除少部分参与代谢外，绝大部分补偿了蒸腾散失。植物体内的水分平衡对于植物生叶长枝、开花结果极为重要。

园林植物缺水时，个体的生长发育会受到影响。如水分不足时，萌芽不整齐，新梢生长弱，花芽分化减少，开花不良。当土壤含水量下降到10%～15%时，地上部分停止生长，低于7%时，根系停止生长。当土壤中水分过多，则土壤中氧气含量减少，根系生理活动减弱，影响到园林植物营养的运转与合成，严重缺氧时，可引起根系死亡。因此，园林植物水分管理的必须遵循一定的原则，具体内容如下。

1. 园林植物不同物候期对水分的要求不同

园林植物的物候期在各地表现的时间不一致，但同种园林植物在同一物候期内对水分的要求基本是相同的，如图2-1所示。

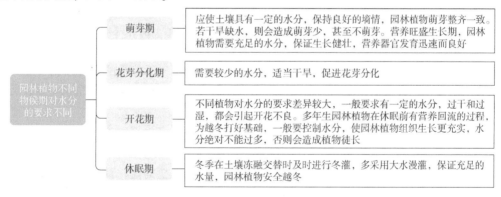

图2-1　园林植物不同物候期对水分的要求不同

2. 园林植物不同种类对水分的要求不同

一般草本植物比木本植物需水量多，这是由于草本植物根系分布较浅，吸收水分的土壤范围小，水分变化快，水分管理时要增加浇水次数，如草坪草的浇水次数多于地被植物，地被植物浇水次数多于灌木类，灌木类多于乔木类。

同一类园林植物不同植物对水分的需求也不一致。一般阴性植物要求较高的空气湿度和土壤湿度，如原产于热带及热带雨林地区的植物，由于长期生活在多雨多湿的环境，形成了对空气和土壤中的水分要求较高的特性。阳性植物对水分要求相应较少。

3. 园林植物不同栽植年限对水分要求不同

新栽植的园林植物一般要灌3～4次水，以保证成活，即定植水、缓苗水和补充水，并根据天气、土壤及植物生长情况，还要浇第4次水。新植乔木需要连续灌水3～5年，灌木最少5年。

土质不好或树木缺水而生长不良，以及干旱年份，则应延长年限。对于新栽常绿树，尤其常绿阔叶树，常常在早晨向树上喷水，有利于树木成活。对于一般定植多年，正常生长开花的树木，除非遇上大旱，树木表现迫切需水时才灌水，一般情况则根据条件而定。

4. 园林植物的不同土壤对水分的要求不同

根据园林植物栽植地的不同土壤种类、质地、团粒结构等，水分管理要有所区别。例如：沙地容易漏水，保水力差，灌水次数应当增加，亦可小水勤浇，并施有机肥增加保水保肥性；盐碱地要"明水大浇""灌耱结合"，最好用河水灌溉；低洼地也要"小水勤浇"，并应注意排水防碱；较黏重的土壤保水力强，灌水次数和灌水量应当减少，并施入有机肥和河沙，增加通透性。

5. 园林植物的水分管理应与土壤管理、施肥等相结合

在全年的栽培养护工作中，灌水应与其他技术措施密切结合，以便在互相影响下更好地发挥每个措施的积极作用。如灌溉与施肥，做到"水肥结合"是十分重要的。特别是施化肥前后，应该浇透水，既可避免肥力过大，影响根系吸收，又可满足园林植物对水分的正常要求。

此外，灌水应与中耕除草、培土、覆盖等土壤管理措施相结合。灌水和保墒是一个问题的两个方面，保墒做得好可以减少土壤水分的消耗，满足树木对水分的要求。在园林植物生长季节要做到"有草必锄，雨后必锄，灌水后必锄"。

二、园林植物水分管理的措施

1. 灌水

（1）水源　常用水源有自来水、井水、河、湖、池塘水以及工业用水和生活废水。河水、井水和池塘水含有一定数量的有机物质，是较好的灌溉用水。为了节约用水可用污水进行灌溉，但用前必须经过化验，确实不含有害有毒物质的水才能用，否则不能作灌溉用水。

（2）灌水的时期　灌水时期主要根据园林植物在一年中各个物候期对水分的要求、当地气候特点和土壤水分的变化规律等决定。灌水的具体时期，除了对新栽植的园林植物要浇足定植水，在天气干旱，土壤缺水时及时补充水分，一般按照不同园林植物的物候期进行浇水，大体上可以分为休眠期灌水和生长期灌水两种。

1）休眠期灌水。一般称为灌"冻水"，在秋冬土壤冻融交替时及时进行。我国的东北、西北、华北等地降水量较小，冬春严寒干旱，休眠期灌水可补充水分。在北方地区，冬季水结冻放出潜热可保护园林植物安全越冬，尤其对于以幼年植物、新栽植的植物及越冬困难的植物不可缺少。灌水时应尽量让水温与土温相近，以防因灌水引起土温变化剧烈而影响根系的吸收。春秋季在上午或下午浇水，夏季在早晚凉爽时浇水，冬季应在中午进行。

2）生长期灌水。不同园林植物的生长发育规律不同，园林观赏栽培应用也不相同，生长期灌水时间、次数也就不一致。一般生长期灌水可分为：萌芽水、花前水、新梢旺盛生长水、果实膨大水和休眠前期水等。不同园林植物可根据各自的栽培特点，选择不同的灌水时期。例如：灌萌芽水，早春萌芽前进行，有利于园林植物萌芽，新梢和叶片的生长；灌花前水，在萌芽后结合花前追肥进行，有利于开花与坐果，具体时间因地、因植物种类而异；新梢旺盛生长，在花谢后半个月左右，新梢旺盛生长前进行，促进新梢健壮生长，此时是园林植物的需水临界期，如果水分不足，新梢生长会受到抑制。

3）灌水的方法。正确的灌水方法可节约用水，保持土壤的良好结构，减少土壤冲刷。灌水的方法主要有3种，具体内容，如图2-2所示。

4）灌水次数。灌水次数与园林植物种类、不同的气候条件、土质、植株大小及生长状况等

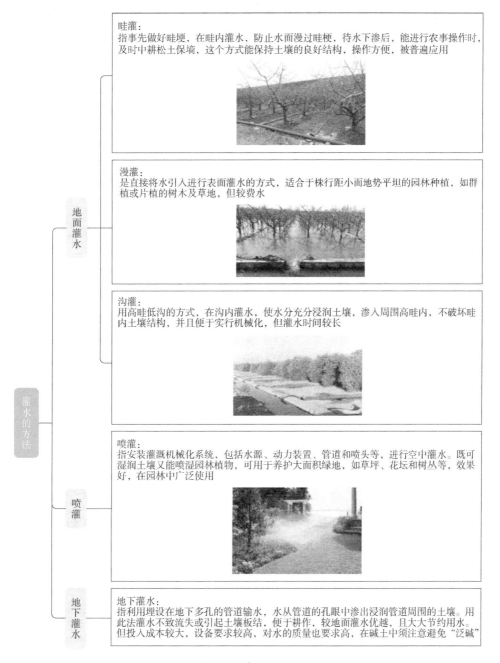

畦灌：
指事先做好畦埂，在畦内灌水，防止水面漫过畦梗，待水下渗后，能进行农事操作时，及时中耕松土保墒，这个方式能保持土壤的良好结构，操作方便，被普遍应用

漫灌：
是直接将水引入进行表面灌水的方式，适合于株行距小而地势平坦的园林种植，如群植或片植的树木及草地，但较费水

沟灌：
用高畦低沟的方式，在沟内灌水，使水分充分浸润土壤，渗入周围高畦内，不破坏畦内土壤结构，并且便于实行机械化，但灌水时间较长

喷灌：
指安装灌溉机械化系统，包括水源、动力装置、管道和喷头等，进行空中灌水。既可湿润土壤又能喷湿园林植物，可用于养护大面积绿地，如草坪、花坛和树丛等，效果好，在园林中广泛使用

地下灌水：
指利用埋设在地下多孔的管道输水，水从管道的孔眼中渗出浸润管道周围的土壤。用此法灌水不致流失或引起土壤板结，便于耕作，较地面灌水优越，且大大节约用水。但投入成本较大，设备要求较高，对水的质量也要求高，在碱土中须注意避免"泛碱"

（灌水的方法／地面灌水／喷灌／地下灌水）

图 2-2 灌水的方法

密切相关。灌水次数在雨量较充沛的地区，每年灌溉 2～3 次，在植物旺盛生长及秋季干旱时进行。雨量较少的地区，要增加灌水次数，一旦发现土壤缺水要立即灌水。如北京养护管理要求高，一般年份在园林植物生长期内，每月灌水 1 次，全年需要 6～8 次。

5）灌水量。灌水量也与园林植物种类、不同的气候条件、土质、植株大小及生长状况有关。耐旱树种要少些，如松类。不耐旱的树种灌水量要多，如水杉、马褂木、柏类等。在盐碱土地区，灌水量每次不宜过多，灌水浸润土壤深度不要与地下水位相接，以防返碱和返盐。土壤质地轻、保水保肥力差的也不宜大水灌溉，否则会造成土壤中的营养物质随重力水流失，使土壤逐渐贫瘠。园林植物的灌水量，以能使水分浸润根系分布层为宜，水量一般以达到田间最大持水量的60%～80%为标准。坚持小水灌透的原则，谨防只灌湿浅层土壤，引起植物根系分布于土壤浅层，造成浅根。

6) 灌水的顺序。灌水的顺序一般要掌握新栽的园林植物、草本园林植物、小苗、灌木、阔叶树要优先灌水。长期定植的树木园林植物、大树、针叶树可后灌。因为新植园林植物、草本园林植物、小苗、灌木的树根相对较浅，抗旱能力较差，阔叶树蒸发量大，其需水多，所以要优先。水渗透后及时中耕保墒，通过中耕可切断土壤的毛细管，否则水分会很快蒸发掉。夏季早晚进行灌溉，冬季可于中午前后进行，防止水温与土壤温度的温差较大而引起植物生长不良。园林植物在整形修剪前后要注意及时灌水，否则容易造成园林植物生长不良。

2. 排水

园林绿地的排水，则主要是在施工时平整园地，栽植不宜过深，雨季注意植穴底是否积水，并及时引排。一般采用明沟排水和地表排水，有条件也可暗沟排水。

(1) 地表径流法　开建绿地时将地面修整成一个平缓的坡度（0.1%～0.3%），使雨水能顺畅地排入河、湖。此法节省费用又不留痕迹，是绿地常用的排水方法。采用地表径流法应注意：坡度要严格掌握，过陡会引起水土流失，过平则易积水。

(2) 明沟排水　在地面挖沟将水引导到出水口，也是最常用的方法。采用明沟排水必须全面规划，做好全园的排水系统，尤其要根据总的集水面积和可能的暴雨量，设置足够大的总排水出口和足够的排水坡度，一般明沟的排水坡度以0.2%～0.5%为宜。

(3) 暗沟排水　在地下埋设管道或用砖石砌筑暗沟，引导积水排出。此法有保持地面原貌，节约用地，便于交通的优点，但工程量较大，造价较高。在近期新建的公园和旅游景点中常采用明沟与地下管道相结合的排水系统。

三、灌溉中应注意的事项

1. 要适时适量灌溉

灌溉一旦开始，要经常注意土壤水分的适宜状态，争取灌饱灌透。如果该灌不灌，则会使树木处于干旱环境中，不利于吸收根的发育，也影响地上部分的生长，甚至造成旱害；如果小水浅灌，次数频繁，则易诱导根系向浅层发展，降低树木的抗旱性和抗风性。当然，也不能长时间超量灌溉，否则会造成根系的窒息。

2. 干旱时追肥应结合灌水

在土壤水分不足的情况下，追肥以后应立即灌溉，否则会加重旱情。

3. 生长后期适时停止灌水

除特殊情况外，9月中旬以后应停止灌水，以防树木徒长，降低树木的抗寒性，但在干旱寒冷的地区，冬灌有利于越冬。

4. 灌溉宜在早晨或傍晚进行

因为早晨或傍晚蒸发量小，而且水温与地温差异不大，有利于根系的吸收。不要在气温最高的中午前后进行土壤灌溉，更不能用温度低的水源（如井水、自来水等）灌溉，否则树木地上部分蒸腾强烈，土壤温度降低，影响根系的吸收能力，导致树体水分代谢失常而受害。

5. 重视水质分析

利用污水灌溉需要进行水质分析，如果含有有害盐类和有毒元素及其他化合物，应处理后使用，否则不能用于灌溉。

此外，用于喷灌、滴灌的水源，不应含有泥沙和藻类植物，以免堵塞喷头或滴头。

【高手必懂】园林植物的施肥管理

一、概述

1. 植物所需的元素

植物生长发育必不可少的元素称为"必需元素"。根据植物对这些元素的需求量，把它们分成大量元素和微量元素。大量元素包括 C、H、O、N、P、K、Ca、Mg、S 等；微量元素包括 Fe、B、Mn、Zn、Cu、Mo、Cl 等。这些元素之间既有相助作用，又有拮抗作用。如氮可促进营养生长，使枝繁叶茂，茎健壮，提高光合效能。但氮过多，植物体徒长，花芽分化不良，抗寒性降低；氮过少，导致植物体营养不良，降低植物体抗逆性，叶色淡化、黄化。磷对分蘖、分枝以及根系生长都有良好作用，利于花果硕大而色艳。钾能加强氮的吸收和蛋白质的合成，增进叶色美丽，根系健壮，提高抗寒力。

2. 各元素作用、特点及缺素症状

各元素作用、特点及缺素症状，如图 2-3 所示。

氮（N）

作用及特点：
促进植物生长，使幼树早成形，老树延迟衰老，提高光合效能。对于同一枝条来说，萌芽、开花期含氮量最高，旺盛生长结束期最低。植物以NO_3^-和NH_4^+等离子状态从土壤中吸收氮

缺素症状：
缺氮叶色黄化，枝叶量少，新梢生长势弱，落花落果严重等；长期缺氮，表现萌芽开花不整齐，根系不发达，树体衰弱，植株矮小，抗逆性降低等；氮素过剩，则引起枝叶徒长，影响枝条充实、根系生长、花芽分化以及抗逆性降低

磷（P）

作用及特点：
能促进植物花芽分化、果实发育和种子成熟，提高根系的吸收能力，促进新根的发生和生长，提高树体的抗旱、抗寒能力。磷素集中分布在生命活动最旺盛的器官，树木展叶期含磷量最多，秋季下降。以磷酸离子最易吸收，偏磷酸次之，磷酸根较难吸收

缺素症状：
磷素不足，影响分生组织的正常活动，延迟树木萌芽开花物候期，降低萌芽率，新梢和细根生长减弱，叶片小，叶片由暗绿色转变为青铜色，叶脉带紫红色，严重时叶片呈紫红色，抗性下降；过量磷素可使土壤中或植物体内的铁不活化，叶片黄化，还能引起锌素不足

钾（K）

作用及特点：
适量钾素可促使果实肥大和成熟，促进糖类的转化和运输，提高果实品质和耐贮性；并可促进加粗生长、组织成熟、机械组织发达，提高抗逆性

缺素症状：
钾素不足，叶和其他组织抗病力降低；缺钾树木不能有效利用硝酸盐，影响光合作用，营养生长不良，叶小、果小；枝条加粗生长受阻，新梢细，严重时顶芽不发育，叶缘黄化，常向上卷曲；钾素过剩，枝条不充实，耐寒性降低，氮的吸收受阻或镁的吸收受阻，并降低对钙的吸收

图 2-3 各元素作用、特点及缺素症状

钙（Ca）

作用及特点：
适量钙素，可减轻土壤中有害金属离子的毒害作用，使树木正常吸收氨态氮，促进植物生长发育；钙能调节植物体内的酸碱度，中和土壤中的酸度。植物体内的钙大部分积累在年龄较老的部分，缺钙首先在幼嫩部分发生

缺素症状：
缺钙影响氮的代谢和营养物质的运输，不利于氨态氮的吸收；根系受害明显，新根短粗、弯曲，尖端不久变褐枯死；叶片较小，严重时花朵萎缩和枝条枯死。钙素过多，土壤偏碱性而板结，使铁、锰、锌、硼等呈不溶性，导致植物缺素症的发生

镁（Mg）

作用及特点：
适量镁素，可促进果实肥大，增进品质。镁主要集中在植物的幼嫩部分，果实成熟时种子内含量增多。沙质土壤镁易流失，酸性土壤流失更快

缺素症状：
缺镁则叶绿素不能合成，发生花叶病，植株生长停滞，严重时新梢基部叶片早期脱落施磷、钾肥过量易导致缺镁症

铁（Fe）

作用及特点：
铁是多种氧化酶的组成成分，参与细胞的氧化还原活动。活化铁对叶绿素的形成起促进作用

缺素症状：
缺铁影响叶绿素的合成。幼叶失绿，叶肉呈黄绿色，叶脉仍为绿色，所以缺铁症又称黄叶病

硼（B）

作用及特点：
硼能提高光合作用和蛋白质的合成，促进花粉发芽和花粉管生长，对子房发育也有作用；增强根系的吸收能力，促进根系发育，增强抗病力。硼主要分布在生命活动旺盛的组织和器官中。花期需硼较多

缺素症状：
缺硼导致根、茎、叶的生长点枯萎，叶绿素合成受阻，叶片黄化，早期脱落或输导组织发育受阻，叶脉弯曲，叶畸形。严重缺硼，根和新梢生长点枯死，花芽分化不良，落花落果严重，果实畸形。硼素过量可引起毒害，影响根系的吸收

锌（Zn）

作用及特点：
锌与叶绿素、生长素的形成有关，缺锌可间接影响生长素合成。生长旺盛部分生长素多，锌的含量也多

缺素症状：
缺锌生长素含量低，细胞吸水少，不能伸长；枝条下部叶片常有斑纹或黄化；新梢顶部的枝条纤细或叶片狭小，节间短，小叶密集丛生，质厚而脆，即为"小叶病"。缺锌常和土壤中磷酸、钾、石灰含量过多有关

锰（Mn）

作用及特点：
锰是氧化酶的辅酶，可以加强呼吸强度和光合速度，对叶绿素的合成有作用，保证树木各生理过程正常进行，有助于种子萌芽和幼苗早期生长

缺素症状：
缺锰的植物糖类和蛋白质合成减少，叶绿素含量降低，新梢基部老叶发生失绿症，上部幼叶保持绿色，当叶片从边缘变黄时，叶脉及其附近仍保持绿色；严重时呈现褐色，先端干枯

图 2-3　各元素作用、特点及缺素症状（续）

3. 施肥的作用及意义

通过人工补充养分，以提高土壤肥力，满足植物生活需要的措施称为"施肥"。施肥除可直接解决对树木的矿质营养的供给外，还可改良土壤性质，提高土温，改善土壤结构，提高土壤的透水、通气、保水能力，利于根系生长；通过施肥改良土壤性质，还可促进土壤微生物的繁殖与活动，使有机物分解，土壤中的矿质元素处于可吸收状态，利于树木生长。

二、园林树木施肥原理

1. 根据树种合理施肥

树木的需肥与树种及其生长习性有关。例如泡桐、杨树、重阳木、香樟、桂花、茉莉、月季、茶花等树种生长迅速、生长量大，与柏木、马尾松、油松、黄杨等慢生耐瘠树种相比，需肥量大。应根据不同的树种调整施肥计划。

2. 根据生长发育阶段合理施肥

总体上讲，随着树木生长旺盛期的到来，树木的需肥量会逐渐增加，生长旺盛期以前或以后需肥量相对较少，休眠期甚至不需要施肥。在抽枝展叶的营养生长阶段，树木对氮素的需求量大，生殖生长阶段则以磷、钾及其他微量元素为主。

根据园林树木物候期差异，施肥方案上有萌芽肥、抽枝肥、花前肥、壮花稳果肥以及花后肥等。如柑橘类几乎全年都能吸收氮素，但吸收高峰在温度较高的仲夏，磷素主要在枝梢和根系生长旺盛的高温季节吸收，冬季显著减少，钾的吸收主要在 5 ~ 11 月间；而栗树从发芽即开始吸收氮素，在新梢停止生长后，果实肥大期吸收最多，磷素在开花后至 9 月下旬吸收量较稳定，11 月以后几乎停止吸收，钾在花前很少吸收，开花后（6 月间）迅速增加，果实肥大期达到吸收高峰，10 月以后急剧减少。就生命周期而言，一般处于幼年期的树种，尤其是幼年的针叶树，生长需要大量的化肥，到成年阶段对氮素的需求量减少。对古树、大树供给较多的微量元素，有助于增强其对不良环境因子的抵抗力。

3. 根据树木用途合理施肥

树木的观赏特性以及园林用途影响其施肥方案。一般说来，观叶、观形树种需要较多的氮肥，而观花、观果树种对磷、钾肥的需求量大。调查表明，城市里的行道树大多缺少钾、镁、硼、锰等元素，而钙、钠等元素又常过量。也有人认为，对行道树、庭荫树、绿篱树种施肥应以饼肥、化肥为主，郊区绿化树种可更多地施用人粪尿和土杂肥。

4. 根据土壤条件合理施肥

土壤厚度、土壤水分与有机质含量、酸碱度、土壤结构以及三相比等均对树木的施肥有很大影响。例如，土壤水分含量和土壤酸碱度与肥效直接相关，土壤水分缺乏时施肥，树木可能因不能吸收利用而遭毒害；积水或多雨时养分容易被淋洗流失，降低肥料利用率。另外，土壤酸碱度直接影响营养元素的溶解度，这些都是施肥时需要仔细考虑的问题。

5. 根据气候条件合理施肥

气温和降雨量是影响施肥的主要气候因子。如低温，一方面减慢土壤养分的转化，另一方面削弱树木对养分的吸收功能。试验表明，各种元素中磷是受低温抑制最大的一种元素。干旱常导致缺硼、钾及磷，多雨则容易促发缺镁。

6. 根据养分性质合理施肥

养分性质不同，不但影响施肥的时期、方法、施肥量，而且关系到土壤的理化性状。一些易流失挥发的速效肥料，如碳酸氢铵、过磷酸钙等，宜在树木需肥期稍前施入；而迟效性的有机肥料，需腐烂分解后才能被树木吸收利用，故应提前施入。氮肥在土壤中移动性强，即使浅施也能渗透到根系分布层内供树木吸收利用；而磷、钾肥，由于移动性较差，故宜深施，尤其磷肥需施在根系分布层内才有利于根系吸收。化肥类肥料的施用量应本着宜淡不宜浓的原则，否则容易烧伤树木根系。事实上任何一种肥料都不是十全十美的，实践中应有机与无机、速效性与缓效性、酸性与碱性、大量元素与微量元素等结合施用，提倡配合施肥。

三、肥料种类

根据不同的分类方式可将肥料分为不同的类型。肥料分类，如图 2-4 所示。

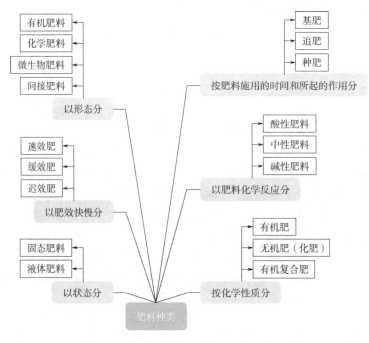

图 2-4　肥料的分类

肥料的具体内容及特点如下：

1. 有机肥

包括堆肥、厩肥、饼肥、绿肥等，属缓效肥。有机肥具有改良土壤结构、增进土壤肥力的作用，是园林植物，尤其是木本园林植物必不可少的肥料来源。

2. 无机肥（化肥）

化肥常分为两大类：一类是含有不同比例的 N、P、K 及部分微量元素的复合肥料，如过磷酸钙等；另一类是仅含有一种营养元素的单元肥料，如尿素、硫酸钾等，属速效肥。采用肥料包衣等技术生产的长效肥广泛用于盆栽园林植物的生产。但长期单一施用化肥，易引起土壤结构恶化及地力衰退。

3. 有机复合肥

利用有机肥如鸡粪、泥炭为主要原料，加入一定比例的 N、P、K 等化肥，经过一系列的工序加工而成。有机复合肥可满足植物短期、长期的营养需要，是较理想的肥料。

4. 基肥

以有机肥为主，可供较长时期吸收利用的肥料，如粪肥、堆肥、绿肥、饼肥等经过发酵腐熟后，按一定比例与细土均匀混合埋施于树木的根部，有机质逐渐分解后，可供树体吸收。根系具趋肥性，为使根系向深、广处发展，施基肥宜适当深一些。

有机肥除作为基肥在栽植时施用外，对于木本园林植物而言，每年还需在冬季施用，一方面可增强园林植物的越冬性，另一方面，有机肥经过冬天的分解，来年春季可及时供给植物吸收和利用，促进根系和枝叶生长。

5. 追肥

在树木生长季节，根据需要施用速效肥料促使树木生长的措施称"追肥"。追肥的施用是为了补充基肥的不足和满足园林植物在不同生育期的特殊需要。在生命周期中，追肥一般在苗期、旺盛生长期、开花前后及果实膨大期间进行。

在年周期中，追肥一般在开春天气转暖，园林植物生长高峰到来之前施用和秋季根生长高峰前施用。

以观花为主的园林植物，可在开花前和开花后施肥。春肥以氮肥为主，以促枝叶生长。

接近花芽分化时，以磷、钾肥为主。生产实践中，可通过调节施肥时期，以避开某些病虫的危害。

6. 种肥

在播种未定植时施用的肥料。

7. 根外追肥

把速效肥料融化后直接喷射在植物的地上部分，使植物叶片直接吸收。

8. 微生物肥料

主要是依靠有益微生物活动，提供或改善植物生长和营养条件，主要有根瘤菌和抗生菌肥料等。

9. 间接肥料

主要用于改良土壤物理性状和化学性质，并能直接供给植物钙、硫等养分，从而间接改善植物营养条件，以保证植物生长发育。

10. 速效肥

施用于植物后，在短期内被植物吸收而能见效的肥料，如硫铵、过磷酸钙等。

11. 缓效肥

施用后经过一段时间后才能被植物吸收利用的肥料，如人粪尿、饼肥等。

12. 迟效肥

要经过较长时间的腐熟分解后才能被植物吸收利用的肥料，如垃圾、堆肥等。

13. 固态肥料

以固体形态存在的肥料，如硫铵、硫酸钾、磷酸铵等。

14. 液体肥料

液体肥料又称流体肥料。包括呈溶液状态的肥料和含有固体微粒的悬浮液的肥料，如液氨、氨水、碳化氨水以及含有氮肥、磷肥和钾肥（或盐类）的混合水溶液（或悬浮液）。

液体肥料比传统化学肥料营养更加全面，作物施用后生长更均衡。它是多功能性肥料，作物施用后抗逆抗病性显著增加。不仅仅提供给植物营养成分外，还可以提供附加的生理功能。如在液体肥料可添加海藻多糖及低聚糖、甘露醇、酚类多聚化合物、甜菜碱、藻朊酸及天然抗生素等物质，可起到抑菌抗病毒、驱虫的效果，大幅增强作物的抗寒、抗旱、抗病、抗倒伏、抗盐碱能力，对病毒病、疫病、炭疽病、霜霉病、灰霉病、白粉病、枯萎病等产生较强的抗性。

液体肥料易被植物吸收。作物施用后长势旺盛，可明显提高产量及作物的品质。液体肥料对农作物提早成熟、提高产量和改善品质以及在水果保鲜和抵抗病虫害等方面均产生了明显的作用，果蔬保存时间也明显延长。

液体肥料含有丰富的有机质，可改善土壤微生态、活土促根及抗重茬。液体肥料可直接使土壤或通过植物使土壤增加有机质，激活土壤中的各种有益微生物。这些微生物可在植物、微生物代谢循环中起着催化剂的作用，使土壤的生物效力增加。植物和土壤微生物的代谢物可为植物提供更多的养分。液体肥料中有机质能促进土壤团粒结构的形成，增加土壤生物活力，促进速效养分的释放，有利于根系生长，提高作物的抗逆性及抗重茬能力。

液体肥料具有含量高、安全、无公害的特点。液体肥料属于无公害的水溶肥料，其养分含量高，与作物具有良好的亲和性，对人、畜无毒无害，对环境无污染，具有其他任何化学肥料都无法比拟的优点。

15. 酸性肥料

酸性肥料吸湿性小，肥效快，是生理酸性肥料，如硫酸铵、过磷酸钙等。

16. 中性肥料

肥料中的阴阳离子都是作物吸收的主要养分，而且两者被吸收的数量基本相等，经作物吸收养分后不改变土壤酸碱度的肥料称为中性肥料，如硝铵、尿素等。

17. 碱性肥料

某些肥料由于作物吸收其中阴离子多于阳离子而在土壤中残留较多的阳离子，使土壤碱性提高，这种通过作物吸收养分后使土壤碱性提高的肥料称为碱性肥料。如草木灰、石灰等。

四、施肥方法

施肥方法主要有土壤施肥和根外追肥。土壤施肥有穴施、沟施及撒施等，具体采用什么办法，须根据园林植物的种类、肥料种类、土质等而定。施肥方法具体内容如图2-5～图2-10所示。

穴施

在树冠正投影的外缘挖数个分布均匀的洞穴，将肥施入后，将上面覆土踩实，使其与地面平。该法操作方便省工。

环状沟施

沿树冠正投影线外缘，开挖30～40cm宽的环状沟，将肥料施入沟内，上面覆土踩实，使其与地平。该法可保证树木根系吸肥均匀，适用于青、壮龄树。

图2-5 穴施

图2-6 环状沟施

放射状沟施

以树干为中心，距干不远处开始，由浅而深，挖4~6条分布均匀呈放射状的沟。沟长稍超出树冠正投影的外缘。将肥料施入沟内，上覆土踩实，使与地平。这种方法对壮、老龄树适用。

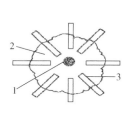

图2-7　放射状沟施

全圃施肥

先把肥料全园铺撒开，用耧耙将其与土混合或翻入土中。生草条件下，把肥撒在草上即可。全圃施肥后配合灌溉，效率高。这种方法施肥面积大，利于根系吸收，适于成年树、密植树。

条沟状施肥

以树主干为中心，在树的左右两边各划两条平行线，线到树主干的距离为滴水线到树主干的距离，深宽各30cm，施肥后覆土填平，通常在成年树上使用。

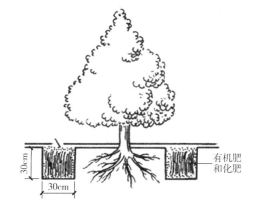

图2-8　全圃施肥　　　　　　　　　　图2-9　条沟状施肥

灌溉施肥

灌溉施肥是将肥料通过灌溉系统（喷灌、微量灌溉、滴灌）进行树木施肥的一种方法。

根外追肥

包括枝干涂抹或喷施、枝干注射、叶面喷施。生产上以叶面喷施的方法最常用。

1. 枝干涂抹或喷施

适于给树木补充铁、锌等微量元素，可与冬季树干涂白结合一起做，方法是白灰浆中加入硫酸亚铁或硫酸锌，浓度可以比叶面喷施高些。树皮可以吸收营

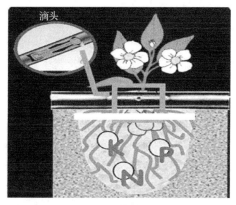

图2-10　灌溉施肥

养元素，但效率不高。经雨淋，树干上的肥料渐向树皮内渗入一些，或冲淋到树冠下土壤中，再经根系吸收一些。

2. 枝干注射

可用高压喷药机加上改装的注射器，先向树干上打钻孔，再由注射器向树干中强力注射。用于注射硫酸亚铁（1% ~ 4%）和螯合铁（0.05% ~ 0.10%）防治缺铁症，同时加入硼酸、硫酸锌，也有效果。凡是缺素均与土壤条件有关，在依靠土壤施肥效果不好的情况下，用树干注射效果佳。

3. 叶面喷施

即将化肥按一定比例兑水稀释后，用喷雾器喷施于叶面，直接被树叶吸收利用。根外追肥简单易行，肥料利用率较高，肥效较快，并可避免某些肥料成分在土壤中的化学和生物固定作用，但营养元素从叶面向其他器官转移有一定的局限性，宜作为土壤施肥的一种补充。主要用于盆栽的园林植物和一些木本观花植物（结合生长调节剂一起施用更好）。

叶面喷施还可结合药物混合施用，节省喷药的工时。叶面喷施主要通过叶片上的气孔、角质层进入叶片，而后转运到树体的各器官，一般喷后15min到2h即可被树木吸收利用。通常幼叶由于气孔面积占比例比老叶大，生理机能也较旺盛，对肥分的吸收较老叶快；叶背气孔通常比叶面多，表皮下有松散的海绵组织细胞间隙大而多，利于渗透和吸收，因此，叶面喷施实质上应喷在叶背上才利于吸收。喷施时间最好在上午10时之前和下午4时之后。

五、树木施肥的时间与次数及施肥量

1. 施肥的时间与次数

树木可以在晚秋和早春施基肥。秋天施肥应避免抽秋梢。但由于气候不同，各地的施肥时间也不尽一致。在暖温带地区，10月上中旬是开始施肥的安全时期。秋天施肥的优点是施肥以后，有些营养可立即进入根系，另一些营养在冬末春初进入根系，剩余部分则可以更晚的时候产生效用。

由于树木根系远在芽膨大之前开始活动，只要施肥位置得当，就能很快见效。据报道，树木在休眠期间，根系尚有继续生长和吸收营养的能力，即使在2℃时还能吸收一些营养，在7 ~ 13℃时，营养吸收已相当充分，因此秋天施肥可以增加翌春的生长量。春天地面霜冻结束至5月1日前后都可施肥，但施肥越晚，根和梢的生长量越小。

一般不提倡夏季（特别是仲夏以后）施肥，因为这时施肥容易使树木生长过旺，新梢木质化程度低，容易遭受低温的危害。

如果发现树木缺肥而处于饥饿状态，则可不考虑季节，随时予以补充。

施肥次数取决于树木的种类、生长的反应和其他因素。一般说，如果树木颜色好，生命力强则不要施肥。但在树木某些正常生理活动受到影响、矿质营养低于正常标准或遭病虫害袭击时，应每年或每2 ~ 4年施肥一次，直至恢复正常。自此以后，施肥次数可逐渐减少。

2. 施肥量

施肥量受树种、土壤的贫瘠、肥料的种类以及各个物候期需肥情况等多方面的影响，很难确定统一的施肥量。树种不同，对养分的要求也不一样，如梓树、茉莉、梧桐、梅花、桂花、牡丹等树种喜肥沃土壤；沙棘、刺槐、悬铃木、油松、臭椿等则耐瘠薄土壤。开花结果多的大树应较开花、结果少的小树多施肥，树势衰弱的也应多施肥。不同的树种施用的肥料种类也不同，木本油料树种应增施磷肥；酸性花木杜鹃、山茶、栀子花、八仙花等，应施酸性肥料；幼龄针叶树不宜施用化肥。

可根据对叶片的分析而定施肥量。树叶所含的营养元素量可反映树体的营养状况，所以可用叶片分析法来确定树木的施肥量。此法不仅能查出肉眼见得到的症状，还能分析出多种营养元素的不足或过剩，以及能分辨两种不同元素引起的相似症状，而且能在病症出现前及早测知。

此外，土壤分析对于确定施肥量而言更为科学和可靠。

六、施肥注意事项

1）有机肥必须充分腐熟，化肥必须完全粉碎成粉状，并用水稀释后施用，这样才不致伤根，吸收也快。肥料在腐熟过程中可以杀灭害虫、病菌和杂草种子，对植物生长有益。

2）根外施肥以傍晚为宜，对未有根外施肥资料的树种、品种或新的肥料，须先做小规模试验确证有效无害，掌握施用的浓度、用量和方法，然后再大面积实施。

3）城市绿地施肥须顾及市容卫生和人群健康，在选择肥料种类、决定用量、施用方法和施用时机时，应慎重考虑，避免引起污染和心理上的厌恶感。

4）使用菌肥需具备一定的条件，才能确保菌种的生命活力和菌肥的功效，而强光照射、高温、接触农药等都有可能杀死微生物。固氮菌肥要在土壤通气条件好、水分充足、有机质含量稍高的条件下才能保证细菌的生长和繁殖。微生物肥料一般不宜单施，而要与化学肥料、有机肥料配合施用，才能充分发挥其应有的作用，而且微生物生长、繁殖本身也需要一定的营养物质。

5）由于树木根群分布广，吸收养料和水分全在须根部位，因此，施肥要在须根部的四周，不要靠近树干。

6）根系强大，分布较深远的树木，施肥宜深，范围宜大，如油松、银杏、臭椿、合欢等；根系浅的树木施肥宜浅，范围宜小，如法桐、紫穗槐及花灌木等。

7）施肥后（尤其是追化肥），必须及时适量灌水，使肥料渗入土内。

8）应选天气晴朗、土壤干燥时施肥。阴雨天由于树根吸收水分慢，不但养分不易吸收，而且还会被雨水冲失，造成浪费。

9）沙地、坡地、岩石易造成养分流失，施肥要深些。

10）基肥因发挥肥效较慢，应深施；追肥肥效较快，宜浅施，供树木及时吸收。

第二节
树体的保护与修补

【新手必读】树体保护与修补的意义及原则

一、意义

树木的主干或骨干枝上，往往因病虫害、冻害、日灼及机械损伤等造成伤口，这些伤口如不及时保护、治疗、修补，经过长期雨水浸渍和病菌寄生，易使内部腐烂形成树洞。另外，树木经常受到人为的有意无意的损坏，如树盘内的土壤被长期践踏变得很坚实，在树干上刻字留念或拉枝折枝等，这些对树木的生长都有很大的影响。因此，对树体的保护和修补是非常重要的养护措施。

二、原则

树体保护首先应贯彻"防重于治"的原则，做好各方面的预防工作，尽量防止各种灾害的发生，同时还要做好宣传教育工作，使人们认识到保护树木人人有责。对树体上已经造成的伤口应该早治，防止扩大；应根据树干上伤口的部位、轻重和特点，采用不同的治疗和修补方法。

【高手必懂】树体保护与修补的方法

一、枝干伤口的处理

1. 一般枝干伤口的处理

一般枝干伤口的处理，如图2-11所示。

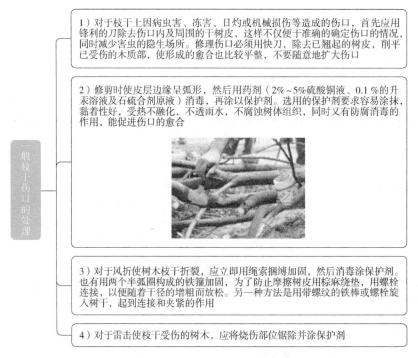

一般枝干伤口的处理

1）对于枝干上因病虫害、冻害、日灼或机械损伤等造成的伤口，首先应用锋利的刀除去伤口内及周围的干树皮，这样不仅便于准确的确定伤口的情况，同时减少害虫的隐生场所。修理伤口必须用快刀，除去已翘起的树皮，削平已受伤的木质部，使形成的愈合也比较平整，不要随意地扩大伤口

2）修剪时使皮层边缘呈弧形，然后用药剂（2%~5%硫酸铜液、0.1%的升汞溶液及石硫合剂原液）消毒，再涂以保护剂。选用的保护剂要求容易涂抹，黏着性好，受热不融化，不透雨水，不腐蚀树体组织，同时又有防腐消毒的作用，能促进伤口的愈合

3）对于风折使树木枝干折裂，应立即用绳索捆缚加固，然后消毒涂保护剂。也有用两个半弧圈构成的铁箍加固，为了防止摩擦树皮用棕麻绕垫，用螺栓连接，以便随着干径的增粗而放松。另一种方法是用带螺纹的铁棒或螺栓旋入树干，起到连接和夹紧的作用

4）对于雷击使枝干受伤的树木，应将烧伤部位锯除并涂保护剂

图2-11 一般枝干伤口的处理

2. 严重腐烂伤口的处理

如果皮层过度腐烂不能愈合连接的伤口，可用植皮法进行处理，方法如图2-12所示。

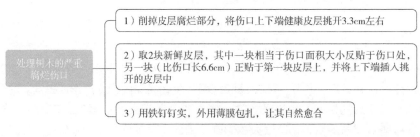

处理树木的严重腐烂伤口

1）削掉皮层腐烂部分，将伤口上下端健康皮层挑开3.3cm左右

2）取2块新鲜皮层，其中一块相当于伤口面积大小反贴于伤口处，另一块（比伤口长6.6cm）正贴于第一块皮层上，并将上下端插入挑开的皮层中

3）用铁钉钉实，外用薄膜包扎，让其自然愈合

图2-12 处理树木的严重腐烂伤口

3. 树皮修补

在春季及初夏形成层活动期树皮极易受损与木质部分离。此时，可采取适当的处理使树皮恢复原状。当发现树皮受损与木质部脱离，应立即采取措施保持木质部及树皮的形成层湿度，小心地从伤口处去除所有撕裂的树皮碎片，重新把树皮覆盖在伤口上，用几个小钉子（涂防锈漆）或强力防水胶带固定。

另外，用潮湿的布带、苔藓、泥炭等包裹伤口避免太阳直射。一般在形成层旺盛生长期愈合，处理后 1~2 周可打开覆盖物检查树皮是否仍然存活，是否已经愈合，如果已在树皮周围产生愈伤组织则可去除覆盖，但仍需遮挡阳光。

4. 移植树皮

当树干受到环状的损伤时，可以补植一块树皮使上下已断开的树皮重新连接恢复传导功能，或嫁接一个短枝来连接恢复功能。

5. 桥接和根接

（1）桥接 有些树木的树皮受到大面积的损伤，树木生长受到阻碍，表现出严重衰弱。对于这种衰弱的树木应及时进行桥接，把上下输导组织连接起来，使树势得到迅速挽救。

具体方法：利用树木的一年生枝条作为枝接穗，根据皮层被切断部位的长短确定所需枝接接穗的长度。在树体的相应位置，将树皮切割一个缺口，深达韧皮部形成层的活组织，而另一端也同样切一缺口，再将接穗的两端削成斜面，嵌入树体上下两个缺口内，使形成层吻合贴切，然后用绳索或塑料膜及小钉加以固定，在接合处外面涂上接蜡封口，如图 2-13 所示。

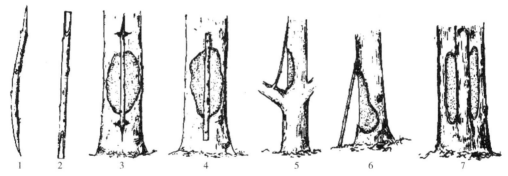

图 2-13 桥接具体步骤

1—选取弯曲的枝条作桥接的接穗 2—在接穗两头分别切削两个马耳形斜面 3—在树皮砧木的上下各切一个"T"字形口，用皮下腹接的方法将两头都接好 4—也可采用去皮贴接法，将接穗贴在除去树皮的砧木槽中，然后用钉子钉住 5—保留在病斑下方生长出的新梢，将它们的顶端接插入病斑上部的树皮中 6—在病斑以下根部萌生的萌蘖，也可以将其顶端插入病斑上部树皮中 7—桥接成活几年后，接穗生长粗壮，起沟通作用

（2）根接 根颈及根部受伤害时会丧失吸收养分和水分的能力，破坏植株地上部分与地下部分的平衡。此时可采用根接的方法将地下已经损伤或衰弱的侧根更换粗壮健康的新根。其原理与桥接相同，时间以春季萌发新梢时与秋后休眠前进行为宜，如图 2-14 所示。

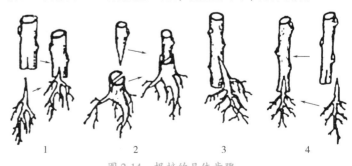

图 2-14 根接的具体步骤

1—劈接倒接 2—劈接正接 3—腹接 4—皮下接

二、补树洞

1. 树洞的形成原因和危害

因各种原因造成的伤口长久不愈合，长期外露的木质部受雨水浸渍，逐渐腐烂，形成树洞，严重时树干内部中空，树皮破裂，一般称为"破肚子"。而腐朽部位常寄生白蚁、蚂蚁，它们在树干中筑巢，不断地扩大树洞，如图 2-15 所示。

由于树干的木质部及髓部腐烂，输导组织遭到破坏，因而影响水分和养分的运输及贮存，严重削弱树势，降低了枝干的坚固性和负载能力，缩短了树体的寿命。对树洞的处理，如运用填

图 2-15　梧桐树洞

补、清理的方法，则完全由树种、树木的重要性、年龄、生长情况以及树洞的大小、位置来决定。如具有历史和景观价值的重要古树、名木，树干上的巨大树洞也许正是体现其价值的一个方面，对此树洞的处理应成为养护的主要内容；但对另外一些树木，树洞严重地影响其安全，而树木本身的价值不大，则应该首先考虑其安全性。

2. 树洞的修补方法

树洞的修补是为防止树洞继续扩大和发展，其方法主要有 3 种方法，具体如图 2-16 所示。

开放法
若树洞过大或孔洞不深无填充的必要时，可将洞内腐烂木质部彻底清除，刮去洞口边缘的死组织，直至露出新的组织为止，用药剂消毒，并涂防护剂，防护剂每隔半年左右重涂一次，同时改变洞形，以利排水；也可在树洞最下端插入排水管，并注意经常检查排水情况，以免堵塞。如果树洞很大，给人以奇树之感，欲留作观赏时可采用此法

封闭法
对较窄的树洞，在树洞经处理消毒后，在洞口表面钉上板条，以油灰和麻刀灰封闭（油灰是用生石灰和熟桐油以 1：0.35 混合而成，也可以直接用安装玻璃用的油灰，俗称腻子），再涂以白灰乳胶、颜料粉面，以增加美观，还可以在上面压树皮状纹或钉上一层真树皮

填充法
水泥和小石砾的混合物，是最常用的填充材料，它们是刚性的材料，难以去除，不防水，过重，只能用于小洞的填补
沥青与沙的混合物，常用于树干基部的树洞，性能优于水泥，比较适用于基部呈袋状的树洞
聚氨酯泡沫材料，明显优于其他的常用材料，有重量轻、使用方便、无毒性、柔韧性较好、树洞中的水分容易排出等优点
在操作时，为加强填料与木质部连接，洞内可钉若干涂过防锈清漆的铁钉，并在洞口内两侧挖一道宽约4cm的凹槽。填充物从底部开始，每20～25cm为一层，用油毡隔开，每层表面都向外略斜，以利排水。填充材料必须压实，填充物边缘应不超出木质部，使形成层能在它上面形成愈伤组织。外层用石灰、乳胶、颜色粉涂抹，为了增加美观，富有真实感可在最外面钉一层真的树皮

图 2-16　树洞的修补方法

三、吊枝和顶枝

吊枝是用单根或多股绞集的金属线、钢丝绳在树枝之间或树枝与树干间连接起来，以减少

树枝的移动、下垂，降低树枝基部的承重，或把原来有树枝承受的重量通过悬吊的缆索转移到树干的其他部位或另外增设的构架之上。

顶枝的作用与吊枝基本相同，但它是通过支竿从下方、侧方承托重量来减少树枝或树干的压力。支柱可采用金属、木桩、钢筋混凝土材料。支柱应用坚固的基础，上端与树干连接处应用适当形状的托杆和托碗，并加软垫，以免损害树皮。

四、涂白

树干涂白的目的是防治病虫害和延迟树木萌芽，避免日灼危害。在日照强烈、温度变化剧烈的大陆性气候地区，可利用涂白减弱树木地上部分吸收太阳辐射热的原理，延迟芽的萌动期。由于涂白可以反射阳光，减少枝干温度的局部增高，所以可有效地预防日灼危害。

目前，仍采用涂白作为树体保护的措施之一。涂白剂的配制成分各地不一，一般常用的配方是：水 10 份，生石灰 3 份，石硫合剂原液 0.5 份，食盐 0.5 份，油脂（动植物油均可）少许。配制时要先化开生石灰，把油脂倒入后充分搅拌，再加水拌成石灰乳，最后放入石硫合剂原液及盐水，也可加黏着剂，以增加涂白剂的黏着性。

【高手必懂】园林树木栽培中的化学处理方法

园林树木的养护过程中不可避免地要应用一些化学处理方法，除农药、化肥外，可能经常采用的还有植物生长调节剂、保水剂等，所有化学物品的使用多少都会对环境产生负面的影响。近年来提出环境友好的化学处理方法，主要是指使用对环境影响最小的化学制剂、在封闭的环境中使用以及不直接排放含有化学物的废水、废物等方法。下面介绍园林树木栽培与养护过程中可以采用此类化学处理方法。

一、植物生长调节剂

应用生长调节剂控制树体的生长发育，在园林树木的现代栽植中，日益受到重视，进展很快。这是因为到 20 世纪 60~70 年代已确认了至少有五类激素，它们在植物不同发育阶段的相互平衡关系对调节植物的生长发育有重要作用。另外，由于科研和化学工业的发展，合成并筛选出了有特异效应的生长调节剂，如 B-9、乙烯利（CEPA）等。

生长调节剂，又叫植物生长调节剂，泛指体外施用于植物以调节其内部生长发育的非营养性化学试剂。它可以从植物体内提取，如赤霉素（GA）；也可以模拟植物内源激素的结构人工合成，如吲哚丁酸（IBA）、6-苄基腺嘌呤（BA）；还有些在化学结构上与植物内源激素毫无相似之处，但具有调节植物生长发育效应的物质，如西维因、石硫合剂。它们既是农药，也可作为化学疏果或疏花的制剂。因目前在园林树木栽植中，有些问题用一般农业技术不易解决或不易在短期内奏效，而用生长调节剂确为方便有效的途径，如促进生根，促进侧枝萌发，调节枝条开张角度，控制营养生长，促进或抑制花芽分化，提高座果率，促进果实肥大，改变果实成熟期，增强树体抗逆性，打破或延长休眠，辅助机械操作等。应用生长调节剂还可以提高养护管理效率，降低成本。

二、主要生长调节剂的种类及应用

1. 生长素类

生长素类物质在园林树木栽植上的应用，主要为促进生根，改变枝条角度，促发短枝，抑制萌蘖枝的发生，防止落果等。生长素类物质的生理促进作用，主要是使植物细胞伸长而导致幼茎伸长，促进形成层活动、影响顶端优势，保持组织幼年性、防止衰老等，其作用机制是影响原生质膜的生理功能，影响 DNA 指令酶的合成或影响核酸聚合酶的活性，因而促进 RNA 合成。

（1）吲哚乙酸及其同系物　吲哚乙酸及其同系物在植物体内天然存在的主要成分是吲哚乙酸（IAA），此外还有吲哚乙醛（IAAID）、吲哚乙腈（IAN）等。人工合成的有吲哚丙酸（IPA）、吲哚丁酸（IBA）以及吲哚乙胺（IAD）。应用最多的是 IBA，它活力强、较稳定、不易遭受破坏，价格亦较低廉，主要用于促进生根等方面。

（2）萘乙酸及其同系物　萘乙酸（NAA）有 α 型与 β 型，以 α 型活力较强，作用广。因其生产容易，价格低廉，为目前使用范围最广的生长素类物质。NAA 不溶于水而溶于酒精等有机溶剂，其钾盐或钠盐（KNAA、NaNAA）及萘乙酰胺（NAD）溶于水，作用与萘乙酸相同，但使用浓度一般高于 NAA。此外尚有萘丙酸（NPA）、萘丁酸（NBA）及苯氧乙酸（NOA）等，NOA β 型活力比 α 型高，与 NAA 相反。

（3）苯酚化合物　苯酚化合物主要有 2,4-二氯苯氧乙酸（2,4-D）、2,4,5-三氯苯氧乙酸（2,4,5-T）等，且活力比 IAA 强 100 倍。

在这三种生长素类物质中，其活力和持久力的一般表现为：吲哚乙酸 < 萘乙酸 < 苯酚化合物。不同类型的生长素类物质对树体不同器官的具体活力亦有一定的差别。如促进插条生根，2,4-D > IBA，NAA > NOA > IAA。IBA 的活力虽不如 2,4-D，但它适用范围广，所以，商品制剂仍以 IBA 为主。

2. 赤霉素类

1938 年，日本第一次从水稻恶苗病菌中分离出赤霉素（GA）结晶，至 1983 年已发现有 70 种含有赤霉烷环的化合物，常见的有 GA1、GA3、GA4、GA7、GA8 等。在植物活体内，它们可以互相转变，其中 GA8 的葡萄糖甙可能是一种贮藏形态。

赤霉素只溶于醇类、丙酮等有机溶剂，难溶于水，不溶于苯、氯仿等。作为外源赤霉素，商品生产的主要是 GA3（920）及 GA4+7。不同的赤霉素所表现的活性不同，不同树种对赤霉素的反应也不尽相同，故有其特异性。赤霉素有如下效应：

1）促进新梢生长，节间伸长。美国用 GA 来克服樱桃的一种病毒性矮化黄化病，处理后植株恢复正常生长。GA 也可打破种子休眠，使未充分休眠而矮化的幼苗恢复正常生长。

2）GA 不像生长素类物质那样呈现极性运转，GA 对树体生长发育的效应，有明显的局限性，即在树体内基本不移动。甚至在同一果实上，如只处理 1/2，则只有被处理的 1/2 果实增大。GA 作用的生理机制，其显著特点是促进 α 淀粉酶的合成，抑制吲哚乙酸氧化酶的产生，从而防止 IAA 分解。其近期的调节功能，是通过激活作用，使已存在的酶活化、改变细胞膜的成分和某些构造；其长期的调节作用，可促进 RNA 合成，从而影响蛋白质的合成。

3. 细胞分裂素类

1955 年发现的细胞激动素 6-糠氨基嘌呤（或 N6-呋喃甲基腺嘌呤）是 DNA 降解的产物，1963 年又发现第一种天然的细胞分裂素——玉米素（Zt）。现已知高等植物体内存在的天然细胞分裂素有 13 种，它们主要在根尖和种子中合成。人工合成的细胞分裂素有 6 种，常用的为 6-BA（6-苄基腺嘌呤）。此外还有几十种具有细胞分裂素活性作用的化合物。

细胞分裂素的溶解度低，在植物体内不易运转，故它的应用会受到一定限制。

细胞分裂素类物质可促进侧芽萌发，增加分枝角度和新梢生长。细胞分裂素可防止树体衰老，较长时间地维持叶片绿色。细胞分裂素在有赤霉素存在时，有强烈的刺激生长作用，它可改变核酸、蛋白质的合成和降解。在评价细胞分裂素的功能时，应当考虑到细胞分裂素还可导致生长素、赤霉素和乙烯含量的增加。

4. ABT 生根粉

ABT 生根粉是一种广谱高效的植物生根促进剂。用 ABT 生根粉处理插穗，能补充插条生根所需的外源激素，使不定根原基的分生组织细胞分化成多个根尖，呈簇状爆发生根。新植树的根系用生根粉处理，可有效促进根系恢复、新生。用低浓度的 ABT 生根粉溶液浇灌成活树木的根部，能促进根系生长。ABT 生根粉忌接触一切金属。在配制药液、浸条、浸根、灌根和土壤浸施时，不能使用金属容器和器具，也不能与含金属元素的盐溶液混合。配好的药液遇强光易分解，浸条、浸根等工作要在室内或遮阴处进行。如在植物上喷洒，最好在下午 4 时后进行。

ABT 生根粉，1~5 号是醇溶性的，配制时先将 1g 生根粉溶在 95% 的工业酒精中，再加蒸馏水至 1000g，即配成浓度为 1000mg/L 的原液。6、7、8 号生根粉能直接溶于水，原液配制时，先将 1g 生根粉用少量的水调至全部溶解，再加水至 1000g，即配成 1000mg/L 的原液。

1~5 号 ABT 生根粉在低温（5℃以下）避光条件下可保存半年至 1 年。6~10 号生根粉在常温下避光保存可达 1 年以上。1~10 号 ABT 生根粉，均可在冰箱中贮藏 2~3 年。

5. 乙烯发生剂和乙烯发生抑制剂

至 20 世纪 60 年代，乙烯才被确认为是一种植物激素，但作为外用的生长调节剂，是一些能在代谢过程中释放出乙烯的化合物，主要为乙烯利（Ethrel），即 2-氯乙基膦酸，商品名又叫乙烯磷（CEP、CEPA）。自 1968 年发现乙烯利能显著诱导菠萝开花以来，乙烯利的应用研究工作便迅速发展。

乙烯利有如下主要作用。

(1) 抑制新梢生长　当年春季施用 CEPA，可抑制新梢长度仅为对照梢的 1/4；头年秋天施用，也可使翌年春梢长度变短。CEPA 还可使枝条顶芽脱落，枝条变粗，促进侧芽萌发，抑制萌蘖枝生长。

(2) 促进花芽形成　可促进多种花果木形成花芽。

(3) 延迟花期、提早休眠、提高抗寒性　可延迟多种蔷薇科树种的春季花期，并可使樱桃提早结束生长、提早落叶而减轻休眠芽的冻害，同样可增强某些李和桃品种的耐寒性。

乙烯利的作用受环境 pH 值的影响，pH 值 >4.1 即行分解产生乙烯，其分解速度在一定范围内随 pH 值升高而加快。树种不同、树体发育状态不同、器官类别不同，其组织内部的 pH 值也不同，因而乙烯利分解、产生乙烯的速度也各异。最适作用温度为 20~30℃，低于此温度则须较长时间作用或提高浓度。乙烯利容易从叶片移向果实，在韧皮部移动多由顶部向基部进行，或因受生长中心的作用而由基部向顶部移动。乙烯利可由韧皮部向木质部扩散，但它不随蒸腾流上升。乙烯的作用机制还不十分清楚，它能引起 RNA 的合成，即能在蛋白质合成的转录阶段起调节作用，而导致特定蛋白质的形成。但这并不是说乙烯的所有作用，须完全通过调节核酸和蛋白质的合成，而后才能发挥。

6. 生长延缓剂和生长抑制剂

主要抑制新梢顶端分生组织的细胞分裂和伸长的，称为生长延缓剂；若完全抑制新梢顶端分生组织生长、高浓度时抑制新梢全部生长的，则称为生长抑制剂。应用类型如下：

1) 比久（B-9）又叫 B995、阿拉（Alar），其化学名为琥珀酸-2、2-二甲酰肼（SADH），是一种生长延缓剂。自1962年被发现以来，迅速引起人们的重视。其作用主要是抑制枝条生长和促进花芽分化。

①抑制枝条生长。主要是抑制节间伸长，使茎的髓部、韧皮部和皮层加厚，导管减少，故茎的直径增粗。由于节间短，单位长度内叶数增多，叶片浓绿、质厚，干重增加，叶栅状组织延长、海绵组织排列疏松。虽然叶片变绿、变厚，但按单位叶绿素重量计算的光合作用却下降，同时光呼吸强度也下降。

B-9对茎伸长的抑制作用，与增加茎尖内ABA（脱落酸）水平和降低GA类物质含量有关，其抑制生长的效应，在喷后1~2周开始表现，并可持续相当时日，具体数据视当地气温、雨量、树势、营养条件、修剪轻重等条件而异。一般使用浓度为2000~3000mg/L，可用于抑制幼苗徒长，培育健壮、抗逆性强的苗木，也可作为矮化密植时控制树体的一种手段。在抑制效应消失后，新梢仍可恢复正常生长。

②促进花芽分化。B-9可促进樱桃、李和柑橘的花芽分化，于花芽分化临界期喷施1~3次，浓度同上。B-9对促进花芽分化与延缓生长有关，但有时新梢生长未见减弱而花量增加，这似乎与B-9可以改变植物内源激素平衡有关。

B-9可通过叶、嫩茎和根进入树体。B-9的处理效应可影响下一年的新梢生长、花芽分化和坐果等，这种特点与B-9在树体内的残存有关。在生长期，花芽内的B-9残留量高于果实和顶梢；在休眠期内累积量的顺序是：花芽＞叶芽＞花序基部＞一年生枝韧皮部和木质部。B-9在树体内的残留量，受气候条件的影响，在年积温高的地区残留量低，在年积温低的地区则残留量高，这也正是在低积温区其延期效应较强的原因。因此加用渗透剂，会增加树体内残留量。B-9在土中虽不易移动，但易被某些土壤微生物所分解，故不宜土施。纯B-9，在干燥条件下贮藏三年，成分不变；在水中的稳定性，为75天以上。

2）矮壮素（CCC），即2-氯乙基三甲铵氯化物，商品名为Cycocel，是一种生长延缓剂。1965年报道矮壮素增进葡萄坐果后，引起广泛注意。

矮壮素有抑制新梢生长的效应，使用浓度高于B-9，为0.5%~1.0%，但过高的浓度会使叶片失绿。受矮壮素抑制的新梢，节间变短，叶片生长变慢、变小、变厚，可取代部分夏季修剪作业；因新梢节间短，有利于花芽分化，可增加第二年的开花量和大果率。新梢成熟早，新梢内束缚水含量增高，自由水含量下降，因而可提高幼树的越冬能力。矮壮素的作用机制，可阻遏内源赤霉素的合成，促进细胞激动素含量的增加，而细胞激动素的增多，对植物的开花坐果有利。

3）多效唑（PP333），可抑制新梢生长，而且效果持续多年；可使叶色浓绿，降低蒸腾作用，增强树体抗寒力。与树体的内源赤霉素互相拮抗，可促使腋芽萌发形成短果枝，提高坐果率。由于它持效性长，抑制枝梢伸长效果明显，且有提早开花、促进早果、矮化树冠等多种效应，应用推广极快。

多效唑能被根吸收，可土施，不易发生药害，使用浓度可高达8000mg/L。但如使用不当，也会给树体造成不良影响。使用对象必须是花芽数量少、结果量低的幼旺树及成龄壮树，中庸树、偏弱树不宜使用。药液应随用随配，以免失效，短时间存放要注意低温和避光。秋季和早春施药，以每平方米树冠投影面积施0.5~1.0g粉剂为宜。叶面喷施应在新梢旺盛生长前7~10天进行，使用500~1000mg/L的可湿性粉剂。喷药应选无风的阴天，晴天要在上午10点前或下午2点后进行，以叶片全湿、药滴不下落为宜。对于施用过量的树体，可在萌芽后喷施25~50mg/L的赤霉素1~2次，同时施肥灌水，以恢复生长。树体年龄、树种不同，对多效唑的反应不同，桃、葡萄、山楂对其敏感，处理当年即可产生明显效果，苹果和梨要到第2年才能看出效果，一般幼树起效快，成龄树起效慢，黏土和有机质含量多的土壤对其有固定作用，效果较差。花果木使用多效唑后，树体花芽量增加，挂果量提高，树体对养分的需求也会增高，除秋施基肥、春夏追肥外，于开花期、坐果期、幼果膨大期和果实采收后都要向叶面喷施 0.1% ~ 0.3% 的尿素或磷酸二氢钾溶液，并注意疏花疏果。

三、植物抗蒸腾保护剂

如何解决新植树木的树冠蒸腾失水、提高树木的栽植成活率，一直是园林工作者的科研方向。北京市园林科研所 2001 年研制出的植物抗蒸腾剂，可有效缓解高温季节栽植施工过程中出现的树体失水和叶片灼伤。植物抗蒸腾剂是一种高分子化合物，喷施于树冠枝叶，能在其表面形成一层具有透气性、可降解的薄膜，在一定程度上降低树冠蒸腾速率，减少因叶面过分蒸腾而引起的枝叶萎蔫，从而起到有效保持树体水分平衡的作用。新移栽树木，在根系受到损伤、不能正常吸水的情况下，喷施植物抗蒸腾剂可有效减少植物地上部的水分散失，显著提高移栽成活率。2001 年，北京市园林科研所先后多次在大叶女贞、大叶黄杨等树种上进行了喷施试验，结果表明，喷施植物抗蒸腾剂的树体落叶期较对照晚 15 ~ 20 天，且落叶数量少，在一定程度上增强了观赏效果。在其后的推广试验中，对新移栽的悬铃木、雪松、油松喷施后，树体复壮时间明显加快，均取得了良好的效果。植物抗蒸腾剂不仅可以有效降低树体水分散失，还能起到抗菌防病的作用。

北京裕德隆科技发展有限公司与清华大学生态科学工程研究所研制的抗蒸腾防护剂，主要功能是在树体的枝干和叶面表层形成保护膜，有效提高树体抵抗不良气候影响的能力，减少水分蒸腾以及风蚀造成的枝叶损伤。抗蒸腾防护剂中含有大量水分，在自然条件下缓释期为 10 ~ 15 天，形成的固化膜不仅能有效抑制枝叶表层水分蒸发，提高植株的抗旱能力，还能有效抑制有害菌群的繁殖。据介绍，该产品形成的防护膜，在无雨条件下有效期限为 60 天，遇大雨后可以自行降解。抗蒸腾防护剂有干剂和液剂两种，使用效果相同。液体制剂可用喷雾器喷施，如果与杀虫剂、农药、肥料、营养剂一起使用，效果更佳。一般情况下，一亩林地使用液体抗蒸腾防护剂的参考用量为 30 ~ 150kg。

四、土壤保水剂

在 20 世纪 60 年代初，人们就开始将吸水聚合物用于农业和园艺，达到改良土壤的目的。但早期产品常带有毒副作用，试用结果不理想。20 世纪 80 年代初，安全无毒、效果显著、有效期长的新一代吸水聚合物开发面世。

保水剂是一类高吸水性树脂，能吸收自身重量 100 ~ 250 倍的水，并可以反复释放和吸收水分，在西北等地抗旱栽植效果优良，在南方应用效果更为显著。南方空气湿润，表土水分蒸发量小，降雨间隔不会太长久，中小雨频率高，为保水剂完全发挥作用带来了可能。年均降水达 900mm 以上的地区，施用保水剂后基本不用浇水，对于丘陵山区，雨水不易留存，配合传统节水措施适当增大保水剂拌土比例，也十分有效。实践证明，拌土施用保水剂可节水 50%，节肥 30%。

目前使用的保水剂大致有两类：一类是由纯吸水聚合物组成的产品，如美国的"田里沃"；

另一类是复合型保水剂，如比利时的 Terra Cottem，简称 TC。

1. TC 土壤改良剂成分构成

由 6 大类 20 多种不同物质构成，在树体生长的全过程中协同作用。

(1) 生长促进剂　刺激根细胞的扩展，促进根系向有更多水分的土壤深层生长。同时，也促进叶的发育与新陈代谢。

(2) 吸水聚合物　高度吸水的聚合物一接触到水，便协同作用，吸收水分子，很快形成一种类似水凝胶的不溶物质，具有吸存 100 倍于自身重量的水的能力，可经受从湿到干的无数次循环，增加土壤的贮水保肥能力，供树体生长长期使用。

(3) 水溶性矿质肥料　由水凝胶吸收土壤矿质元素形成一种典型的氮—磷—钾盐混合物，供树体移植初期生长所需。

(4) 缓释矿质肥料　缓释矿质肥料可在一年时间里不断提供树体生长所需养分，对增强土壤肥力有显著作用。这一作用不依赖于土壤 pH 值，也不受降雨量和灌溉水量的影响。

(5) 有机肥料　有机肥料促进土壤中微生物的活力，有效释放氮和其他生长促进剂，全面改善土壤状况。

(6) 载体物质　载体物质无论大面积撒施还是穴施，包括二氧化硅在内的硅砂石（最小颗粒只有 63μm），都能使多种成分均匀分布、均衡供给，同时还可增加土壤透气性。

TC 具有节水、节肥、降低管理费用、提高绿化质量的优点，其主要作用在于促进树体根部吸收水分和营养，强壮根系。在国外，TC 不但被成功地用于市政绿化、屋顶花园、高档运动场草坪（如足球场、高尔夫球场等），而且在绿化荒地、治理沙漠和土壤退化方面均有独特的作用。

2. TC 土壤改良剂的施用方法

(1) 施用比例　TC 是复合型保水剂，是一种强有力的产品，对使用比例的要求比单一保水剂更高，只有适量施用才能产生明显的效果；使用不当，反而会产生相反效果，使树体生长变慢。土质对 TC 的用量有影响，一般情况下，沙质土用量为 1.5kg/m³，沃土用量为 1kg/m³，黏土用量为 0.5kg/m³。考虑到气候和树种对 TC 用量的影响，如在炎热的气候条件下以及种植不耐旱植物时，TC 的用量可增加 1 倍。TC 的有效施用深度为 20cm，如果施放在土壤表面或埋得过深，将影响使用效果。

(2) 施用方法　是将定植穴内挖出的土分成大堆与小堆，将 TC 与大堆土拌和均匀，将其一部分混合土垫入坑底，树体放入坑内后，填入其余混合土；把预留的小堆土做成 1cm 厚的覆盖层，以限制土壤水分蒸发，避免 TC 的损失。并做成一个约 5cm 高的围堰，浇透水，以使吸水聚合物充分发挥功能。

南方黏壤土地区，最好使用 0.5～3.0mm 粒径的保水剂，以干土重 0.1% 的比例拌土，可达到最佳成本效益比。南方降水多、雨量大，只要土壤含水率不低于 10%，就可将干保水剂直接拌土，拌土后浇一次水。干旱季节再拌土，不必浇水。如果是丘陵地区，可将保水剂吸足水呈饱和凝胶后，放于塑料袋或水桶中，运到目的地，用饱和凝胶拌土后再掺肥。为防止水分蒸发，应将其施于 20cm 以下土层中，最好在土表覆盖 3cm 厚的作物秸秆。对于幼树，可挖 30cm 深、50cm 底径的树穴，每株施用 40～80g。成龄树，挖 60cm 深穴底直径，每株施 100～140g。为防止苗木在运输过程中失水，可用保水剂蘸根：将 40～80g 粉状保水剂投入容器中，加 1000 倍水，经 20min 充分吸水后，将树木根部置于其中，浸泡 30s 后取出，再用塑料薄膜包扎，可提高 15%～20% 的成活率。

第三节
自然灾害及其防治

【新手必读】自然灾害形成的原因及防治的意义

一、园林植物自然灾害形成的原因

园林植物的生长发育与自然气象因子的关系可表现为最适、最高和最低极限。当自然气象因子在最适区间时，园林植物生长发育最好；如接近或超过最高或最低极限，则受到抑制，甚至死亡。

二、园林植物自然灾害防治的意义

园林植物自然灾害按其危害的方式可分为霜冻、冻害、干梢、雨凇、风害等。园林植物遭受自然灾害后，轻者长势受损，影响观赏效果，重者全株死亡。在园林植物的养护管理中，必须做好自然灾害的预防措施。

【高手必懂】各类自然灾害的防治

一、霜冻

1. 霜冻的类型及特点

植物生长期内由于急剧降温，水汽凝结成霜使幼嫩部分受冻称为霜冻。

根据霜冻发生时的条件与特点不同，有辐射霜冻、平流霜冻和混合霜冻3种类型，各种霜冻的特点如图2-17所示。

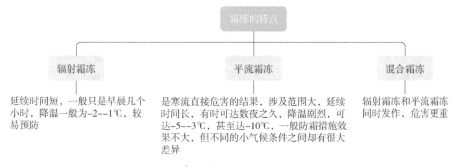

图 2-17　霜冻的特点

2. 霜冻的危害及其影响因子

（1）霜冻的危害　植物在早春萌芽时受霜冻，嫩芽和嫩枝变褐色，鳞片松散而枯干在枝上。花期受冻，由于雌蕊最不耐寒，轻者将雌蕊冻死，但花朵可照常开放；稍重的霜害可将雄蕊冻死，严重霜冻时，花瓣受冻变褐变枯，甚至脱落。幼果受冻，轻时幼胚变褐，果实仍保持绿色，随后逐渐脱落，受冻严重时，则全果变褐，很快脱落。

在北方，晚霜较早霜具有更大的危害性。春季随着气温上升，植株解除休眠，进入生长期，抗寒力迅速降低。从萌芽至开花期，抗寒力越来越弱，甚至极短暂的零度以下温度也会给幼嫩组织带来致死的伤害。在此期间，霜冻来临越晚，植物则受害越重，春季萌芽越早，霜冻威胁也越大，如北方的杏花开早，最易遭受霜冻。

（2）霜冻危害的影响因子　霜冻的发生与外界环境条件有密切关系，由于霜冻是冷空气集聚的结果，所以小地形对霜冻的发生有很大影响。在冷空气易积聚的地方霜冻重，而在空气流通处则霜冻轻。在不透风林带之间易聚积冷空气，形成霜穴，使霜冻加重。由于霜冻发生时的气温逆转现象，近地面气温低，所以植株下部受害较上部重。湿度对霜冻也有一定的影响，湿度大可缓冲气温变化，故靠近水面的地方或霜前灌水的植株都可减轻霜冻。

霜冻的程度还决定于温变大小、低温强度、持续时间及温度回升快慢等气象因素。温度变化越大，温度越低，持续时间越长，则受害越重。若温度回升慢，受害轻的还可以恢复，如温度骤然回升，则会加重受害。

3. 防霜措施

根据霜冻发生的原因和特点，防霜的措施应从从以下几方面考虑：增加或保持植株周围的热量，促使上下层空气对流，避免冷空气积聚；加强栽培管理措施，提高植物抗性；推迟树木的物候期，增加对霜冻的抵抗力。

（1）推迟萌动期，避免霜冻　利用药剂和激素或其他方法使树木萌动推迟（延长植株的休眠期）。因为萌动和开花较晚可以避开早春回寒的霜冻。如用 B_2、乙烯利、青鲜素、萘乙酸钾盐水（250~500mg/kg）或顺丁烯酰肼（MH0.1%~0.2%）溶液在萌芽前或秋末喷洒树上，可以抑制萌动，或在早春多次灌返浆水，以降低地温。在萌芽后至开花前灌水2~3次，一般可延迟开花2~3天；或树干刷白使早春树体减少对太阳热能的吸收，使温度升高较慢。

（2）加强栽培管理措施，提高植物抗性　加强土肥水管理，运用好施肥、排灌技术，促进植株生长，增加营养物质积累，保证植株健壮，长势良好。其中要注重叶面追肥，增加细胞液浓度，从而增强对霜冻的抵御力。

（3）改善小气候条件以防霜护树　根据气象部门预报，掌握好防治时机，采取相应措施改善植物小气候环境，具体方法如图2-18所示。

二、冻害

冻害是指园林植物因受低温的伤害，使细胞和组织受伤，甚至死亡的现象。冻害是我国南北各地普遍存在的问题，近年来由于南树北引，各种园林植物的北缘地带经常出现冻害，造成较大损失。即使是长期适应当地的种类，由于每年寒潮侵袭的范围和强度不同，有时也会出现冻害。根据各地资料分析，冻害的发生呈现有规律的周期性，约十年出现一次大冻害。

1. 冻害发生的原因

园林植物发生冻害的原因十分复杂，从内因来讲，与植物种类、龄期、生长势及当年枝条成熟度有密切关系；从外因来讲，则与气象、地势、坡向、水体、土壤、栽培管理等因素有重要关系。冻害发生的原因如下：

（1）与植物种类的关系　不同的植物种类或不同的品种，其抗冻能力不同。如原产在华北地区的秋子梨比原产在长江流域的沙梨抗寒；原产长江流域的梅品种比广东的黄梅抗寒。

（2）与枝条内部糖类变化动态的关系　研究梅花枝条内的糖类的变化动态与抗寒越冬能力的关系表明：在生长季节，体内的糖多以淀粉形式存在。生长季末淀粉积累达到高峰，到11月

图 2-18 防霜措施

上旬末，淀粉开始分解，但杏及山桃枝条中的淀粉在1月末已经分解完毕，而梅花枝条仍然残留淀粉。就抗寒性的表现而言，梅不及杏和山桃。可见树体内糖类含量越高抗寒力越强。此外，还观察到梅花枝条内氮的含量与越冬关系密切，越冬力较强的单瓣玉蝶比无越冬力的广州黄梅含氮量高，特别是蛋白氮含量较高。

（3）与苗龄、长势、种源的关系　同一植物种类不同苗龄、不同长势、不同种源，则受冻害程度也不同。同一植物种类，随着苗龄的增加，抗寒能力相应增强；长势强的良种壮苗，抗冻害能力也强；外地种源受冻害程度高于本地种源受冻害程度。

（4）与枝条成熟度的关系　枝条越成熟抗寒力越强。木质化程度高，含水量少，细胞液浓度增加，积累淀粉多，则抗寒力强。

(5) 与枝条休眠的关系　冻害的轻重和植物的休眠及抗寒锻炼有关，一般处于休眠状态的植株抗寒力强，植株休眠越深，抗寒力越强。植物抗寒性的获得是在秋天和初冬期间逐渐发展起来的，这个过程称为"抗寒锻炼"。凡是秋季降温以前不能及时停止生长的植株，越冬后冻害越重。如春旱秋涝、氮肥过多或施用过晚、生长旺盛的幼树，冻害都较严重。正常结束生长，对亚热带常绿植物也同样重要。南树北移的树种往往在秋季贪青徒长，枝条和叶部在成熟前，未经过很好的抗寒锻炼，当温度骤然下降时，就易受低温伤害而使细胞和组织受伤，甚至死亡。

园林植物的春季解除休眠的早晚与冻害发生也有着密切的关系。解除休眠早的，受早春低温威胁较大；休眠解除较晚的，可以避开早春低温的威胁。因此冻害的发生一般常常不在绝对温度最低的休眠期，而常在秋末或春初时发生。因此，越冬性不仅表现在对于低温的抵抗能力，而且表现在休眠期和解除休眠期后，对于综合环境条件的适应能力。

(6) 与低温来临状况的关系　晚秋突降的早霜对生长期尚未结束的植物危害最重。低温来临得早，来得突然，植物未经过抗寒锻炼，易发生冻害；日极端温度越低植株越易受冻害；低温持续的时间越长，植株受害越大；温度缓缓下降则危害较轻，温度变化的速度越快，植株受害越严重。

(7) 与其他因素的关系

1) 地势、坡向、小气候差异与冻害的关系：如在江苏、浙江一带种在山南面的柑橘比同样条件下种在山北面的柑橘受害重，因为山南面昼夜温度变化较大，山北面的昼夜温差小。在同一坡向，缓坡地比低洼地冻害轻。在沙土地上，根系冻害常较重。土层厚的植物比土层浅的植物抗冻害，因为土层深厚，根扎得深，根系发达，吸收的养分和水分多，植株健壮。

2) 水体对冻害的影响：靠水体近的植物不易受冻害，因为水的热容量大，白天吸收的热量会在晚上释放出来，使周围空气温度下降慢。

3) 栽培管理水平与冻害的关系：同一品种的实生苗比嫁接苗耐寒，因为实生苗根系发达，根深而抗寒力强。不同砧木品种的耐寒性差异也大。同一品种结果多者比结果少者易受冻害，因为结果消耗大量的养分。施肥不足的抗寒力差，因为施肥不足，植株不充实，物质积累少，抗寒力降低。植物受病虫害时，也容易发生冻害。

2. 冻害的表现

(1) 芽　花芽是抗寒能力较弱的器官，花芽冻害多发生在春季回暖时期，腋花芽较顶花芽抗寒力强。花芽受冻后，内部变褐，初期只见到芽鳞松散，后期则芽不萌发，干缩枯死。

(2) 枝条

1) 成熟的枝条在休眠期以形成层最抗寒，皮层次之，而木质层、髓部最不抗寒。因而冻害发生后，髓部、木质部先变色，严重时韧皮部才受伤，如果形成层变色则表明枝条失去了恢复能力。

2) 在生长期的枝条以形成层抗寒力最差。幼树在秋季雨水多时贪青徒长，枝条不能很好成熟，易受冻害，特别是成熟不足的先端枝条对严寒敏感，常首先发生冻害，轻者髓部变色，重者枝条脱水干缩甚至冻死。

3) 多年生枝条发生冻害常表现为树皮局部冻伤，受冻部分最初稍变色下陷，不易发现，如果用刀切开，可发现皮部变褐，以后逐渐干枯死亡，皮部裂开变褐脱落，但是如果形成层未受冻则还可以恢复。

(3) 枝杈和基角　枝杈或主枝基角部分进入休眠期较晚，输导组织发育不好，通常抗寒锻炼较差，易受冻。枝杈冻害的表现是皮层或形成层变褐，而后干枯凹陷，有的树皮成块状冻坏，有的顺着主干垂直冻裂成劈枝。主枝与树干的夹角越小则冻害越严重。

（4）主干　主干受冻后形成纵裂，一般称为"冻裂"，树皮成块状脱离木质部，或沿裂缝向外侧卷折。一般生长旺的幼树主干易发生冻裂，树的阳面比阴面容易发生冻裂。冻裂不会造成树体死亡，但可使植株生长衰弱，且伤口极易遭受腐烂病。

（5）根颈和根系　在一年中根颈停止生长最迟，进入休眠期最晚，而开始活动和解除休眠又最早，因而在温度骤然下降的情况下，根颈未经过很好的抗寒锻炼。而近地表处温度变化剧烈，故容易引起根颈的冻害。根颈受冻后，树皮先变色后干枯，可发生在局部，也可成环状，根颈冻害对植株危害大。根系无休眠期，故耐寒性较地上部分差。根系受冻后，皮层与木质部分离。一般粗根系较细根系耐寒力强，近地面的粗根由于地温低而易受冻，新栽的植株或幼龄植株因根系小而浅，易受冻害，而成年植株则相对抗寒。

3. 冻害的防治的方法

冻害防治的方法，如图 2-19 所示。

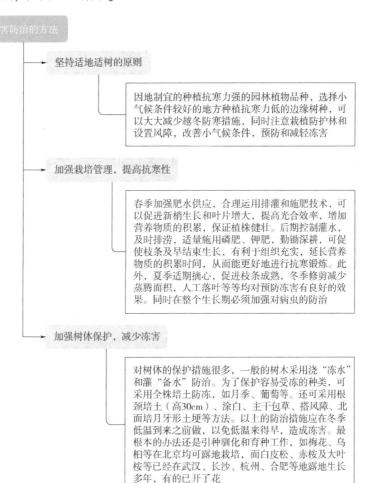

图 2-19　冻害防治的方法

4. 冻害后的补救措施

因为受冻树木的输导组织受树脂状物质的淤塞，所以根的吸收、输导及叶的蒸腾、光合作用以及植株的生长等均遭到破坏。因此应尽快地恢复输导系统，治愈伤口，缓和缺水现象，促进休眠芽萌发和叶片迅速增大，促使受冻树木快速恢复生长。受冻后的树一般均表现生长不良，其补救措施如下：

首先，加强管理，保证前期的水肥供应，亦可以早期追肥和根外追肥，补给养分尽量使树体恢复生长。

其次，在树体管理上，对受冻树体要晚剪和轻剪，给予枝条一定的恢复时期，对明显受冻枯死部分可及时剪除，以利于伤口愈合。对于一时看不准受冻部位的，待春天发芽后再剪，对受冻造成的伤口要及时喷涂白剂预防日烧，并结合做好防治病虫和保叶工作。

最后，对根颈受冻的树木要及时桥接或根寄接，树皮受冻后木质部成块脱离的要用钉子钉住或进行桥接补救。

三、干梢

1. 干梢发生的原因

幼龄树木因越冬性不强而发生枝条脱水、皱缩、干枯的现象，称之为干梢。有些地方称为灼条、烧条、抽条冻干等。这种现象在我国干寒地区，如宁夏、甘肃、西藏、新疆、河北、山西、陕西乃至东北的一些地区普遍存在。干梢不是低温冻害或温差过大所引起，是越冬准备不足的植物受冻旱影响所造成的。所谓冻旱，就是冬春期间（主要是早春）由于土壤水分冻结或地温过低，根系不能或极少吸收水分，而地上部分枝条的蒸腾强烈，造成植株严重失水的现象。冻旱属生理干旱，是植株吸水和失水（蒸腾）极不平衡所造成的后果。枝条失水达一定程度先表现皱皮，这时如果水分能得到及时补充，还可恢复正常，如果继续脱水，最后就干枯而死。

发生干梢的多是1～5年生的幼龄植物，干梢程度随树龄增大而减轻，但如管理不当，8～10年生植株也会整个树冠干枯而死亡。

2. 防止干梢的措施

主要是通过合理的肥水管理，促使枝条充实，增强越冬性。重点是采取多种措施，在枝条生长前期正常生长的基础上，保证枝条及时停止生长，防止日后徒长。

1）严格控制秋季水分，采取降低土壤含水量的措施。

2）后期不施氮肥，而增施磷肥、钾肥等。

3）秋季连续多次摘心，控制枝条后期生长。

4）秋季新定植的小耐寒树种尤其是幼龄树木，为了预防干梢，一般多采用埋土防寒，即把苗木地上部分卧倒培土防寒，既可保温减少蒸腾又可防止干梢，栽植时采用斜栽便于以后培土。如在树干周围撒布马粪，亦可增加土温，提前解冻，或于早春灌水，增加土壤温度和水分，均有利于防止或减轻干梢。

5）在秋季对幼树枝干缠纸，缠塑料薄膜或胶膜、喷白等，对防治害虫卵所致干梢具有一定的作用。但成本较高，应根据当地具体条件灵活运用。

四、涝害

1. 涝害发生的原因

在多雨季节由于大量的天然降水会导致园林绿地积水，过多的土壤水分会破坏植物体内的水分平衡，进而影响植物生长发育，甚至死亡。土壤中水分过多如果按程度不同可分为2种状态：

1）是土壤水分处于饱和状态，土壤的气相完全被液相取代时，即为"渍水"，又称渍害。

2）是水分不仅充满了土壤而且地表积水，淹没植物的局部或整株，即通常所称的涝害。不论是渍害还是涝害，都是由于园林绿地土壤水分过多导致园林植物生长发育不良，甚至死亡的一种灾害。

水分过多对植物的危害并不在于水分本身，而是由于积水导致土壤中缺氧和二氧化碳的累积。当土壤中缺氧时，植物根系被迫进行无氧呼吸，同时一些需氧微生物的正常活动受阻，而另一些厌氧微生物特别活跃，降低了土壤正常的氧化还原作用，有机物降解缓慢，并产生一些如硫化氢、硫醇、烷类（甲烷、乙烷、丁烷）、醇类（甲醇、乙醇）、有机酸及各类醛、酚、脂肪酸等物质，导致植物中毒。此外，土壤中缺氧时，植物对土壤多数矿质营养元素的吸收急剧减少，进而削弱根和新梢的生长，抑制叶的生长，减少叶数，导致叶片失绿坏死。发生小叶和落叶现象，在植物的花果期则影响开花结果或发生落叶落果，严重时会导致植物死亡。这种土壤积水缺氧与土壤板结缺氧对植物的致害机理相似，即胁迫—胁变—致弱—致死。

土壤水分过多还能加重许多植物病害的发生，原因是多数病原体在多湿条件下生长最佳。如丝核菌、镰刀霉菌、腐霉属菌、疫霉属菌等。同时也容易造成有害软体动物（如蜗牛、蛞蝓）的剧增。

2. 防治涝害的措施

防治涝害的具体措施如图 2-20 所示。

防治涝害的措施	加强预报	掌握当地气象资料，了解本地降水规律，预知降水的时间、范围和强度，以便提前做好防涝准备工作
	制定预案	地势低洼和土壤黏重的园林绿地应预先制定排涝方案，如规划好排水路线，准备好排水设备，快速动员人力等
	抢排积水	一旦发生涝害，应迅速组织人力，调配排水设备，按照事先规划好的排水路线，将绿地中的积水以最快的速度排除，最大限度地减少绿地积水时间
	扒土晾根	乔灌木积水排除后，可扒开树盘下的土壤，使水分尽快蒸发，让部分根系接触空气，根据天气状况，1~3天后再重新覆土，以防根系曝晒受伤
	松土透气	积水排除后适时松土，不使土壤板结，增加土壤的通透性，使空气尽量进入土壤空隙
	施肥促根	涝害直接影响根系的生长，为促进新根的抽生，可施用腐熟的骨粉、厩肥、过磷酸钙、焦泥炭等有利于根系恢复生长的肥料
	根外追肥	涝害使植物根系生长发育不良，吸收土壤养分的能力下降，可用3%左右的尿素以及0.1%~0.2%的各种矿质元素溶液喷施于树冠，通过叶面吸收补充营养，恢复树势
	修剪树体	对受涝害影响严重、发生枯枝落叶、生长衰弱的树木进行修剪，剪去枯枝、弱枝，促发新梢的抽生

图 2-20 防治涝害的措施

五、雪害

冬季降雪时，常因树冠积雪，折断树枝或压倒植株，尤以枝叶密集的常绿树受害最严重。同时由于融雪期时冷热气温的交替变化，使冷热不均引起冻害。因此，在降雪时，应在雪前为树木大枝设立支柱，枝条过密的还应进行适当修剪；对树冠易于积雪的树木，要及时振落树冠过多的积雪，防止雪害，将损伤降低到最低限度。雪后对被雪压倒的树木枝条应及时提起扶正，压断的枝条小心锯除。

六、雨凇（冰挂）

雨凇，又称冻雨，是冷却雨滴在温度低于0℃的物体上冻结而成的坚硬冰层。由于冰层不断地冻结加厚，常压断树枝，对花木造成严重破坏。如1957年3月和1964年2月在杭州、武汉、长沙等地均发生过雨凇，在树上结冰，对早春开花的梅花、蜡梅、山茶、迎春和初结果的枇杷、油桃等花果均有一定的伤害，还造成部分毛竹、樟树等常绿树折枝、裂干甚至死亡。采取用竹竿打击枝叶上的冰，并设立支柱支撑等方法可部分减轻雨凇危害。

七、风害

1. 风害对园林植物的影响

在多风地区，园林树木常发生风害，出现偏冠和偏心现象。偏冠会给树木整形修剪带来困难，影响树木正常功能的发挥；偏心的树易遭受冻害和日灼，影响树木正常发育。北方冬季和早春的大风，易使树木干梢干枯死亡。春夏季的旱风，常将新梢嫩叶吹焦，缩短花期，不利于授粉受精。夏秋季沿海地区的花木又常遭受台风危害，使枝叶折损，大枝折断，甚至是整株吹倒，对高大的树木破坏性更大，尤以阵发性大风为甚。

2. 防风措施

1）在种植设计时要注意在风口、风道等易遭风害的地方选种抗风树种，适当密植，采用低干矮冠整形。还要根据当地特点，设置防风林和护园林，以降低风速，减少损失。

2）在苗木移栽时，一定要按规定起苗，起的根盘不可小于规定尺寸。大树移栽时一定要立支柱，在风大地区，栽大苗也应立支柱。

3）在管理措施上应根据当地实际情况采取相应防风措施。如排除积水；改良栽植地点的土壤质地；培育壮根良苗，采取大穴换土；适当深植；合理修剪，控制树形；定植后及时立支柱；对幼树、名贵树种设置风障等。

4）在暴风、台风来临之际，可酌情修剪树冠，以减少受风面，设立支柱或加固支柱。在大风之后，被风刮斜的树木应及时松土扶正夯实；对裂枝要顶起或吊枝，捆紧基部伤口，或涂激素药膏促其愈合，并加强肥水管理，促进树势的恢复；对被风刮倒或连根拔起的树木应重截树冠更新栽种或送往苗圃加强养护，来年更新补栽。

八、越夏

在夏季高温酷暑的地方，对要求夏季干燥、凉爽的地中海气候型的植物来说，要保护其安全越夏，可采取叶面喷水、地面灌水、架设遮阳网、修剪枝叶、喷蒸腾抑制剂等措施。

九、市政工程对树木的危害

大多数情况下，市政工程对树木的影响不可能被完全消除，我们的目标是将伤害程度尽可能减小。在我国，一些城市中已经注意到市政施工对现有树木的伤害，并建立了保护条例。

例如北京，在2001年颁发了城市建设中加强树木保护的紧急通知，明确规定"凡在城市及近郊区进行建设，特别是进行道路改扩建和危旧房改造中，建设单位必须在规划前期调查清楚工程范围内的树木情况，在规划设计中能够避让古树、大树的，坚决避让，并在施工中采取严格保护措施。"国外城市在这方面有很好的经验，现做简单介绍。

1. 地形改变对树木的伤害

几乎每一项工程建设都可能涉及对地形的改造，于是伴随着挖土、填土、削土和筑坡等造成对土壤的破坏。它不仅表现在对地层构造或地形地貌的影响上，更严重的是会导致树木根系的失调，损伤树体生长。

(1) 填土　填土是市政建设中经常发生的行为。如果靠近树体填土，必须考虑为什么要填土、是否能限制填土或填土远离树体。如果必须填土，则应将保持树体健康的价值与堆放这些土方的花费进行比较，或寻找其他远离树体的地方处理这些土方。一般情况下，填土层低于15cm且排水良好时，对那些生根容易和能忍受、抵御根颈腐烂的长势旺盛的幼树危害不大。一些树木被填埋后，可能会萌发出一些新根，暂时维持树体的生命，但随着原有根系的必然死亡，最终仍将危及树体存活。

许多树木栽培学文献，都强调了保持树体基部土壤自然状态的重要性，在那些高程必须被提升的地方，通常可采取以下措施：设法调整周边高程与树木根颈基部的高程，使其尽可能一致；高程必须被抬升的地方，应确定填土的边界结构，附加必需的辅助建筑，如高程变化在树体保护圈内，考虑在填土边缘设置挡土墙；如果树木种植地低洼、有积水，应在尽可能远离树体(靠近挡土墙)的地方挖排水沟，或做导流沟、筑缓坡以利排水；如果恰当的树体保护圈不能被保留，则考虑移树，或创造适宜的高程变化，改植树种。

(2) 取土　从树冠下方取土会严重损伤树体根系，甚至可能危及树体的稳固性。如果树体保护圈内的整个地面被降低15cm，则树的存活将受到威胁。如果必须在树下取土，则根据树木的种类、年龄、特有生根模式以及该地域的土壤条件，保留适当的原始土层厚度，当然未被损坏的土壤保留得越多越好。如果取土和挖掘必须在树体保护圈内进行，应首先探明根系的分布，小心地从树冠投影外围向树干基部逐步移土。大多数情况下，在距树干2~3m以外范围，吸收根系分布虽明显减少，但为了保持树体的良好稳固状态，仍应尽量少地切断根系。

(3) 高程变更　大多数情况下，竣工的地面高程和自然高程间会有变更。如果位于高程变化附近的树值得抢救，可以采取建造挡土墙的办法来减少高程变化后的垂直距离。挡土墙的结构可以是混凝土、砖砌、木制或石砌，但墙体必须带有挖掘到土层中的结构性脚基。如果脚基将伸入根系保护圈内，可使用不连续脚基，以减少对根系生长的影响。在挡土墙建造过程中，为预防被切断、暴露的根系干枯，可采用厚实的粗麻布或其他多孔、有吸水力的织物，覆盖在暴露的根系和土壤表面，特别是对于木兰属这一类具有肉质根的树种，可有效预防根系失水。令人遗憾的是，甚至在高温干燥的气候条件下，对敏感树种的这种保护措施，也很少被建设施工方采用，故必须加强施工过程中的绿化监理。

在高程变更较小(30~60cm)的情况下，通常采用构筑斜坡过渡到自然高程的措施，以减少对根系的损伤。斜坡比例通常为2:1或3:1。

2. 地下市政设施建设对树木的伤害

地下公用设备、设施埋设导致对树木根系造成严重损伤，与附属建筑物限制所带来的结果相似。根据美国的一项研究报道，在伊里诺伊州的桥公园，埋设水管后的12年，262株被侵扰过的成年行道树中，92株已死亡，27株的树冠顶部明显回缩。在这些地区，管道通过树下的附加费用为150~215美元/m，而树木损失和移去死树、重新栽植的代价，则4倍于挖掘地下坑道所产生的附加费用。因此，该市现在采用在树下挖坑道施工的办法来避免对树木的伤害，并颁布了地下坑道施工规范；加拿大的多伦多市也有地沟和坑道的操作规范。英国标准协会（BSI）则于1989年公布了地下公用设施挖掘深度的最低限度，并建议在树体下方直接挖掘。

地沟可以在树体保护圈外侧采用机械化挖掘，直至遇到较粗的大根时为止，或根据操作规范施工；坑道将在树体中央根系的下部继续行进到另一边的地沟。一些国家制定了坑道深度的规范，如多伦多市，依据树的体量确定为0.9~1.5m；伊里诺伊州，则要求坑道深度至少应有0.6m；英国则建议坑道挖掘尽可能深为好。

在根系保护主要范围的下方挖掘，任何直径大于3~5cm的根都应尽可能避免被切断。

3. 铺筑路面对树木的伤害

大多树木栽培专家认为铺筑的路面有损于树体生长，因为它们限制了根际土壤中水和空气的流通。一株树可以容忍的铺筑路面量，取决于在铺筑过程中有多少根系干扰发生，树木的种类、生长状况，它所处的生长环境，土壤孔隙率和排水系统，以及树木在路面下重建根系的潜能，国外的一些树木保护指南，建议在树下使用通透性强的路面，如铺设非通透性路面时，建议采用某些漏孔的铺装类型或透气系统。一种简单的设计是，在道路铺筑开工时，沿线挖一些规则排列、有间隔的、直径为2~5cm的洞。另一种设计是，铺一层沙砾基础，在其上竖一些PVC管材，用铺设路面的材料围固；路面竣工后将其切平，管中注入沙砾，安上格栅，其形状可依据通气需求设计成长条形或格栅状。另外，在铺设路面上设置多条伸缩缝，也可以达到同样的功效。

事实上大多铺设的道路可被认为是多孔的，特别是在多年后，沥青和混凝土路面都产生许多能被水和空气渗透的小龟裂，而用混凝土铺设的道路，则设计有增加间隙的伸缩缝。铺设路面以下的土壤通常比裸露的土壤要湿润，许多树木的根系在其中生长当然没有太大困难，由此而来的问题是根系抬升并爆裂铺设的路面。但根系保护圈的设置，仍然是必要的。

路面铺设中，保护树木的最重要措施，是避免因铺设道路而切断根系和压实根际土壤所造成的损害。合理的设计可以把这些因素限制在最低程度内。实际施工中有以下几种常用的有效方法。

1）采用最薄断面的铺设模式，如混凝土的断面要比沥青薄。

2）将要求较厚铺设断面的重载道路设置在尽可能远离树木的地方。

3）调整最终高程，以使铺设路面的路段建在自然高程的顶部。路面高于周围的地形，可使用"免挖掘"设计。

4）增加铺设材料的强度，以减少在施工过程中对亚基层（土壤）的压实，这通常通过在表层中添加加固材料来实现。

高程变更明显影响根系的生长，挡土墙可以用来减少因取土或填土而导致高程变更所产生的水平距离，以此减少对根系的影响。提供从自然高程到终结高程过渡的斜坡。斜度用斜坡的长度除以高度来表示，例如2:1、3:1。注意距树体较近处取土时，高程变化所需的最长水平距离。

普通墙和沉箱墙的不连续脚基，依据桩基的体量和间隔距离，可以减少对邻近树木根系的伤害。连续脚基需要沿桩基墙的长度方向挖掘地沟。

公用事业管道和电缆的地沟挖掘，在到达指示的距离或遇到树根时，可以转为坑道挖掘。标准的铺设道路断面包含表层（砖、混凝土，沥青）、基层（砂、砾石、石料）、亚基层（选择性填方，但并不总是必需的）和地基（被剥离、压实的自然土壤）。各层的厚度取决于土壤特性和铺设路面将要承受的载荷。铺设道路的断面决定终结高程的距离，即挖掘的深度必须高于原始高程。

【高手必懂】园林植物养护管理工作月历

工作月历是当地园林部门制定的每月对园林植物怎样进行养护管理的主要内容，具有指导性意义。由于全国各地气候差异很大，园林植物养护管理的内容也不尽相同。现针对园林树木，介绍北京、哈尔滨、南京、广州四个城市的树木养护管理工作月历，见表 2-1 和表 2-2。

表 2-1　北京、哈尔滨园林树木养护管理工作月历

月份	北京	哈尔滨
1 月 （小寒、大寒）	平均气温 −4.7℃，平均降水量 2.6mm 进行冬剪，将病虫枝、伤残枝、干枯枝等枝条剪除。对于有伤流和易枯梢的树种，推迟到萌芽前进行 检查防寒设施，发现破损应立即补修 在树木根部堆集不含杂质的雪 利用冬闲时节进行积肥 防治病虫害，在树根下挖越冬的虫蛹、虫茧，剪除树上虫包，并集中销毁处理	平均气温 −19.7℃，平均降水量 4.3mm。 露地树木休眠 积肥和贮备草炭等 对园林树木进行防寒设施的检查 组织冬训，提高职工的技术管理水平
2 月 （立春、雨水）	平均气温 −1.9℃，平均降水量 7.7mm 继续进行冬剪，月底结束 检查防寒设施的情况 堆雪，利于防寒、防旱 积肥与沤制堆肥 防治病虫害 进行春季绿化的准备工作	平均气温 −15.4℃，平均降水量 3.9mm 进行松类冻坨移植 利用冬剪进行树冠的更新 继续进行积肥
3 月 （惊蛰、春分）	平均气温 4.8℃，平均降水量 9.1mm，树木结束休眠，开始萌芽展叶 春季植树，应做到随挖、随运、随栽、随养护 春灌以补充土壤水分，缓和春旱 开始进行追肥 根据树木的耐寒能力分批拆除防寒设施 防治病虫害	平均气温 −5.1℃，平均降水量 12.5mm 做好春季植树的准备工作 继续进行树木的冬剪 继续积肥
4 月 （清明、谷雨）	平均气温 13.7℃，平均降水量 22.4mm 继续进行植树，在树木萌芽前完成种植任务 继续进行春灌、施肥 剪除冬春枯梢，开始修剪绿篱 看管维护开花的花灌木 防治病虫害	平均气温 6.1℃，平均降水量 25.3mm。树木萌芽，连翘类开花 土壤解冻到 40～50cm 时，进行春季植树，并做到"挖、运、栽、浇、管"五及时 撤防寒设施 进行春灌和施肥 对新植树木立支撑柱
5 月 （立夏、小满）	平均气温 20.1℃，平均降水量 36.1mm 树木旺盛生长需大量灌水 结合灌水施速效肥或进行叶面喷肥 除草松土 剪残花，除萌蘖和抹芽 防治病虫害	平均气温 14.3℃，平均降水量 33.8mm 对新植或冬剪的树木进行及时的抹芽和除萌蘖 继续灌溉与追肥 中耕除草 防治病虫害

（续）

月份	北京	哈尔滨
6月 （芒种、夏至）	平均气温 24.8℃，平均降水量 70.4mm 继续进行灌水和施肥，保证其充足供应 雨季即将来临，剪除与架空线有矛盾的枝条，特别是行道树 中耕除草 防治病虫害 做好雨季排水工作	平均气温 20℃，平均降水量 77.7mm 进行树木夏季的常规修剪 继续灌溉与追肥 继续松土除草 防治病虫害
7月 （小暑、大暑）	平均气温 26.1℃，平均降水量 196.6mm 雨季来临，排水防涝 增施磷、钾肥，保证树木安全越夏 中耕除草 移植常绿树种，最好入伏后降过一场透雨后进行 抽稀树冠达到防风目的 防治病虫害 及时扶正被风吹倒、吹斜的树木	平均气温 22.7℃，平均降水量 176.5mm，雨季来临，气温最高 对某些树木进行造型 继续中耕除草 防治病虫害，尤其是杨树的腐烂病 调查春植树木的成活率
8月 （立秋、处暑）	平均气温 24.8℃，平均降水量 243.5mm 防涝，巡视，抢险 继续移植常绿树种 继续进行中耕除草 防治病虫害 行道树的养护和花木的修剪及绿篱等整形植物的造型	平均气温 21.4℃，平均降水量 107mm 加强排水，防止洪涝 继续对树木进行修剪，同时修剪绿篱 调查春植树木的保存率 加强对树木的后期管理，及时中耕除草，保证其正常生长 防治病虫害
9月 （白露、秋分）	平均气温 19.9℃，平均降水量 63.9mm 迎国庆，全面整理绿地园容，修剪树枝 对生长较弱，枝梢木质化程度不高的树木追施磷、钾肥 中耕除草 防治病虫害	平均气温 14.3℃，平均降水量 27.7mm 迎国庆，全面整理绿地园容，并对行道树进行涂白 修剪树木，去掉枯死枝、病虫枝，挖除枯死树木 中耕除草继续进行 做好秋季植树的工作 防治病虫害
10月 （寒露、霜降）	平均气温 12.8℃，平均降水量 21.1mm，随气温下降，树木相继开始休眠 准备秋季植树 收集枯枝落叶进行积肥 本月下旬开始灌冻水 防治病虫害	平均气温 5.9℃，平均降水量 26.6mm 本月中下旬开始秋季植树 土壤封冻前灌冻水 收集枯枝落叶、杂草，进行积肥，沤肥堆肥 做好树木的防寒工作
11月 （立冬、小雪）	平均气温 3.8℃，平均降水量 7.9mm 土壤冻结前栽种耐寒树种、完成灌水任务、深翻施基肥 对不耐寒的树种进行防寒，时间不宜太早	平均气温 −5.8℃，平均降水量 168mm 土壤封冻前结束树木的栽植工作 继续灌冻水 对树木采取防寒措施 做好冻坨移植的准备工作，在土壤封冻前挖好坑继续积肥

（续）

月份	北京	哈尔滨
12月 （大雪、冬至）	平均气温2.8℃，平均降水量1.6mm 加强防寒工作 开始进行树木的冬剪 防治病虫害，消灭越冬虫卵 继续积肥	平均气温–15.5℃，平均降水量5.7mm 冻坨移植树木 砍伐枯死树木 继续进行积肥

表2-2　南京、广州园林树木养护管理工作月历

月份	南京	广州
1月 （小寒、大寒）	平均气温1.9℃，平均降水量31.8mm 冬植抗寒性强的树木，如遇冰冻天气立即停止，对樟树、石楠等喜温树种可先打穴 冬季整形修剪，剪除病虫枝、伤残枝等，挖掘枯死树 大量积肥和沤制堆肥 深施基肥，冬耕 做好防寒工作，遇有大雪，对常绿树、古树名木、竹类要组织打雪 防治越冬虫害 检查防寒措施的完好程度	平均气温13.3℃，平均降水量36.9mm 打穴，整理地形，为下月进行种植做准备 对树木进行常规修剪 进行积肥堆肥，深施基肥 对耐寒性较差的树种采取适当的防寒措施 清除杂草和枯萎的乔灌木 防治病虫害，消灭越冬虫卵
2月 （立春、雨水）	平均气温3.8℃，平均降水量53mm 继续进行一般树木的栽植，本月上旬开始竹类的移植 继续做好积肥工作 继续冬施基肥和冬耕，并对春花植物施花前肥 继续防寒工作和防治越冬害虫	平均气温14.6℃，平均降水量80.7mm 个别树木开始萌芽抽叶。开始绿化种植、补植等 撤防寒设施 继续进行积肥堆肥 继续进行树木的修剪 对抽梢的树木施追肥、施花前肥并及时松土
3月 （惊蛰、春分）	平均气温8.3℃，平均降水量73.6mm 做好植树工作，及时完成并保证成活率 对原有的树木进行浇水和施肥 清除树下杂物、废土等 撤防寒设施	平均气温180℃，平均降水量80.7mm 绝大多数树木抽梢长叶。绿化种植的主要季节，并进行补植、移植；对新植树木立支撑柱 开始对树木进行造型或继续整形，对树冠过密的树木疏枝 继续施追肥、除草松土 防治病虫害
4月 （清明、谷雨）	平均气温14.7℃，平均降水量98.3mm 本月上旬完成落叶树的栽植工作，对樟树、石楠等喜温树种此时栽适宜 对新植树木立支撑柱 对各类树木进行灌溉抗旱并除草、松土 修剪绿篱，做好剥芽和除萌蘖工作 防治病虫害，对易感染病害的雪松、月季、海棠等每10天喷一次波尔多液	平均气温22.1℃，平均降水量175.0mm 继续进行绿化种植、补植、改植等 修剪绿篱、疏除过密枝、剪去枯死枝和残花 继续对新植的树木立支柱、淋水养护 除草松土、施肥 防治病虫害

（续）

月份	南京	广州
5月 （立夏、小满）	平均气温20℃，平均降水量97.3mm 对春季开花的灌木进行花后修剪，并追施氮肥和进行中耕除草 新植树木夯实、填土，剥芽去蘗 继续灌水抗旱 及时采收成熟的种子 防治病虫害	平均气温25.6℃，平均降水量293.8mm 继续看管新植的树木 修剪绿篱及花后树木 继续绿化施工种植 加强除草松土、施肥工作 防治病虫害
6月 （芒种、夏至）	平均气温24.5℃，平均降水量145.2mm 加强行道树的修剪，解决树木与架空线路及建筑物间的矛盾 做好防暴风暴雨的工作，及时处理危险树木 做好抗旱、排涝工作，确保树木花草的成活率和保存率 抓紧晴天进行中耕除草和大量追肥，保证树木迅速生长 及时对花灌木进行花后修剪 防治病虫害	平均气温27.4℃，平均降水量287.8mm 继续绿化种植 对新植的树木加强水分管理 对过密树冠进行疏枝，对花后树木进行修剪以及植物的整形 继续进行除草松土、施肥工作 防治病虫害
7月 （小暑、大暑）	平均气温28.1℃，平均降水量181.7mm 本月暴风雨多，暴风雨过后及时处理倒伏树木，凹穴填土夯实，排除积水 继续行道树的修剪、剥芽 新栽树木的抗旱、果树施肥及除草松土 防治病虫害	平均气温28.4℃，平均降水量212.7mm 继续绿化种植，移植或绿化改造 处理被台风吹倒的树木，修剪易被风折的枝条加强绿篱等的整形修剪 中耕除草、松土，尤其加强花后树木的施肥 防治病虫害
8月 （立秋、处暑）	平均气温27.9℃，平均降水量121.7mm 继续做好抗旱排涝工作，旱时灌水，涝时及时排除积水，确保树木旺盛生长 继续做好防台及防汛工作，及时扶正被风吹斜的树木 进行夏季修剪，对徒长枝、过密枝及时修去，增加通风透光度，4月末修剪的绿篱、树球于本月中下旬修剪	平均气温29.1℃，平均降水量220.3mm 草坪管理工作同7月 若草坪草茎叶过高时，可以分两次剪低，第一遍只剪去顶部，第二遍在调整滚刀，降低剪草高度 本月下旬开始撒播添播草籽，及时用钉滚耙疏松土壤，并浇水促进草籽萌发
9月 （白露、秋分）	平均气温22.9℃，平均降水量101.3mm 准备迎国庆，加强中耕除草、松土与施肥 继续抓好防台风、防暴雨工作，及时扶正吹斜的树木 对绿篱的整形修剪月底完成 防治病虫害，特别是蛀干害虫	平均气温27.0℃，平均降水量189.3mm 进行带土球树木的种植 处理被台风影响的树木 继续除草松土、施肥和积肥 对绿篱等进行整形和树形维护 防治病虫害
10月 （寒露、霜降）	平均气温16.9℃，平均降水量44mm 全面检查新植树木，确定全年植树成活率 出圃常绿树木，供绿化栽植 采收树木种子 防治病虫害	平均气温23.7℃，平均降水量69.2mm 继续带土球树木的种植 加强树木的灌水 清理部分一年生花卉，并进行松土除草 防治病虫害

（续）

月份	南京	广州
11月 （立冬、小雪）	平均气温 10.7℃，平均降水量 53.1mm 大多数常绿树的栽植 进行树木的冬剪 冬季施肥，深翻土壤，改良土壤结构 对不耐寒的树木等进行防寒 大量收集枯枝落叶堆集沤制积肥 防治病虫害，消灭越冬虫卵等	平均气温 19.4℃，平均降水量 37.0mm 带土球或容器苗的绿化施工 检查当年绿化种植的成活率 加强灌水，减轻旱情 深翻土壤，施基肥 开始进行冬季修剪 防治病虫害
12月 （大雪、冬至）	平均气温 4.6℃，平均降水量 30.2mm 除雨、雪、冰冻天气外，大部分落叶树可进行移植 继续堆肥、积肥 深翻土壤，施足基肥 继续进行树木的冬剪 继续做防寒工作 防治病虫害	平均气温 15.2℃，平均降水量 24.7mm 加强淋水，改善树木生长环境的缺水状况 继续深施基肥 继续进行冬剪 防治病虫害，杀灭越冬害虫 对不耐寒的树木进行防寒

第四节
古树、名木的养护与管理

【新手必读】古树、名木养护的意义和作用

一、古树、名木的入选标准

《中国农业百科全书》对古树、名木的内涵界定为："树龄在百年以上的大树，具有历史、文化、科学或社会意义的木本植物。"国家环保局对古树、名木的定义为："一般树龄在百年以上的大树即为古树；而那些稀有、名贵树种或具有历史价值、纪念意义的树木则可称为名木。"1982 年，当时的国家城建总局制定的文件规定：古树一般指树龄在百年以上的大树；名木是指稀有、名贵树种或具有历史价值和纪念意义的树木。

2000 年 9 月国家建设部重新颁布了《城市古树名木保护管理办法》，将古树定义为树龄在100 年以上的树木；把名木定义为国内外稀有的、具有历史价值和纪念意义以及重要科研价值的树木；凡树龄在 300 年以上，或特别珍贵稀有，具有重要历史价值和纪念意义，或具有重要科研价值的古树、名木为一级古树、名木；其余为二级古树、名木。国家环保局还对古树、名木做出了更为明确的说明，如距地面 1.2m，胸径在 60cm 以上的柏树类、白皮松、七叶树，胸径在70cm 以上的油松，胸径在 100cm 以上的银杏、国槐、楸树、榆树等古树，且树龄在 300 年以上的，定为一级古树；胸径在 30cm 以上的柏树类、白皮松、七叶树，胸径在 40cm 以上的油松，胸径在 50cm 以上的银杏、楸树、榆树等，且树龄在 100 年以上 300 年以下的，定为二级古树；稀有名贵树木指树龄在 20 年以上，胸径在 25cm 以上的各类珍稀引进树木；外国朋友赠送的礼品树、友谊树，有纪念意义和具有科研价值的树木，不限规格一律保护，其中各国家元首亲自种植

的定为一级保护，其他定为二级保护。

二、保护古树、名木的意义

1. 古树、名木是历史的见证

我国传说有周柏、秦松、汉槐、隋梅、唐杏（银杏）、唐樟，这些均可以作为历史的见证，当然对这些古树还应进一步考察核实其年代。

北京颐和园东宫门内有两排古柏，八国联军火烧颐和园时曾被烧伤，靠近建筑物的一面，从此没有树皮，它是帝国主义侵华罪行的记录，如图2-21所示。

2. 古树、名木为文化艺术增添光彩

不少古树、名木曾使历代文人、学士为之倾倒，吟咏抒怀。它在文化史上有其独特的作用。例如"扬州八怪"中的李鲤，曾有名画《五大夫松》，是泰山名木的艺术再现，如图2-22所示。此类为古树而作的诗画，为数极多，都是我国文化艺术宝库中的珍品。

图2-21　颐和园古柏侵华罪证　　　　　　　　　图2-22　泰山名木

3. 古树、名木是历代陵园、名胜古迹的佳景之一

古树、名木苍劲古雅，姿态奇特，使万千中外游客流连忘返，如北京天坛公园的"九龙柏"。

传说清乾隆皇帝有一次到天坛来祭天，当他视察完大典的准备情况，在皇穹宇围墙下休息的时候，突然听到一种奇怪的声音。于是乾隆皇帝就四处寻找，发现在围墙下有九条蛇，一下子就钻入了泥土当中。乾隆皇帝命人出皇穹宇继续抓蛇，四处寻找不见，突然发现围墙外有一棵树，树干表面布满沟纹，就像九条龙腾飞，所以就起名叫九龙柏，如图2-23所示。

又如陕西黄陵"轩辕庙"内有二棵古柏，一棵是"黄帝手植柏"，柏高近20m，下围周长10m，是目前我国最大的古柏之一。另一棵叫"挂甲柏"，枝干斑痕累累，纵横成行，柏液渗出，晶莹夺目，游客无不称奇，相传当年汉武帝来祭祖的时候曾在上

图2-23　北京天坛公园的"九龙柏"

面挂过铠甲。这个树也是非常的奇特，每年清明节的时候这棵柏树就会渗出很多像泪珠一样的柏液，清明后便没有了，专家说这是一个特殊的柏树品种。这两棵古柏虽然年代久远，至今仍枝叶繁茂，郁郁葱葱，毫无老态，此等奇景，堪称世界无双，如图 2-24 与图 2-25 所示。

图 2-24　黄帝手植柏

图 2-25　挂甲柏

4. 古树、名木是研究古自然史的重要资料

古树、名木复杂的年轮结构，常能反映过去气候的变化情况，植物学家可以通过古树、名木来研究古代自然史和古树存活下来的原因。此外，古树、名木中有各种孑遗植物如银杏、金钱松、鹅掌楸、伯乐树、长柄双花木、杜仲等，这在地史变迁、古气候、古地理、古植物区系等方面具有重要研究意义，这在群落结构、植物系统演化中也具有较高的学术价值。

5. 古树对于研究树木生理具有特殊意义

树木的生长周期长，而人的寿命却很短，对它的生长、发育、衰老、死亡的规律我们无法用跟踪的方法加以研究，古树的存在就能把树木生长、发育展现为空间上的排列，使我们能以处于不同年龄阶段的树木作为研究对象，从中发现该树种从生到死的总规律。

6. 古树对于树种规划有很大的参考价值

古树多为乡土树种，对当地气候条件和土壤条件有很高的适应性，因此古树是树种规划的最好的依据。例如：对于干旱瘠薄的北京市郊区种什么树最合适？在以前频有争议，解放初期认为刺槐比较合适，不久证明它虽然耐旱，幼年速生，但它对土壤肥力反应敏感，很快生长出现停滞，最终长不成材；20 世纪 60 年代认为油松最有希望，因为解放初期的油松林当时正处于速成生阶段，山坡上一片葱翠，但到 20 世纪 70 年代也开始平顶分权，生长衰退，这时才发现幼年并不速生的侧柏、桧柏却能稳定生长。北京市的古树中恰以侧柏及桧柏最多，所以古树对于城市树种规划，有很大的参考价值。

又如：雾渡河镇千年银杏树，在湖北省宜昌夷陵雾渡河镇，一棵千年银杏树浴火重生，已受到相关部门的挂牌保护。相传宋朝神宗继位全国天灾不断，王安石推行新法青苗、市易、方田均税时，百姓为祈求天降甘露，良田保收，就请一位道教高人天师在最枯脊的山岗上种上一棵银杏树，据说银杏树能保一方安宁，尤其可以挡风雷，后来这个地方不管怎么旱涝都能保收成。

【新手必读】古树衰老的原因

任何树木都要经过生长、发育、衰老、死亡等过程，这是客观规律，不可抗拒。树木由衰老到死亡不是简单的时间推移过程，而是复杂的生理、生命与生态环境相互影响的一个动态变化过程，是树种自身遗传因素、环境因素以及人为因素的综合结果。通过探讨古树衰老的原因，可以采取适当的措施来推迟其衰老阶段的到来，延长树木的生命，甚至可以促使其复壮而恢复生机。

古树衰老的原因是多方面的，主要包括自然灾害、病虫危害和人为活动的影响。具体内容如下：

一、自然灾害

自然灾害，具体内容如图 2-26 所示。

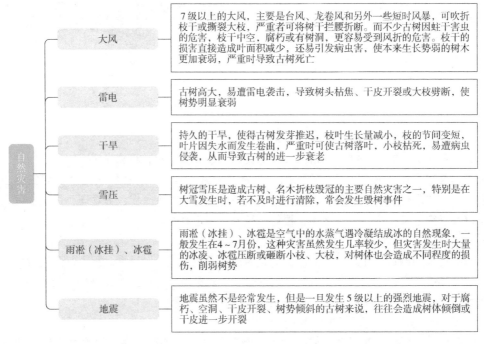

自然灾害	大风	7级以上的大风，主要是台风、龙卷风和另外一些短时风暴，可吹折枝干或撕裂大枝，严重者可将树干拦腰折断。而不少古树因蛀干害虫的危害，枝干中空，腐朽或有树洞，更容易受到风折的危害。枝干的损害直接造成叶面积减少，还易引发病虫害，使本来生长势弱的树木更加衰弱，严重时导致古树死亡
	雷电	古树高大，易遭雷电袭击，导致树头枯焦、干皮开裂或大枝劈断，使树势明显衰弱
	干旱	持久的干旱，使得古树发芽推迟，枝叶生长量减小，枝的节间变短，叶片因失水而发生卷曲，严重时可使古树落叶，小枝枯死，易遭病虫侵袭，从而导致古树的进一步衰老
	雪压	树冠雪压是造成古树、名木折枝毁冠的主要自然灾害之一，特别是在大雪发生时，若不及时进行清除，常会发生毁树事件
	雨淞（冰挂）、冰雹	雨淞（冰挂）、冰雹是空气中的水蒸气遇冷凝结成冰的自然现象，一般发生在4～7月份，这种灾害虽然发生几率较少，但灾害发生时大量的冰凌、冰雹压断或砸断小枝、大枝，对树体也会造成不同程度的损伤，削弱树势
	地震	地震虽然不是经常发生，但是一旦发生 5 级以上的强烈地震，对于腐朽、空洞、干皮开裂、树势倾斜的古树来说，往往会造成树体倾倒或干皮进一步开裂

图 2-26　自然灾害

二、病虫危害

古树的病虫害与一般树木相比发生的概率要小得多，而且致命的病虫更少，但高龄的古树大多已开始或者已经步入了衰老至死亡的生命阶段，树势衰弱已是必然，若日常养护管理不善，人为和自然因素对古树造成损伤时有发生，则为病虫的侵入提供了条件。例如主干中空、破皮、树洞、主枝死亡等现象，导致树冠失衡，树体倾斜，树势衰弱而诱发病虫危害。对已遭到病虫危害的古树，若得不到及时而有效的防治，其树势衰弱的速度将会进一步加快，衰弱的程度也会因此而进一步加重。因此在古树保护工作中，及时有效地控制病虫危害是一项极其重要的工作。

三、人为活动的影响

1. 生长条件

（1）生长空间不足　有些古树栽在奠基土上，植树时只在树坑中换了好土，树木长大后，根系很难向坚土中生长，由于根系的活动范围受到限制，营养缺乏，致使树木衰老。古树、名木周围常有高大建筑物，严重影响树体的通风和光照条件，迫使枝干生长发生改向，造成树体偏冠，且随着树龄增大，偏冠现象就越发严重。这种树冠的畸形生长，不仅影响了树体的美观，更为严重的是造成树体重心发生偏移，枝条分布不均衡，如遇雪压、雨凇、大风等异常天气，在自然灾害的外力作用下，极易造成枝折树倒，尤以阵发性大风对偏冠的高大古树的破坏性更大，如图 2-27 所示。

（2）土壤密实度过高　城市公园里游人密集，地面受到大量踩踏，土壤板结，密实度高，透气性降低，机械阻抗增加，对树木的生长十分不利，如图 2-28 所示。

图 2-27　古树（1）　　　　　　　　　　　图 2-28　古树（2）

（3）树干周围铺装面积过大　由于游人增多，为方便观赏，多在树干周围用水泥砖或其他硬质材料进行大面积铺装，仅留下较小的树池。铺装地面不仅加大了地面抗压强度，造成土壤通透性的下降，也形成了大量的地面径流，大大减少了土壤水分的积蓄，致使古树经常处于空气、营养及水分极差的环境中，使其生长衰弱，如图 2-29 所示。

2. 环境污染

（1）大气污染对古树名木的影响和危害　主要症状表现为叶片卷曲、变小，出现病斑，春季发叶迟，秋季落叶早，节间变短，开花、结果少等。

（2）污染物对古树根系的直接伤害　土壤的污染对树木造成直接或间接的伤害，有毒物质对树木的伤害，一方面表现为对根系的直接伤害，如根系发黑、畸形生长，侧根萎缩、细短而稀疏，根尖坏死等；另一方面表现为对根系的间接伤害，如抑制光合作用和蒸腾作用的正常进行，使树木生长量

树干周围铺装面积过大

图 2-29　古树（3）

减少，物候期异常，生长势衰弱等，促使或加速其衰老，易遭受病虫危害。

3. 直接损害

指遭到人为的直接损害，如在树下摆摊设点、在树干周围乱堆杂物等，如水泥、沙子、石灰等建筑材料（特别是石灰，遇水产生高温常致树干灼伤，严重者可致其死亡）。在旅游景点，个别游客会在古树、名木的树干上乱刻乱画；在城市街道，会有人在树干上乱钉钉子；在农村，古树成为拴牲畜的桩，树皮遭受啃食的现象时有发生；更为甚者，对妨碍其建筑或车辆通行等原因的古树、名木不惜砍枝伤根，致其死亡。

4. 盲目移植

近几年，随着城镇化水平的提高，许多地方盲目移栽大树，致一些人大肆盗卖盗买古树、名

木。导致许多珍贵大树在迁移和定植过程中受伤而生长不良，甚至死亡。目前，这种现象已经成为古树、名木遭受破坏的主要原因。图2-30所示为市场上待出售的古树。

图2-30　市场上待出售的古树

【高手必懂】古树、名木的养护管理技术措施

一、一般养护与管理

1. 树体加固

古树由于年代久远，主干或有中空，主枝常有死亡，造成树冠失去均衡，树体容易倾斜；又因树体衰老，枝条容易下垂，因而需用他物支撑。如北京故宫御花园的龙爪槐，皇极门内的古松均用钢管呈棚架式支撑，钢管下端用混凝土基加固，干裂的树干用扁钢箍起，收效良好。

2. 树干疗伤

古树、名木进入衰老年龄后，对各种伤害的恢复能力减弱，更应注意及时处理。

3. 树洞修补

若古树、名木的伤口长久不愈合，长期外露的木质部受雨水浸渍，逐渐腐烂，形成树洞，既影响树木生长，又影响观赏效果，长期下去还有可能造成古树、名木倒伏和死亡。

4. 设避雷针

高大的古树应加避雷针，如果遭受雷击应立即将伤口刮平，涂上保护剂。

5. 灌水、松土、施肥

春、夏干旱季节灌水防旱，秋、冬季浇水防冻，灌水后应松土，一方面保墒，同时也增加土壤的通透性。古树施肥要慎重，一般在树冠投影部分开沟（深0.3m、宽0.7m、长2m或深0.7m、宽1m、长2m），沟内施腐殖土加稀粪，或适量施化肥等增加土壤的肥力，但要严格控制肥料的用量，绝不能造成古树生长过旺，特别是原来树势衰弱的树木，如果在短时间内生长过盛会加重根系的负担，造成树冠与树干及根系的平衡失调，后果适得其反。

6. 树体喷水

由于城市空气浮尘污染，古树的树体截留灰尘极多，特别是在枝叶部位，不仅影响观赏效果，而且由于减少了叶片对光照的吸收而影响光合作用。可采用喷水方法加以清洗，此法费工费水，一般只在重点区采用。

7. 整形修剪

一般情况下，以基本保持原有树形为原则，尽量减少修剪量，避免增加伤口数。对病虫枝、枯弱枝、交叉重叠枝进行修剪时，应注意修剪手法，以疏剪为主，利于通风透光，减少病虫害滋生。进行更新、复壮修剪时，可适当短截，促发新枝。

8. 防治病虫害

古树衰老，容易招虫致病，加速死亡。应更加注意对病虫害的防治。

9. 设围栏、堆土、筑台

在人为活动频繁的立地环境中的古树，要设围栏进行保护。围栏一般要距树干 3～4m，或在树冠的投影范围之外，在人流密度大的地方，树木根系延伸较长者，对围栏外的地面也要作透气性的铺装处理；在古树干基堆土或砌台可起保护作用，也有防涝效果，砌台比堆土收效更佳，堆砌时应在台边留孔排水，切忌围栏造成根部积水。

10. 立标示牌

安装标志，标明树种、树龄、等级、编号等，明确养护管理负责单位，设立宣传牌，介绍古树、名木的重大意义与现状，可起到宣传教育、发动群众保护古树名木的作用。

二、处理古树、名木的树洞

古树树洞主要发生在大枝分叉处、干基和根部。干基的空洞都是由于机械损伤、动物啃食、和根颈病害引起的；大枝分叉处的空洞多源于劈裂和回缩修剪；根部空洞源于机械损伤，动物、真菌和昆虫的侵袭。主要步骤如下：

1. 树洞的清理

清理工具可用各种规格的凿、刀具、木锤等。树洞很大时，利用气动或电动凿等可大大提高工效。清理时从洞口开始逐渐向内清除已经腐朽或虫蛀的木质部，已完全发黑变褐、松软的心材要去掉，要注意保护障壁层（通常木材虽已变色，但质地坚硬的部分就是障壁层）。对于基本愈合封口的树洞，因强行开凿会破坏已经形成的愈伤组织，影响树木生长，最好保持不动，但为了抑制内部的进一步腐朽，可在不清理的情况下，向洞内注入消毒剂。

2. 树洞的整形

树洞的整形分为内部整形和洞口整形。

（1）树洞内部整形 树洞内部整形主要是为了消灭水袋，防止积水。

在树干和大枝上形成的浅树洞，当有积水的可能时，应该切除洞口下方的外壳，使洞底向外向下倾斜。

有些较深的树洞，应该从树洞底部较薄洞壁的外侧树皮上，用电钻由下向内、向上倾斜钻孔，直达洞底的最低点。在孔中安置一个向下排水管，其出口稍突出树皮。如果树洞底部低于地面，难以排水，则应在树洞清理后，在洞内填入理想的固体材料，填充高度高于地表 10～20cm，并向下倾斜，以利于排水出洞。

（2）洞口整形 洞口整形最好保持其健康的自然轮廓线，保持光滑而清洁的边缘。在不伤或少伤健康形成层、不制造新创伤的前提下，树洞周围树皮边沿的轮廓线应修整成基本平行于树液流动方向的长椭圆形或梭形开口，同时应尽可能保留边材，防止伤口形成层的干枯。

如果伤口周围有已经切削整形的皮层幼嫩组织，应立即用紫胶清漆涂刷，保护形成层。

3. 树洞的加固

树洞的加固通常情况下，小洞的清理整形不会影响树木的机械强度，大树洞需要加固，加固可用螺栓或螺钉。利用锋利的钻头在树洞两壁适当位置钻孔，所用螺栓或螺钉的长度和粗度应与其相符。把螺栓或螺钉插入孔中，将两边洞壁连接牢固。

利用螺栓或螺钉进行树洞加固，应注意的问题如下。

1）钻孔的位置至少离伤口健康皮层和形成层带5cm。

2）螺栓或螺钉的两头必须不突出形成层，以利于愈伤组织覆盖表面。

3）所有的钻孔都要消毒，并用树木涂料覆盖。

4. 树洞的消毒和涂漆

消毒和涂漆是树洞处理的最后一道工序。在树洞清理后，用木馏油或3%的硫酸铜溶液涂抹树洞内外表面，进行消毒。然后，对所有外露的木质部涂漆。

5. 树洞的填充

在实施树洞填充之前，应充分考虑的因素，如图2-31所示。

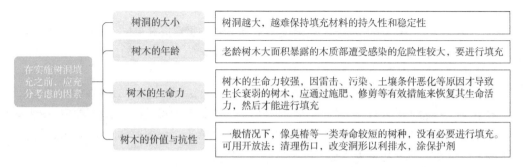

图2-31 在实施树洞填充之前，应充分考虑的因素

三、古树复壮

古树、名木的共同特点是树龄较高、树势衰老，自体生理机能下降，根系吸收水分、养分的能力和新根再生的能力下降，树冠枝叶的生长速度也较缓慢，如遇外部环境的不适或剧烈变化，极易导致树体生长衰弱或死亡。所谓更新复壮，就是运用科学合理的养护管理技术，使原本衰弱的树体重新恢复正常生长，延缓其衰老进程。必须指出的是，古树、名木更新复壮的运用是有前提的，它只对那些虽说年老体衰，但仍在其生命极限之内的树体有效。

古树复壮的主要措施，具体内容如下：

1. 埋条促根

在古树根系范围内，填埋适量的树枝、熟土等有机材料，以改善土壤的通气性以及肥力条件，主要有放射沟埋条法和长沟埋条法。

具体做法：在树冠投影外侧挖放射状沟4～12条，每条沟长120cm左右，宽为40～70cm，深80cm。沟内先垫放10cm厚的松土，再把截成长40cm枝段的苹果、海棠、紫穗槐等树枝缚成捆，平铺一层，每捆直径20cm左右，撒上少量松土，每沟施麻酱渣1kg、尿素50kg。为了补充磷肥可放少量动物骨头和贝壳等，覆土10cm后放第2层树枝捆，最后覆土踏平。如果树体相距较远，可采用长沟埋条，沟宽70～80cm，深80cm，长200cm左右，然后分层埋树条施肥、覆盖踏平。

2. 地面处理

采用根基土壤铺梯形砖、带孔石板或种植地被的方法，目的是改变土壤表面受人为踩踏的情况，使土壤能与外界保持正常的水汽交换。在铺梯形砖时，下层用沙衬垫，砖与砖之间不勾缝，留足透气通道。北京采用石灰、沙子、锯末配制比例为1∶1∶0.5的材料为衬垫，在其他地方要注意土壤pH值的变化，尽量不用石灰为好。采用栽植地被植物措施，对其下层土壤可作与上述埋条法相同的处理，并设围栏禁止游人踩踏。

3. 换土

如果古树、名木的生长位置由于受到地形、生长空间等立地条件的限制，而无法实施上述的复壮措施时，可考虑采用更新土壤的办法，如图2-32所示。

4. 病虫防治

（1）浇灌法 利用内吸剂通过根系吸收、经过输导组织至全树而达到杀虫、杀螨等作用的原理，解决古树病虫害防治经常遇到的分散、高大、立地条件复杂等情况而造成的喷药难以杀伤天敌、污染空气等问题。具体方法是：在树冠垂直投影边缘的根系分布区内挖3~5个深20cm、宽5cm、长60cm的弧形沟，然后将药剂浇入沟内，待药液渗完后封土。

（2）埋施法 利用固体的内吸杀虫、杀螨剂埋施根部的方法，以达到杀虫、杀螨和长时间保持药效的目的。方法与浇灌法相同，将固体颗粒均匀撒入沟内，然后覆土浇足水。

图2-32 换土

（3）注射法 对于周围环境复杂、障碍物较多，而且吸收根区很难寻找的古树，利用其他方法很难解决防治问题时，可以通过向树体内注射内吸杀虫、杀螨药剂，经过树木的输导组织至树木全身，以达到杀虫、杀螨的目的。

5. 化学药剂疏花疏果

当植物在缺乏营养或生长衰退时，常出现多花多果的现象，这是植物生长发育的自我调节，但大量结果会造成植物营养失调，古树发生这种现象时后果则更为严重。采用药剂疏花疏果，则可降低古树的生殖生长，扩大营养生长，恢复树势而达到复壮的效果。疏花疏果的关键是疏花，喷药时间以秋末、冬季或早春为好。

6. 喷施或灌施生物混合制剂

采用生物混合制剂对古圆柏、古侧柏实施叶面喷施和灌根处理，可促进古柏枝、叶与根系的生长，增加枝叶中叶绿素及磷的含量，并增强其耐旱力。

7. 抗旱与浇水

生长在市区主要干道及烟尘密布、有害气体较多的工厂周围的古树、名木，因尘土飞扬，空气中的粉尘密度较大，影响树木的光合作用，在这种情况下，需要定期向树冠喷水，冲洗叶片正反两面的粉尘，利于树木同化作用，制造氧分，复壮树势。

浇水时一般要遵循以下原则：

1）不同气候和不同埋藏对浇水和排水的要求有所不同。

2）树种不同，年限不同浇水的要求也不同。

3）根据不同的土壤情况进行浇水，见表2-3。

4）浇水应与施肥、土壤管理等相结合。

表2-3　根据不同的土壤情况进行浇水

盐碱地	"明水大浇" "灌耪结合"（即浇水与中耕松土相结合），浇水最好用河水
砂地	浇水次数应当增加，应小水勤浇，并施有机肥增加保水保肥性
低洼地	"小水勤浇"，注意不要积水，并应注意排水防碱
较黏重的土壤	保水力强，浇水次数和浇水量应当减少，并施入有机肥和河沙，增加通透性

名木、古树一般在春季和夏季要灌水防旱，秋季和冬季浇水防冻。如遇特殊干旱年份，则需根据树木的长势、立地条件和生活习性等具体情况进行抗旱，要特别注意以下几点：

1）不要紧靠树干开沟浇水，需远离树干，最好至树冠投影外围进行，因吸取水分的根主要是须根，而主根只起支撑树木的作用。

2）浇则浇透，抗旱一定要彻底。可分几次浇，不要一次完成。大多数浇水应令其渗透到 80 ~ 100cm 深处。适宜的浇水量一般以达到土壤最大持水量的 60% ~ 80% 为标准。一定要灌饱灌足，切忌表土打湿而底土仍然干燥。

3）抗旱要连续不断，直至旱情解除为止，不要半途而废。

4）坡地要比平地多浇水。

8. 修剪、立支撑

（1）修剪　古树由于年代久远，主干或有中空，主枝常有死亡，造成树冠失去均衡，树体倾斜，有些枝条感染了病虫害，有些无用枝过多耗费了营养，需进行合理修剪，达到保护古树的目的。古树结合修剪进行疏花果处理，减少营养的不必要浪费。

（2）支撑　树体衰老，枝条容易下垂，需要进行支撑，如图2-33所示。

（3）复壮时　修去过密枝条，有利于通风，加强同化作用，且能保持良好树形，对生长势特别衰弱的古树一定要控制树势，减轻重量，台风过后及时检查，修剪断枝，对已弯斜

图 2-33　树木支撑

的或有明显危险的树干要立支撑保护，固定绑扎时要放垫料，以免发生缢束，以后酌情松绑。

【高手必懂】古树、名木的调查、登记、存档

古树、名木是无价之宝，各省市应组织专人进行细致的调查，摸清我国的古树资源。

调查内容有以下几项：

1）分布区的基本情况，包括地理位置、气候条件、小气候环境、土壤类型、生态类型起源。

2）群落的特征，包括生态系统类型和群落结构、目的种在群落中的位置、建群种和主要伴生种的组成、目的种的组成结构。

3）母树资源情况，包括树种、树龄、树高、树冠、胸径、生长势、开花结实情况。

4）资源和利用情况，包括可利用的种子资源、幼树幼苗资源、抽穗资源，或可利用程度。

5）其他资料：古树、名木对观赏及研究的作用、养护措施等。同时还应收集有关古树的历史资料，如：有关古树的诗、画、图片及神话传说等。

在调查、鉴定的基础上，根据古树、名木的树龄、价值、作用和意义等进行分级，实行分级养护管理。

古树、名木的分级管理：

1）一级古树、名木的档案材料，要抄报国家和省、市、自治区城建部门备案。

2）二级古树、名木的档案材料，由所在地城建、园林部门和风景名胜区管理机构保存、管理，并抄报省、市、自治区城建部门备案。各地城建、园林部门和风景名胜区管理机构要对本地区所有古树、名木进行挂牌，标明管理编号、树种名、学名、科属、树龄、管理级别及单位等。

3）对散生于各单位管界及个人住宅庭院范围内的古树、名木，应由单位和个人所在地城建、园林部门组织调查鉴定，并进行登记造册，建立档案，相关单位和个人应积极配合。

第三章
园林树木的整形修剪

第一节
整形修剪的基础知识

【新手必读】整形修剪的概念、作用与意义

一、整形修剪的概念

整形是指对树木采取一定的措施，使之形成一定的树体结构和形态。一般是对幼树采用，成年老树也可以整形，如盆景制作中有许多就是对成年树木进行整形，但是园林中的整形还是以幼树为主。

修剪是指对植株的某些器官，如干、枝、叶、花、果、芽、根等进行剪截或删除的操作。

整形是通过修剪来完成的，修剪又是在整形基础上为达到某种特定目标而进行的操作。可以说整形是目的，修剪是手段。

二、整形修剪的作用

1. 整形修剪对树木生长发育的双重作用

整形修剪的对象，主要是各种枝条，但其影响范围并不限于被整形修剪的枝条本身，还对树木的整体生长有一定的作用。从整株园林植物来看，既有促进也有抑制。在修剪时，应全面考虑其对园林植物的双重作用，是以促进为主还是以抑制为主应根据具体的植株情况而定。

（1）局部促进作用　一个枝条被剪去一部分，减少了枝芽数量，使养料集中供给留下的枝芽生长，被剪枝条的生长势增强。同时，修剪改善了树冠的光照和通风条件，提高了叶片的光合效能，使局部枝芽的营养水平有所提高，从而加强了局部的生长势。促进作用的强弱与树龄、树势、修剪程度及剪口芽的质量有关。树龄越小，修剪的局部促进作用越大。同样树势，重剪较轻剪促进作用明显。一般剪口下第一芽生长最旺，第二、三个芽的生长势则依次递减。而疏剪只对其剪口下方的枝条有增强生长势的作用，对剪口以上的枝条则产生削弱生长势的作用。剪口留强芽，可抽长粗壮的长枝。剪口留弱芽，其抽枝也较弱。休眠芽经过刺激也可以发枝，衰老树的重剪同样可以实现更新复壮。

（2）整体抑制作用　由于修剪后减少一部分枝条，树冠相对缩小，叶量及叶面积减小，光合作用产物减少，同时修剪留下的伤口愈合也要消耗一定的营养物质，所以修剪使树体总的营养水平下降，园林植物总生长量减少。这种抑制作用的大小与修剪轻重及树龄有关。树龄小，树势较弱，修剪过重，则抑制作用大。另外，修剪对根系生长也有抑制作用，这是由于整个树体营养水平的降低，对根部供给的养分也相应减少，发根量减少，根系生长势削弱。

2. 整形修剪对开花结果的影响

合理的整形修剪，能调节营养生长与生殖生长的平衡关系。修剪后枝芽数量减少，树体营养集中供给留下的枝条，使新梢生长充实，并萌发较多的侧枝开花结果。修剪的轻重程度对花芽分化影响很大。连年重剪，花芽量减少；连年轻剪，花芽量增加。不同生长强度的枝条，应采用不同程度的修剪。一般来说，树冠内膛的弱枝，因光照不足，枝内营养水平差，应重剪，以促进营养生长转旺；而树冠外围生长旺盛，对于营养水平较高的中、长枝，应轻剪，以促发大量的中、短枝开花。

此外，不同的花灌木枝条的萌芽力和成枝力不同，修剪的强弱也应不同。一般枝芽生长点较多的花灌木比生长点较少的植物生长势缓和，花芽分化容易。因此，生产上通常对栀子花、六月雪、月季、棣棠等萌芽力和成枝力强的花卉实行重剪，以促发更多的花枝，增加开花部位。对一些萌芽力或成枝力较弱的植物，不能轻易修剪。

3. 整形修剪对树体内营养物质含量的影响

整形修剪后，枝条生长强度改变，是树体内营养物质含量变化的一种形态表现。短截后的枝条及其抽生的新梢含氮量和含水量增加，碳水化合物含量相对减少。为了减少整形修剪造成的养分损失，应尽量在树体内含养分最少的时期进行修剪。一般冬季修剪应在秋季落叶后，养分回流到根部和枝干上贮藏时和春季萌芽前树液尚未流动时进行为宜，生长季修剪，如抹芽、除萌、曲枝等应越早越好。

修剪后，树体内的激素分布、活性也有所改变。激素产生于植物顶端幼嫩组织中，由上向下运输，短剪除去了枝条的顶端，排除了激素对侧芽（枝）的抑制作用，提高了下部芽的萌芽力和成枝力。据报道，激素向下运输，在光照条件下比黑暗时活跃。修剪改变了树冠的透光性，促进了激素的极性运转能力，在一定程度上改变了激素的分布，增强植物的活性。

三、整形修剪的意义

1. 提高园林植物移栽的成活率

苗木起运时，不可避免地会伤害根部。苗木移栽后，根部难以及时供给地上部分充足的水分和养料，造成树体的吸收与蒸腾比例失调，虽然顶芽或一部分侧芽仍可萌发，但仍有可能树叶凋萎甚至造成整株死亡。在起苗之前或起苗时和苗木定植后对苗木适当修剪，使地下养分、水分的吸收和地上部分叶面的蒸腾保持相对的平衡，栽植后就容易成活，从而可提高树苗移栽的成活率。

2. 控制园林植物的生长

整形修剪可以调节养分的分配，控制植物生长。如悬铃木具有耐湿、耐旱、生长迅速、萌芽力强、遮阴效果好，对城市环境适应性强等优点，是世界上首推的优良行道树，享有"行道树之王"的美誉。但悬铃木也存在飘毛、落枝、脱皮等不足，若采用合理的修剪方法促进悬铃木的营养生长，控制其生殖生长，可使修剪后的悬铃木没有或很少有花芽，从而减少结果量，有效缓解飘毛的情况。

3. 保持树体均衡

根据观赏要求的不同，可通过整形修剪，使树木的主干达到理想的高度和粗度，满足造型需要。如有些速生的阔叶树种在自然生长状况下主干低矮、侧枝粗大，而采取人工整形修枝，能使大量同化能力强的枝叶着生在树干的有利位置上，促使大量养分用于树木主干增粗的生长。用修枝的办法，对树干和树冠生长进行控制和调整，能使其长成所需的树形，达到理想的高度和粗度，形成合理的树冠。用整形修剪，扶植粗大的侧枝，发展横向优势，可以控制高生长，使其树木具有苍老矮化的造型。

4. 促进开花结果

通过整形修剪调解树体内的养分，使其合理分配，防止徒长，使养分集中供给顶芽、叶芽，促进其分化成花芽以形成更多花枝、果枝，提高花、果产量，使观花植物能生产更多的鲜切花，使芳香花卉生产更多的香料，使观果树木结出更多的果实，创造花开满树，香飘四溢，果实累累，挂满枝头的喜人景象。

5. 促使园林植物健康生长

正确的整形修剪既可保持树体均衡，使树冠各层枝叶获得充分的阳光和新鲜的空气，又能防止风倒和雪压。疏去过密的花果可减少树体养分的消耗。剪去病虫危害的枝叶，并将其烧毁能够防止病虫蔓延，保持园子的清洁，还可使花木、果树更加健壮，促使观赏价值大的枯老树复壮更新。对老树进行强修剪，剪去树冠上全部侧枝，或把主枝也分次锯掉，皮层内的隐芽就会受到刺激而萌发新枝条，再从中选留粗壮的新枝代替原来的老枝，从而形成新的树冠，形成具有活力的复壮树木植株，又因为老树具有很深和很广的根系，可为新植株提供充足的水分和营养，使之寿命大大延长。

6. 创造各种艺术造型

通过整形修剪，还可以把树冠培育成符合特定要求的形态，使之成为一定冠形、姿态的观赏树形，如各种动物、建筑、主体几何形等类型。通过整形修剪也可使观赏树木像树桩盆景一样造型多姿、形体多娇，具有"虽由人作，宛自天开"的意境。虽然花灌木没有明显的主干，也可以通过修剪协调形体的大小，创造各种艺术造型。在自然式的庭园中讲究树木的自然姿态，崇尚自然的意境，常用修剪的方法来保持"古干虬曲，苍劲如画"的天然效果。在规则式的庭园中，常将一些树木修剪成尖塔形、圆球形、几何形等以便和园林形式协调一致。

7. 创造美化环境的最佳效果

人们常将观赏树木的个体或群体互相搭配，配植在一定的园林空间中或者与建筑、山水、桥等园林小品相配，创造相得益彰的艺术效果。例如：在假山或狭小的庭园中配置树木，可通过整形修剪来控制其形体大小，以达到小中见大的效果；对建筑窗前的树木，可通过修剪使株高降低，以免影响室内采光。不同植物相互搭配时，可用修剪的手法来创造有主有从、高低错落的景观。优美的庭园花木生长多年后就会显得拥挤，有的会阻碍小径而影响散步行走或失去美丽的观赏价值，通过经常整形修剪则能保持树形的美观和实用。

【高手必懂】园林植物枝芽生长特性与整形修剪的关系

一、芽的生长特性与整形修剪

1. 芽的类型

根据不同的分类方法可将芽分为不同的类型，芽的具体分类方法如图 3-1 所示。

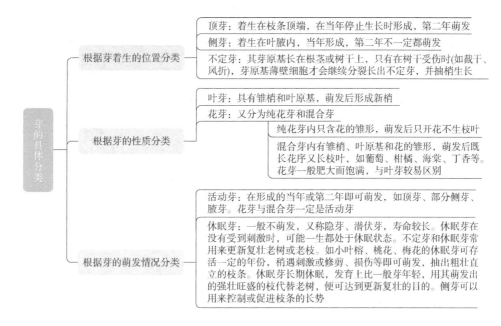

图 3-1 芽的分类

2. 芽的异质性

在芽的发育过程中，由于营养物质和激素的分配差异以及外界环境条件的不同，同一枝条上不同部位的芽存在着形态和质量的差异，称为芽的异质性，如图 3-2 所示。芽的异质性导致同一年中形成的甚至同一枝条上的芽质量各不相同。芽的质量直接关系到其是否萌发和萌发后新梢生长的强弱。在修剪中合理利用芽的异质性，不断提高修剪技艺，从而有效地调节园林植物生长势并创造出理想的造型。

长枝基部的芽常不萌发，成为休眠芽潜伏；中部的芽萌发抽枝，长势最强；先端部分的芽萌发抽枝长势最弱，常成为短枝或弱枝。整形修剪时，利用芽的这一特性来调节枝条生长势，平衡植物生长和促进花芽形成与萌发。如为使骨干枝的延长枝发出强壮的枝条，常在新梢的中上部饱满芽处进行剪截。对于生长过强的个别枝条，为抑制其过于旺盛的生长，可选择在弱芽处短截，抽出弱枝以缓和其长势。为平衡树势，扶持弱枝，常利用饱满芽当头，抽生壮枝，使枝条由弱转强。

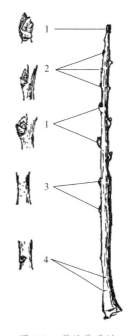

图 3-2 芽的异质性

1—饱芽 2—半饱芽
3—盲芽 4—瘪芽

3. 萌芽力与成枝力

一年生枝条上的芽的萌发能力，称为萌芽力。芽萌发的多则萌芽力强，反之则弱。萌芽力用萌芽率表示，即枝条上萌发的芽数占该枝上总芽数的百分比。一年生枝条上芽萌发抽梢长成长枝的能力，称为成枝力。一般而言，枝上的芽抽生成的长枝的数量越多，则说明该枝上的芽成枝力越强。生产上可以用抽生长枝的具体数来表示，如图 3-3 所示。

因树种不同、树龄不同、树势不同，萌芽力与成枝力也不同。一般长势好、年龄较小的植物，其萌芽力和成枝力都较同种但年龄较大的强。一般萌芽力和成枝力都强的园林植物枝条多，

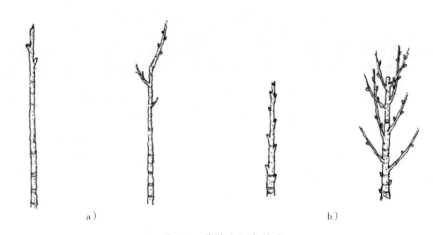

图 3-3　萌芽力与成枝力

a) 萌芽率、成枝力都低　b) 萌芽率、成枝力都高

树冠容易成形，易修剪，耐修剪，在灌木类修剪后易形成花芽开花；但树冠内膛过密影响通风透光，修剪时宜多疏轻截。对萌芽力与成枝力弱的树种，树冠多稀疏，应注意少疏，适当短截，促其发枝。

二、枝条的生长特性与整形修剪

1. 枝条的类型

园林植物的枝条，按其性质可分为营养枝和开花结果枝两大类。但营养枝与开花结果枝之间是可以相互转化的，它们随着体内的营养水平和生长环境的变化而改变。

(1) 营养枝　在枝条上只着生叶芽，萌发后只抽生枝叶的为营养枝。营养枝又可根据其生长发育的不同程度，分为发育枝、徒长枝、细弱枝和叶丛枝。

1) 发育枝：枝条上的芽比较饱满，生长健壮，萌发后常可形成骨干枝，扩大树冠，发育枝还可培养成开花结果枝。

2) 徒长枝：一般是由于植物的生长环境及该休眠芽的激素水平造成的，与正常的枝条相比，徒长枝生长特别旺盛，节间长，芽较小，叶大而薄，组织比较疏松，木质化程度较低。由于徒长枝在生长过程中常常夺取其他枝条的养分和水分，消耗营养物质较多，影响其他枝条的生长，故一般发现后应立即剪去。只有在需利用它来进行更新复壮，或填补树冠空缺时才加以保留和进一步培养利用。

3) 细弱枝：多生长在树冠内膛阳光不足的部位，与正常枝条相比，枝细小而短，叶片小又薄，最终自然枯死。一般内膛若不空虚，应多作适当疏剪。

4) 叶丛枝：年生长量很小，顶芽为叶芽，无明显腋芽，节间极短，故称叶丛枝。如银杏、雪松，在营养条件好时，可转化为开花结果枝。

(2) 开花结果枝　枝条上着生花芽或花芽与叶芽混生，在抽生的当年或第二年开花结果的枝条。

在整形修剪中，常根据枝条的级别不同，将枝条分为主枝、侧枝和若干级侧枝，这对于培育树形和维持冠形比较重要。另外，根据枝条之间的相互关系，而习惯称呼的重叠枝、平行枝、并生权、轮生枝、交叉枝等，在修剪时都要有选择的进行疏、截。

2. 植物的分枝方式

自然生长的树木，有多种多样的树冠形式，这是由于各树种的分枝方式不同而形成的。植物的分枝方式按其习性可分为 3 种。

（1）单轴分枝　单轴分枝又称总状分枝，如图 3-4 所示。这类植物顶芽健壮饱满，生长势极强，每年持续向上生长，形成高大通直的树干，侧芽则形成侧枝；侧枝上的顶芽和侧芽又以同样的方式进行分枝，形成次级侧枝。这种分枝方式以裸子植物为最多，如雪松、水杉、桧柏等。阔叶树中也有属于这种分枝方式的，在幼年期表现突出，在成年树上表现不太明显，如银杏、杨树、大叶竹柏、栎等。

单轴分枝形成的树冠大多为塔形、圆锥形、椭圆形等，其树冠不宜抱紧，也不宜松散，易形成多数竞争枝，降低观赏价值，修剪时要控制侧枝促进主枝。

（2）合轴分枝　以这种方式分枝的树木顶芽发育到一定时期则会死亡、生长缓慢或分化成花芽，由位于顶芽下方的侧芽萌发成强壮的延长枝，连接在主轴上继续向上生长，以后，此侧枝的顶芽又自剪，由它下方的侧芽代之，逐渐形成了弯曲的主轴，如图 3-4 所示。合轴分枝易形成开张式的树冠，通风透光性好，花芽、腋芽发育良好，以被子植物为最多，如碧桃、杏、李、苹果、月季、榆、核桃等。

合轴分枝树木放任自然生长时，往往在顶梢上部有几个势力相近的侧枝同时生长，形成多叉树干，不美观。可采用摘除顶端优势的方法或将一年生的顶枝短截；剪口留壮芽，同时疏去剪口下 3~4 个侧枝，而花果类树干应扩大树冠，增加花果枝数目，促使树冠内外开花结果。幼树时，应培养中心主枝，合理选择和安排各侧枝，达到骨干枝明确，花果满膛的目的。

（3）假二叉分枝　假二叉分枝是合轴分枝的另一种形式，在一部分叶序对生的植物中存在，如图 3-4 所示。这类植物的顶芽停止生长或形成花芽后，顶芽下方的一对侧芽同时萌发，形成外形相同、优势均衡的两个侧枝，向相对方向生长，以后如此继续分枝。因其外形与低等植物的二叉分枝相似，故称为假二叉分枝。此类分枝方式形成的树冠为开张式，如丁香、石竹、梓、泡桐等。可用剥除枝顶对生芽中的一个芽，留其中一个壮芽来培养干高。

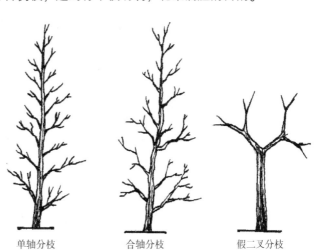

单轴分枝　　　　合轴分枝　　　　假二叉分枝

图 3-4　植物的分枝方式

植物的分枝方式不是固定不变的，它会随着生长环境和年龄的变化而改变。植物的分枝方式将决定是采取自然式还是人工整形式的修剪方式，以便提高植物整形的效率和起到促花保果的作用。

3. 顶端优势

同一枝条上顶芽或位置高的芽抽生的枝条生长势最强，向下生长势递减的现象称为顶端优势。它是枝条极性生长和体内激素分配的结果。幼树的顶端优势比老树、弱树明显，所以幼树应轻剪，促使树木快速成形；而老树、弱树则宜重剪，以促进萌发新枝，增强树势。针叶树顶端优势较强，可对中心主枝附近的竞争枝进行短截，削弱其生长势，从而保证中心主枝顶端优势地位。若采用剪除中心主枝的办法，使主枝顶端优势转移到侧枝上去，便可创造各种矮化树形或球形树。阔叶树的顶端优势较弱，因此常形成圆球形的树冠。为此可采取短截、疏枝、回缩等方法，调整主侧枝的关系，以达到促进树体生长、扩大树冠、促发中庸枝、培养主体结构良好树形的目的。图 3-5 所示为不同枝形的顶端生长优势。

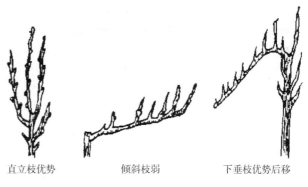

直立枝优势　　　倾斜枝弱　　　下垂枝优势后移

图 3-5　不同枝形的顶端生长优势

枝条着生位置愈高，顶端优势愈强，修剪时愈要注意将中心主枝附近的侧枝短截、疏剪来缓和侧枝长势，保证主枝处于优势地位。内向枝、直立枝的优势强于外向枝、水平枝和下垂枝，所以修剪中常将内向枝、直立枝剪到瘦芽处，对其他枝通常改造为侧枝、长枝或辅养枝。

剪口芽如果是壮芽，则优势强；是弱芽，则优势较弱。扩大树冠时，留壮芽；控制竞争枝时，留弱芽。部分观花植物还可以通过在饱满芽处修剪枝梢，在促发新梢的同时，使其花期得以延长，如月季、紫薇等。

4. 干性与层性

植物的主干生长得强弱及持续时间的长短称为植物的干性。园林植物的干性因树种不同而异。干性较强的树种，顶端优势明显，如雪松、水杉、银杏、白玉兰等。而紫薇、桃、丁香等干性就较弱，虽然有主干，但是较为短小。

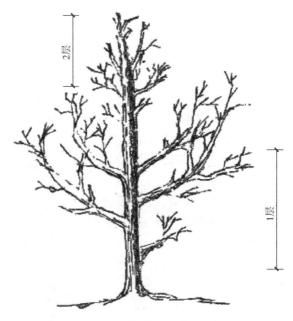

图 3-6　植物树冠的层性

由于植物的顶端优势和芽的异质性，使一年生枝条的萌芽力、成枝力自上而下减小，年年如此，导致主枝在中心主干上的分布或二级侧枝在主枝上的分布形成明显的层次，这种现象称为植物树冠的层性，如图 3-6 所示。植物的顶端优势、芽的异质性越明显，则层性就会越明显。

整形修剪时，干性和层性都好的植物树形高大，适合整形成有中心主干的分层树形。而干性弱的植物，树形一般较矮小，树冠披散，多适合整形成自然形或开心形的树形。另外，观花类植物的修剪还应了解其开花习性。因种类不同，花芽分化的时期和部位也不相同，修剪时应注意避免剪去花枝或花芽，影响开花。一般多在花芽分化前对一年生枝进行重短截和花后轻短截，以促进更多的花芽形成。

【高手必懂】整形修剪的原则

园林植物整形修剪的原则，如图 3-7 所示。

园林植物整形修剪的原则	根据栽培目的	应明确该树木在园林绿化中的目的要求，是作为庭荫树还是作为片林，是作为观赏树还是作为绿化篱。不同树木之间、同种树木的不同目的要求不相同，应采用不同的修剪方法。如以观花为主要目的的花木修剪为了增加花量，应从幼苗开始即进行整形。以创造开心形的树冠，使树冠通风、透光；对高大的风景树进行修剪，要使树体体态丰满美观，高大挺拔，可用强度修剪；对以形成绿篱，树墙为目的的树木修剪时，只要保持一定高度即可
	根据生物学特征	园林树木种类繁多，习性各异，修剪时要区别对待，大多数针叶树，中心主枝较强，整形修剪时要控制中心主枝上端竞争枝的发生，扶助中心主枝加速生长，阔叶树的顶端优势较弱，修剪时应当短截中心主枝顶梢，培养剪口壮芽，以此重新形成优势，代替原来的中心主枝向上生长。例如：悬铃木是大乔木，萌芽性较强，但它不能作为绿篱栽培，如违背其生长发育规律，将其修剪成绿篱状，将会事与愿违；白玉兰萌芽力较弱，修剪不当，将会造成树形的破坏
	根据分枝习性	为了不使枝与枝之间互相重叠，纠缠，宜根据观赏花木的分枝习性进行修剪。有些树种顶芽长势强、顶端优势明显，自然生长成尖塔形、圆锥形树冠，如钻天杨、毛白杨、桧柏、银杏等；而有些树种顶芽优势不明显、侧枝生长能力很强，自然生长形成圆球形、半球形、倒伞形树冠，如馒头柳、国槐等。喜阳光的树种，如梅、桃、樱、李等，可采用自然开心形的整形修剪方式，以便使树冠呈张开的伞形，一些园林树木萌芽发枝能力很强、耐剪修，可以剪修成多种形状并可多次修剪，如桧柏、侧柏、悬铃木、大叶黄杨、女贞、小檗等，而另一些萌芽力很弱的树种，只可作轻度修剪，因此要根据不同的习性采用不同的整形修剪措施
	根据树木年龄	不同生长年龄的树木应采取不同的整形修剪措施。幼树，生长势旺盛，宜轻剪各主枝，以求扩大树冠，快速成形，否则会影响树木的生长发育。成年树，以平衡树势为主，要掌握壮枝轻剪，缓和树势；弱枝重剪，增强树势。衰老树，以复壮更新为目的，通常要重剪，刺激其恢复生长树势，使保留芽得到更多的营养而萌发壮枝。对于大的枯枝、死枝应及时锯除，以免掉落砸伤行人、砸坏建筑和其他设施
	根据生长势	生长旺盛的树木，修剪量宜轻，如修剪量过重，会造成枝条旺长树冠密闭。衰老枝宜适当重剪，使其逐步恢复树势
	根据生长环境	生长环境的不同，树木生长发育及生长势状况也不相同，尤其是园林立地的条件不如苗圃的条件优越，整形修剪时要考虑生长环境。同一种树木生长在土地肥沃的地方可修剪促使生成较大的树形，而在干旱瘠薄的地方修剪成较低的树形，以适应树木的生长

图 3-7　园林植物整形修剪的原则

第二节
整形修剪技术

【新手必读】工具

一、修枝剪

修枝剪又称枝剪，包括各种样式的圆口弹簧剪、绿篱长刃剪、高枝剪等。传统的圆口弹簧剪由主动剪片和被动剪片组成。主动剪片的一侧为刀口，需要提前重点打磨，圆口弹簧剪及其使用方法，如图 3-8 所示。绿篱长刃剪适用于绿篱、球形树等规则式修剪，如图 3-9 所示。高枝剪适用于庭园孤立木、行道树等高干树的修剪。因枝条所处位置较高，用高枝剪可避免登高作业。

图 3-8　圆口弹簧剪及其使用方法

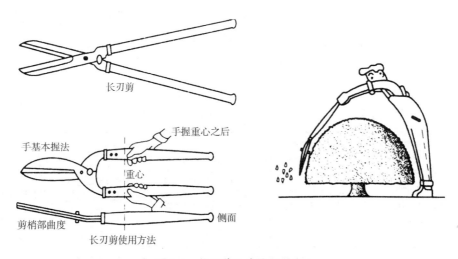

图 3-9　长刃剪及其使用方法

二、园艺锯

园艺锯用于锯除剪刀剪不断的枝条。园艺锯的种类也很多，使用前通常需锉齿及扳芽（亦称开缝）。对于较粗大的枝干，在回缩或疏枝时常用锯操作。为防止枝条的重力作用而造成枝干劈裂，常采用分步锯除。首先从枝干基部下方向上锯入枝粗的 1/3 左右，再从上方一口气锯下。园艺锯主要有几种，如图 3-10 所示。

随着园林工具的不断发展，油锯的应用已十分普遍。使用油锯可快速省力地锯除较粗的枝条，提高工作效率。因油锯要使用燃油，成本相对较高　油锯

用于截断树冠内的一些中等枝条，弓形的细齿单面手锯非常适用于锯除这类枝条。由于这种锯的锯片狭窄，可以伸入到树丛当中去锯截，使用起来非常自由　单面修枝锯

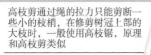

高枝剪通过绳的拉力只能剪断一些小的枝梢，在修剪树冠上部的大枝时，一般使用高枝锯，原理和高枝剪类似　高枝锯

锯除粗大的枝时采用，这种锯的锯片两侧都有锯齿，一边是细齿，另一边是由深浅两层锯齿组成的粗齿。在锯除枯死的大枝时用粗齿，锯截活枝时用细齿，以保持锯面的平滑　双面修枝锯

园艺锯

图 3-10　主要的几种园艺锯

三、刀具

为了在一定位置抽生枝条，以解决大枝下部光秃及培养主枝等，可采用刻伤技术，使用的刀具有芽接刀、电工刀或其他刃口锋利的刀具。

四、梯子

梯子主要在修剪高大树体的高位干、枝时登高使用。在使用前首先要观察地面凹凸及软硬情况，放稳以保证安全，如图 3-11 所示。

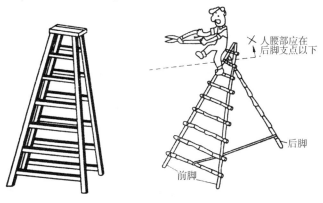

人腰部应在
后脚支点以下

后脚

前脚

图 3-11　修剪梯子及其使用方法

五、其他用具

在观赏花木造型修剪或矫正树形时，常广泛采用各种型号的绳索和钢丝及木桩。除此以外，在修剪大树时，还应该配有安全带、工作服、安全帽、手套、胶鞋等劳保用品。

【高手必懂】整形修剪的时间

一、春季修剪

春季是植物的生长期和开花期。这时修剪易造成早衰，但能抑制树高生长。主要采用抹芽、除萌、剪去一部分花芽的办法，调节花量，减少过多的萌动芽，减少顶端优势。生长过旺、萌芽力低、成枝率低的树种适宜此时进行修剪。

二、夏季修剪

夏季是植物生长期，此时修剪对树体抑制作用较大。当枝叶茂盛而影响到树体内部通风和采光时，就需要进行夏季修剪。对于冬春修剪易产生伤流不止和易引起病害的树种，也应在夏季进行修剪。春末夏初开花的灌木，在花期以后对花枝进行短截，可防治它们徒长，促进新的花芽分化，为翌年开花作准备。夏季修剪量宜轻不宜重，适用于耐修剪的植物。

三、秋季修剪

秋季为养分贮存期，也是根系的活动期。秋季修剪，剪切口易出现腐烂现象，而且因植株无法进入休眠而导致树体弱小。秋季修剪主要是处理利用前途不大的大枝、徒长枝，有利于养分向需要的部位转移。秋季修剪适用于幼树、旺树、郁闭的植物等。

四、冬季修剪

又称为休眠期修剪。植株从秋末停止生长开始到第二年早春顶芽萌发前的修剪称为冬季修剪。冬季修剪不会损伤植物的元气，大多数观赏植物适宜冬季修剪。但春花树种不宜冬季修剪，如榆叶梅、连翘等。

五、随时修剪

花木、果树，行道树为控制竞争枝，应随时修剪内膛枝、直立枝、细枝、病虫枝等，控制徒长的发生，使营养集中供给主要骨干枝而旺盛生长。

六、花后修剪

春季开花的花木，花芽在上一年枝条上形成的不宜在冬季休眠时修剪，也不宜在早春发芽前修剪，最好在开花后1~2周修剪，促使其萌发新梢，形成第二年的花枝，如梅、桃、迎春等。夏季开花的花木如木槿、木绣球、紫薇等，花后立即进行修剪，否则当年生新枝不能形成花芽，使翌年开花量减少。

七、不同种类园林植物的修剪时间

每年深秋到翌年早春萌芽之前是落叶树的休眠期。早春时，树液开始流动，生育功能即将开始，这时修剪的伤口愈合快，如紫薇、月季、石榴、木芙蓉、扶桑等。冬季修剪对落叶植物的树冠构成、树梢生长、花果枝的形成等有重要影响。修剪要点是：幼树，以整形为主；观叶树，以控制侧枝生长，促进主枝生长旺盛为目的；花果树，则着重于培养骨干枝，促其早日成形，提前开花结果。

从一般常绿树生长规律来看，4~10月份为活动期，枝叶俱全，此时宜进行修剪。尤其是常绿针叶树，宜在6~7月份生长期内进行短截修剪，此时修剪还可获得嫩枝，用于扦插繁殖。而11月份至次年3月份为休眠期，耐寒性差，减去枝叶有冻害的危险。因此一般常绿树应避免冬季修剪。

北方的常绿针叶树，从秋末新梢停止生长开始到第二年春休眠芽萌动之前，为冬季整形修剪的时间。这时修剪，养分损失少，伤口愈合快。南方的常绿树，热带、亚热带地区旱季为休眠期，树木的长势普遍减弱，这是修剪大枝的最佳时期，也是处理病虫枝的最好时期。

【高手必懂】整形修剪的方法

一、整形修剪的程序

修剪的程序概括地说就是："一知、二看、三剪、四检查、五处理"，如图3-12所示。

二、整形修剪的形式

1. 自然式整形

在园林地中，以自然式整形为多，操作方便，省时省工，而且最易获得良好的观赏效果。按照树种的自然生长特性，采取各种修剪技术，对树枝、芽进行修剪，对树冠形状结构作辅助性调整，形成自然树形，对影响树形的徒长枝、平行枝、重叠枝、枯枝、病虫枝等，均应加以抑制或剪除，注意维护树冠的均匀完整。常见的自然式整形如图3-13所示。

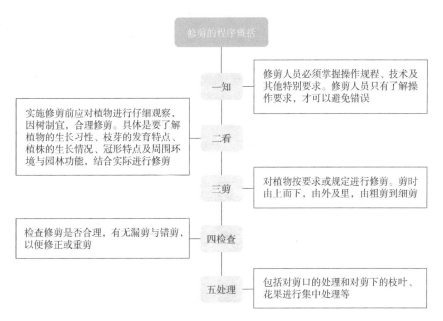

图 3-12　修剪的程序概括

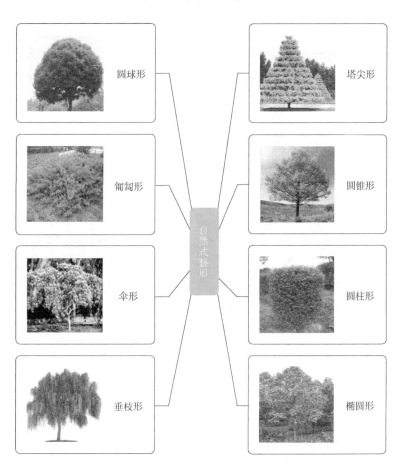

图 3-13　常见的自然式整形

2. 人工式整形

由于园林绿化的特殊目的，有时可用较多的人力物力将树木整剪成各种规则的几何形态或非规则的各种主题，如动物、建筑等。

几何形体的整形方法：以几何形体的构成规律作为标准进行整形修剪，如正方形树冠应确定每边的长度，球形树冠应确定半径，柱形应确定半径和高度等。常见的几何形体的整形如图3-14所示。

图3-14 园林植物的几何形体

雕塑式整形：主要是将萌枝力强、耐修剪的树木密植，然后修剪成动物等形状。如侧柏、榕属等种类，由于萌枝力强，耐修剪，可进行雕塑式修剪。常见的雕塑式整形如图3-15所示。

图3-15 园林植物的雕塑式整形

3. 自然与人工混合式整形

对自然树形加以人工改造而成的造型。依树体主干有无及中心干形态的不同，可分为主干形、杯状形、开心形、丛状形、架形等几种类型。具体内容如下。

(1) 中央领导干形　这是较常见的树形，有强大的中央领导干，顶端优势明显或较明显，在其上较均匀地保留较多的主枝，形成高达的树冠。中央领导干形所形成的树形有圆锥形、卵圆形、圆柱形、半圆形等，具体内容如图3-16所示。

> **圆锥形**
> 大多数主轴分枝形成的自然式树冠，主干上有很多主枝，主枝多在节的地方长出，主枝自下而上逐渐缩短，主枝平伸，形成圆锥形树冠，如雪松、水杉等

> **卵圆形**
> 主干比较高，分布比较均匀，开展角度较小，形成卵圆形树冠。这类树形比较常见，如大多数杨树。修剪时要注意留够主干的高度

> **圆柱形**
> 从主干基部开始向四周均匀地发出很多主枝，自下而上主枝的长度差别不大，形成圆柱形的形状，如桧柏等

> **半圆形**
> 树木高度较小，主枝疏散平直，自下而上逐渐变短，形成半圆形树冠，如元宝枫等

图 3-16 中央领导干形

（2）杯状形 不保留中央领导干，在主干一定高度留 3 个主枝向四面生长，各主枝与垂直方向的上夹角为 45°，枝间的角度约为 120°。在各主枝上再留两个次级主枝，依此类推，形成杯状树冠。这种树形特点是没有领导枝，树膛内空，形如杯状，如图 3-17 所示。这种整形方法，适用于轴性较弱的树种，对顶端优势强的树种不用此法。

（3）自然开心形 无明显中央领导干，保留 3 个主枝自主干上向四周伸展，使主枝每年延长生长。主枝上留侧枝，错落分布，形成中心不空，树冠开张的开心形树冠，如图 3-18 所示。这种树冠能有效地利用立体空间，又利于透光、通风，因而有利于开花结果。一般适于干形弱、枝条开展的喜光树种，其特点是主枝层次不明显，树冠纵向生长弱，树冠小，透光条件好，适合于城市空旷地种植。

（4）多领导干形 一些萌发力强的灌木，直接从根颈处培养多个枝干。保留 2～4 个领导干培养成多领导干形，在领导干上分层配置侧生主枝，剪除上边的重叠枝、交叉枝等过密的枝条，形成疏密有序的枝干结构和整齐的冠形，如图 3-19 所示。如金银木、六道木、紫丁香等观花乔木、庭荫树的整形。

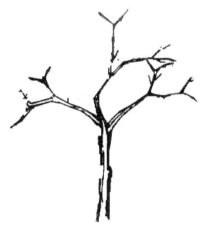

图 3-17 杯状形树体

图 3-18 自然开心形树体

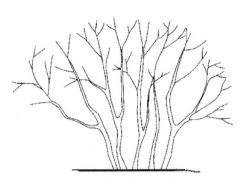

图 3-19 多领导干形树体

多领导干形还可以分为高主干多领导干和矮主干多领导干。矮主干多领导干一般从主干高80~100cm处培养多个主干，如紫薇、西府海棠等；高主干多领导干一般从2m以上的位置培养多个主干。

(5) 伞形　多用于一些垂枝形的树木整形修剪，如龙爪槐、垂枝榆、垂枝桃等。保留3~5个主枝，一级侧枝布局得当，使以后的各级侧枝下垂并保持枝的相同长度，形成伞形树冠，如图3-20所示。

图3-20　伞形树体

(6) 丛球形　主干较短，一般为60~100cm，留有4~5个主枝，呈丛状。具有明显的水平层次，树冠形成快、体积大、结果早、寿命长，是短枝结果树木。多用于小乔木及灌木的整形，如图3-21所示。

(7) 灌丛形　没有明显主干的丛生灌木，每丛保留1~3年主枝9~12个。各个年龄的主枝3~4个，以后每年将老枝剪除，再留3~4个新枝，同时剪除过密的侧枝。适合黄刺玫、玫瑰、鸡麻、小叶女贞等灌木树木，如图3-22所示。

图3-21　丛球形树体

图3-22　灌丛形树体

(8) 棚架形　包括匍匐形、扇形、浅盘形等，适用于藤本植物。在各种各样的棚架、廊、亭边种植树木，然后按生长习性加以剪、整、引导，使藤本植物上架，形成立体绿化效果，如图3-23所示。

三、园林植物整形修剪的依据

园林植物的整形修剪不仅要考虑观赏的需要，还要根据植物本身的生长习性；要考虑当前效应，也要顾及长远意义。园林植物种类很多，各自的生长习性不同，冠形各异，具体到每一株植物应采取什么样的树形和修剪方式，应综合考虑植物的生长习性、树龄树

图3-23　棚架形树体

势、园林功能和周围环境等因素，各因素的具体内容如下：

1. 植物的生长习性

在选择整形修剪方式时，首先应考虑植物的分枝习性、萌芽力和成枝力的大小、修剪伤口的愈合能力等因素。以单轴分枝方式为主的针叶树，采取自然式整形修剪，目的是促使顶芽逐年向上生长，修剪时适当控制上端竞争枝。以合轴分枝、假二叉分枝为主的植物，则既可以进行整形式修剪，也可以进行自然式修剪。一般来讲，乔木树种大多数用自然式修剪，草本与灌木两者皆可。

2. 树龄树势

不同年龄的植物应采用不同的修剪方法。幼龄期植物应围绕如何扩大树冠及形成良好的冠形而进行适当的修剪。盛花期的壮年植物，要通过修剪来调节营养生长与生殖生长的关系，防止不必要的营养消耗，促使分化更多的花芽。观叶类植物，在壮年期的修剪只是保持其丰满圆润的冠形，不能发生偏冠或出现空缺现象。生长逐渐衰弱的老年植物，应通过回缩、重剪刺激休眠芽的萌发，发出壮枝代替衰老的大枝，以达到更新复壮的目的。

不同生长势的植物采用的修剪方法也不同。生长势旺盛的植物，宜轻剪，以防重剪而破坏树木的平衡，影响开花；生长势弱的植物常表现为营养枝生长量减少，短花枝或刺状枝增多，应进行重短剪，剪口下留饱满芽，以促弱为强，恢复树势。

3. 园林功能

园林植物的修剪应考虑其自身的功能和栽植目的。以观花为主的植物应以自然式或圆球形为主，使上下花团锦簇、花香满树。绿篱类则采取规则式的整形修剪，以展示植物群体组成的几何图形美。庭荫树以自然式树形为宜，树干粗壮挺拔，枝叶浓密，发挥其游憩休闲的功能。

在游人众多的主景区或规则式园林中，整形修剪应当精细，并进行各种艺术造型，使园林景观多姿多彩，新颖别致，生气盎然，发挥出最大的观赏功能以吸引游人。在游人较少的地方，或在以古朴自然为主格调的游园和风景区中，应当采用粗剪的方式，保持植物的粗犷、自然的树形，身临其境，有回归自然的感觉，可使游人尽情领略自然风光。

4. 周围环境

园林植物的整形修剪还应考虑植物与周围环境的协调、和谐，要与附近的其他园林植物、建筑物的高低、外形、格调相一致，组成一个相互衬托、和谐完整的整体。

另外，在不同的气候带也应采用不同的修剪方法。南方地区雨水多，空气特别潮湿，易引起病虫害，故需加大株行距，还要进行重剪，增强树冠的通风和光照条件，保持植物健壮生长。如果在干燥的北方地区，降雨量少，易引起干梢或焦叶，修剪不宜过重，应尽量保持较多的枝叶，使其相互遮阳，以减少水分蒸腾，保持植物体内较高的含水量。在东北等冬季长期积雪的地区，对枝干较易折断的植物应进行重剪，尽量缩小树冠的体积，以防大枝被重厚的积雪压断。

四、修剪方法

1. 截

将长枝剪短，也可以说是把一年生枝条减去一部分。其目的是为了刺激剪口下的侧芽旺盛生长，使该树枝叶茂盛。根据剪去部分的多少，又有轻短剪、中短剪、重短剪和极重短剪之分。不同程度短剪新枝及其生长，如图 3-24 所示。不同程度新枝短剪的错误与正确示范，如图 3-25 所示。

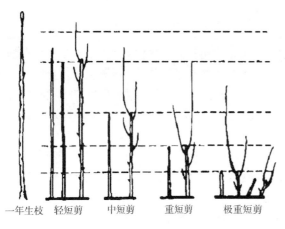

图 3-24　不同程度短剪新枝及其生长

图 3-25　不同程度新枝短剪的错误与正确示范

一年生枝　轻短剪　中短剪　重短剪　极重短剪

错误示范　剪口斜向芽点　剪口距离芽点太远　正确修剪　剪口离芽点太近过度倾斜

轻短剪

将枝条的顶梢剪去，约枝条的 1/5～1/4 处，轻剪易刺激下部多数半饱满芽的萌芽能力，促进产生更多的中短枝，以形成更多的花芽。此法多用于强壮枝的修剪

中短剪

指剪口在枝条中部或中上部，即 1/2～1/3 处的饱满芽上方。因为剪去了一段枝条，而使留芽上的养分相对增加，也使顶端优势转到这些芽上，刺激发枝

重短剪

将枝条的 3/4～2/3 剪去，刺激作用大。由于剪口下的芽为弱芽，此处除生长出 1～2 个旺盛的营养枝外，下部可形成短枝。适用于弱树、老树、老弱枝的更新

极重短剪

在枝条基部轮痕处下剪，将枝条几乎全部剪除，或仅留 2～3 枚芽。常用于枝干光秃、枝条抽生过长、周围枝条数量过多的情况下

（1）摘心（摘芽）、剪梢　为了使枝叶成长健全，在树枝成长前用工具或手摘去当年新梢的生长点称为摘心。摘心可以抑制枝条的加长生长，防止新梢无限制向前延长，促使枝条木质化，提早形成叶芽，暂缓新梢生长，使营养集中于下部而有助于侧芽生长，增加枝数。摘心一般在生长季节进行，摘心后可以刺激下面 1～2 枚芽发生二次枝。早着新枝条的腋芽多在立秋前后发成二次枝，从而加快幼树树冠的形成。

（2）缩剪　短截多年生枝称回缩修剪。缩剪可降低顶端优势的位置，改善光照条件，使多年生枝基部更新复壮。回缩短截时往往因伤口而影响下枝长势，需暂时留适当的保护桩；待母枝长粗后，再把桩疏掉。因为母株长粗后的伤口面积相对缩小，不影响下部生根。图 3-26 所示为不同长势枝条的回缩修剪。

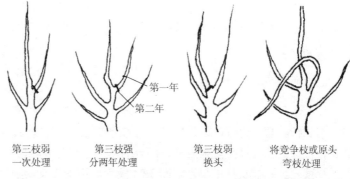

第三枝弱一次处理　　第三枝强分两年处理　　第三枝弱换头　　将竞争枝或原头弯枝处理

第一年　第二年

图 3-26　不同长势枝条的回缩修剪

2. 疏

又称疏剪或疏删，即把枝条从分枝点基部全部剪去。疏剪主要是疏去膛内过密枝，减少树冠内枝条的数量，调节枝条均匀分布，为树冠创造良好的通风透光条件，减少病虫害，增加同化作用产物，使枝叶生长健壮，有利于花芽分化和开花结果。疏剪对植物总生长量有削弱作用，对局部的促进作用不如截，但如果只将植物的弱枝除掉，总的来说，对植物的长势将起到加强作用。

疏剪的主要对象如图 3-27 所示。

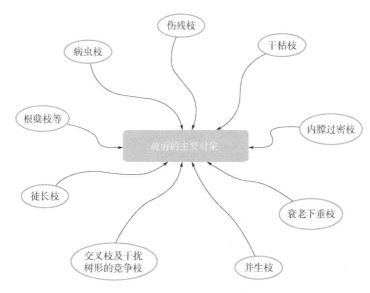

图 3-27　疏剪的主要对象

疏剪强度如图 3-28 所示。

图 3-28　疏剪强度

疏剪强度依植物的种类、生长势和年龄而定。萌芽力和成枝都很强的植物，疏剪的强度可大些；萌芽力和成枝力较弱的植物，少疏枝。幼树一般轻疏或不疏，以促进树冠迅速扩大成形；花灌木类宜轻疏以提早形成花芽开花；成年树生长与开花进入盛期，为调节营养生长与生殖生长的平衡，适当中疏；衰老期的植物，枝条有限，疏剪时要小心，只能疏去必须要疏除的枝条。图 3-29 所示为不同情况的疏剪示意图。

3. 伤

用各种方法损伤枝条以缓和树势、削弱受伤枝条的生长势为目的。如环剥、刻伤、扭梢与折梢等。伤主要是在植物的生长季进行，对植株整体的生长影响不大。

（1）环剥 在发育期，用刀在开花结果少的枝干或枝条基部适当部位剥去一定宽度的环状树皮，称为环剥。环剥深达木质部，剥皮宽度以一月内剥皮伤口能愈合为限，一般为枝粗的1/10左右。由于环削中断了韧皮部的输导系统，可在一段时间内阻止枝梢碳水化合物向下输送，有利于环剥上方枝条营养物质的积累和花芽的形成，同时还可以促进剥口下部发枝。但根系因营养物质减少，生长受一定影响，如图3-30所示。

（2）刻伤 用刀在芽的上方横切并深达木质部，称为刻伤。刻伤因位置不同，所起作用不同。在春季植物未萌芽前，在芽上方刻伤，可暂时阻止部分根系贮存的

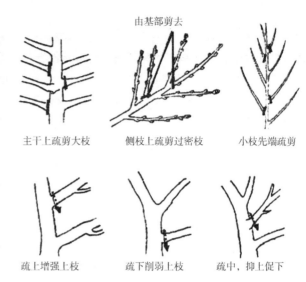

由基部剪去

主干上疏剪大枝　　　侧枝上疏剪过密枝　　　小枝先端疏剪

疏上增强上枝　　　疏下削弱上枝　　　疏中，抑上促下

图3-29 不同情况的疏剪示意图

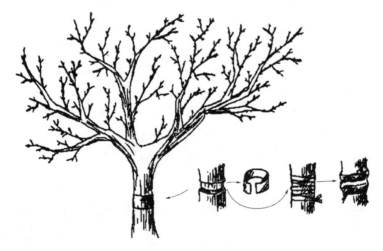

图3-30 主干的环剥

养分向枝顶回流，使位于刻伤口下方的芽获得较多的营养，有利于芽的萌发和抽新枝。刻痕越宽，效果越明显。如果生长盛期在芽的下方刻伤，可阻止碳水化合物向下输送，滞留在伤口芽的附近，同样能起到环剥的效果。对一些大型的名贵花木进行刻伤，可使花、果更加硕大。

（3）扭梢与折梢 在生长季内，将生长过旺的枝条，特别是着生在枝背上的旺枝，在中上部将其扭曲下垂，称为扭梢，如图3-31所示；或只将其折伤但不折断（只折断木质部），称为折梢。扭梢与折梢是伤骨不伤皮，其阻止了水分、养分向生长点输送，削弱枝条生长势，利于短花枝的形成。

4. 变

改变枝条生长方向，控制枝条生长势的方法称为变。如用曲枝、拉枝、抬枝等方法，将直立或空间位置不理想的枝条，引向水平或其他方向，以加曲成拱形时，顶端优势减弱，生长转缓。下垂枝因向地生长，顶端优势弱，生长不良，为了使枝势转旺，可抬高枝条，使枝顶向上生长，如图3-32所示。

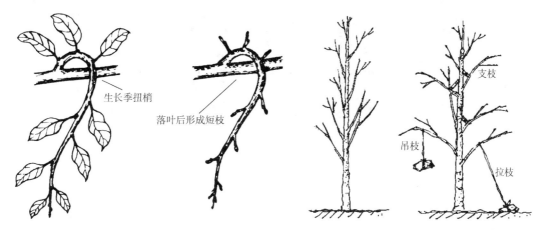

图 3-31　扭梢　　　　　　　　　图 3-32　改变枝条生长方向

5. 放

放又称缓放、甩放或长放，即对一年生枝条不作任何短截，任其自然生长。利用单枝生长势逐年减弱的特点，对部分长势中等的枝条长放不剪，下部易发生中、短枝，停止生长早，同化面积大，光合产物多，有利于花芽形成。幼树、旺树，常以长放缓和树势，促进提早开花、结果。长放用于中庸树、平生枝、斜生枝效果更好，但对幼树的骨干枝的延长枝或背生枝、徒长枝不能长放。弱树也不宜多用长放。

上述各种修剪方法应结合植物生长发育的情况灵活运用，再加上严格的土肥水管理，才能取得较好的效果。

6. 植物的其他整形修剪方法

植物的其他整形修剪方法如图 3-33 所示。

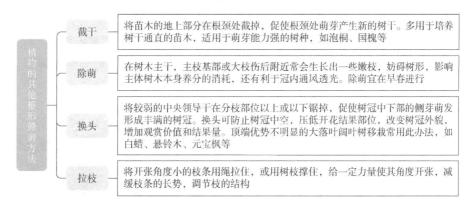

图 3-33　植物的其他整形修剪方法

五、整形修剪需注意的问题

1. 剪口与剪口芽

剪口的形状可以是平剪口或斜切口，一般对植物本身影响不大，但剪口应离剪口芽顶尖 0.5 ～ 1.0cm。剪口芽的方向与质量对整形修剪影响较大。若为扩张树冠，应留外芽；若为填补树冠内膛，应留内芽；若为改变枝条方向，剪口芽应朝所需空间处；若为控制枝条生长，应留弱芽，反之应留壮芽为剪口芽。图 3-34 所示为剪口的状态。

最合理　　　　太平坦　　　　芽上部留的过长　　　剪口斜面太大

图3-34　剪口的状态

2. 剪口的保护

剪枝或截干造成剪口创伤面大的应用锋利的刀削平伤口,用硫酸铜溶液消毒,再涂保护剂,以防止伤口由于日晒雨淋、病菌入侵而腐烂。常用的保护剂有保护蜡和豆油铜素剂两种。

3. 注意安全

上树修剪时,所有用具、机械必须灵活、牢固,防止发生事故。修剪行道树时注意高压线路,并防止锯落的大枝砸伤行人与车辆。

4. 修剪工具消毒与病枝处理

修剪工具应锋利,修剪时不能造成树皮撕裂、折枝断枝。修剪病枝的工具,要用硫酸铜消毒后再修剪其他枝条,以防交叉感染。修剪下的枝条应及时收集,有的可作插穗、接穗备用,病虫枝则需堆积烧毁。

【高手必懂】各种园林植物的整形修剪

一、庭荫树

庭荫树一般栽植在公园中草地中心、建筑物周围或南侧、园路两侧等场所,具有庞大的树冠、挺秀的树形、健壮的树干,能造成浓荫如盖、凉爽宜人的环境,供游人纳凉避暑、休闲聚会之用,如图3-35所示。

庭荫树的整形修剪,首先是培养一段高矮适中、挺拔粗壮的树干。树干的高度不仅取决于树种的生态习性和生物学特性,主要应与周围的环境相适应。树干定植后,尽早将树干上1.0~1.5m或以下的枝条全部剪除,以后随着树的长大,逐年疏除树冠下部的侧枝。作为遮阳树,树干的高度相应要高些,约1.8~2.0m,为游人提供在树下自由活动的空间;栽植在山坡或花坛中央的观赏树主干可矮些,一般不超过1.0m。

庭荫树一般以自然式树形为宜,在休眠期间,要将过密枝、伤残枝、枯死枝、病虫

图3-35　庭荫树

枝及扰乱树形的枝条疏除,也可根据配置需要进行特殊的造型和修剪。庭荫树的树冠应尽可能大些,以最大可能发挥其遮阳等功能,并可保护一些树皮较薄的树种还有免受烈日灼伤树干、大

枝。一般认为，以遮阳为主要目的的庭荫树的树冠大小占树高的比例在2/3以上为佳；如果树冠过小，则会影响树木的生长及健康状况，同时也会影响其功能的发挥。

龙爪槐的整形修剪：夏剪和冬剪，一年各一次。

夏剪在生长旺盛期间进行，要将当年生的下垂枝条短截2/3或3/4，促使剪口发出更多的枝条，扩大树冠。短截的剪口留芽必须注意留上芽（或侧芽），因为上芽萌发出的枝条，可呈抛物线形向外扩展生长。

到了冬季，龙爪槐落叶后，交错的枝条可以看得更清楚，这时要仔细修剪一遍。首先要调整树冠，用绳子或铁丝改变枝条的生长方向，将临近的密枝拉到缺枝处固定住，使整个树冠枝条分布均匀；然后剪除病死枝以及内膛细弱枝、过密枝，再根据枝条的强弱将留下的枝条在弯曲最高点处留上芽短截，一般是粗壮枝留长些，细弱枝留短些。

道路两边的龙爪槐在定植后的前几年，可在路面上搭设棚架，将临近路径两侧的枝条引到棚架上，让其相向生长。几年之后，当枝条交织固定在一起时将搭设的棚架撤掉，形成一条绿色长廊。还可以在道路入口两侧各植一株龙爪槐，依上述方法整形修剪，也是一种很好的造型。另外，还可以将龙爪槐的伞面修剪成波纹状。方法是：第一年将保留的枝条在弯曲最高处留上芽短截，第二年将下垂的枝条留15cm左右留外芽修剪，再下一年仍在一年生弯曲最高点处留上芽短截。如此反复修剪，即成波纹状伞面。若下垂的枝条略微冒长些短截，几年后就可形成一个塔状的伞面，应用于公园、孤植或成行栽植都很美观。

二、行道树

行道树是城市绿化的骨架，在城市中起到沟通各类分散绿地、组织交通的作用，还能反映一个城市的风貌和特点，如图3-36所示。

行道树的生长环境复杂，常受到车辆、街道宽窄、建筑物高低、架空线、地下电缆、管道的影响。为了便于车辆通行，行道树一般使用树体高大的乔木树种，必须有一个通直的主干，在路面较宽的地段干高要求2.0~3.0m，在路面较窄或有大型车辆通过的地段，以3.0~4.0m为好。城郊公路及街道、巷道的行道树，主干高可达4.0~6.0m或更高。公园内园路两侧的行道树或林荫路上的树木主干高度以不影响游人的行走为原则，一般枝下的高度在2.0m左

图3-36 行道树

右。同一街道的行道树其干高与分枝点应基本一致，树冠端正、生长健壮。行道树的基本主干和供选择作主枝的枝条在苗圃阶段培养而成，其树形在定植以后的5~6年内形成，成形后不需大量修剪，只需要经常进行常规性修剪即可保持理想的树形。

行道树要求枝条伸展，树冠开阔，枝叶浓密。冠形依栽植地点的架空线路及交通状况决定。主干道上及一般干道上采用规则形树冠，整形修剪成杯状形、开心形等立体几何形状。在无机动车辆通行的道路或狭窄的巷道内可采用自然式树冠。

1. 杯状形行道树的整形与修剪

杯状形行道树具有典型的"三叉六股十二枝"的冠形。如悬铃木，在苗圃中完成基本造型，定植后5~6年内完成整形，如图3-37所示为杯状形行道树冠的整形修剪过程。

在树干2.5~4m处截干，萌发后选3~5个方向不同、分布均匀、与主干呈45°夹角的枝条作主枝，其余分期剥芽或疏枝。冬季对主枝留80~100cm短截，剪口芽留在侧面，并与主枝处于同一平面上，第二年夏季再剥芽疏枝。幼年悬铃木顶端优势较强，主枝呈斜上生长时，其侧芽和背下芽易抽生直立向上生长的枝条，为抑制剪口处侧芽或背下芽转上直立生长，抹芽时可暂时保留直立枝，促使剪口芽侧向斜上生长。第三年冬季于主枝两侧发生的侧枝中，选1~2个作延长枝，并在80~100cm处再短

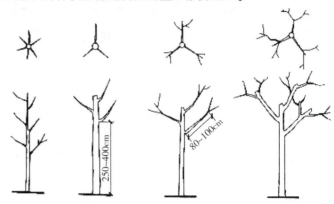

图3-37 杯状形行道树冠的整形修剪过程

剪，剪口芽仍留在枝条侧面，疏除原来保留的直立枝、交叉枝等，如此反复修剪，经3~5年后即可形成杯状形树冠。

骨架构成后，树冠扩大很快，疏去密生枝、直立枝，促发侧生枝，内膛枝可适当保留，增加遮阴效果。上方有架空线路时，勿使枝与线路触及，按规定保持一定距离（一般电话线为0.5m，高压线为1m以上）。近建筑物一侧的行道树，为防止枝条扫瓦、堵门、堵窗，影响室内采光和安全，应随时对过长枝条进行短截修剪。由于其早春发叶时有大量带毛的种子飘落，有影响人体健康之嫌，可以在每年冬季（或隔1~2年）剪去所有1级或2级侧枝以上的全部小枝，由于悬铃木发枝力强，在第二年即可形成一定大小的树冠与叶量，规范修剪的树形也十分整齐，这样既可以减少污染，又可获得良好的景观效果。

2. 开心形行道树的整形与修剪

多用于无中央主轴或顶芽能自剪的树种，树冠自然展开。定植时，将主干留3m定干，春季发芽后，选留3~5个位于不同方向、分布均匀的枝条进行短剪，促进枝条生长成主枝，其余全部抹去。生长季注意将主枝上的多余芽抹去，保留3~5个方向合适、分布均匀的侧枝。来年萌发后选留侧枝，全部共留6~10个，使其向四方斜生，并进行短截，促发次级侧枝，使冠形丰满、匀称。开心形行道树整形修剪类型如图3-38所示。

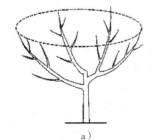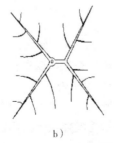

a)   b)   c)   d)

图3-38 开心形行道树整形修剪类型

a）三主四头正视图 b）三主四头俯视图 c）三主五头俯视图 d）三主六头俯视图

3. 自然式冠形行道树的整形与修剪

在不妨碍交通和其他公用设施的情况下，树木有任意生长的条件时，行道树多采用自然式冠形，如塔形、卵圆形、扁圆形等，如图 3-39 所示。

（1）有中央领导干的行道树 如杨树、水杉、侧柏、金钱松、枫杨、银杏、毛白杨、鹅掌楸等。分枝点的高度按树种特性及树木规格而定，栽培中要保护顶芽向上生长。主干顶端如受损伤，应选择直立向上生长的枝条，或在壮芽处短剪，培养主干，

塔形　　　　　　　卵圆形　　　　　　　扁圆形

图 3-39　自然式冠形行道树

并把其下部的侧芽抹去，抽出直立枝条代替，避免形成多头现象。主要是选留好树冠最下部的 3～5 个主枝，一般要求枝间上下错开、方向匀称、角度适宜，并剪掉主枝上的基部侧枝。在养护管理过程中以疏剪为主，主要对象为枯死枝、病虫枝和过密枝等。

阔叶类树种如毛白杨，不耐重抹头或重截，应以冬季疏剪为主。修剪时应保持冠与树高的适当比例，一般树冠高占 3/5，树干（分枝点以下）高占 2/5。在快车道旁的白毛杨分枝点高至少应在 2.8m 以上。注意最下部的三大枝上下位置要错开，方向匀称，角度适宜。要及时剪掉三大主枝上最基部贴近树干的侧枝，并选留好三大主枝以上的其他主枝。银杏，每年枝条进行短截，注意应保证下部枝条长于上部枝条，形成圆锥状树冠，成形后，仅对枯病枝、过密枝疏剪，一般修剪量不大。

（2）无中央领导干的行道树 选用主干性不强的树种，如旱柳、榆树等，分枝点高度一般为 2～3m，留 5～6 个主枝，各层主枝间距要短，使之自然长成卵圆形或扁圆形的树冠。每年修剪主要对象是密生枝、枯死枝、病虫枝和伤残枝等。

元宝枫的整形修剪：元宝枫萌蘖性特强，在修剪时需及时除去侧枝，先达到定干高度后再培养树冠。元宝枫的分枝方式很特别，属于不完全的单轴分枝式和多歧分枝式，顶芽优势有强有弱，强者成为主干延长枝，弱者冬季易冻死或生长瘦弱。在具体修剪中，应短截、疏剪并用。

先确立主干延长枝，对顶芽优势强、属于明显单轴分枝式的，修剪时须抑制侧枝促进主枝；对顶芽优势不强，顶芽枯死或发育不充分者，修剪时须对顶端摘心，选其下侧枝代替主枝，剪口下留一靠近主轴的壮芽，剥除另一对生芽，剪口与芽平行，在往后的生长中剪口芽的位置方向应与上一年的剪口芽方向相反，如此才可保证延长枝的生长不会偏离主轴。确立主干延长枝后，对其余侧枝进行短截或疏剪，对主干延长枝靠下的竞争侧枝要尽早剪除，对 1/3 主干以上延长枝的中间部位可短截或疏剪。疏剪时须注意照顾前后左右，使各方向枝条分布均匀，树体上下平衡；短截时剪口要留弱芽，以实现抑侧促主的目的。主干 1/3 以下的枝条要一概除去。

行道树定干时，同一条干道上分枝点高度应一致，使整齐划一，不可高低错落，以免影响美观与管理。

三、成片树林的整形修剪

成片树林的整形修剪，主要是维持树木良好的干性和冠形，解决通风透光条件，因此，修剪

比较粗放。对于有主干领导枝的树种要尽量保持中央领导干。出现双干时，只选留一个，如果中央领导枝已枯死，应于中央选一强的侧生嫩枝，扶直培养成新的领导枝，并适时修剪主干下部侧生枝，使枝条能均匀分布在合适的分枝点上。对于一些主干短但树已长大，不能再培养成独干的树木，也可以把分生的主枝当主干培养，呈多干式。

对于松柏类树木的整形修剪，一般采用自然式的整形。在大面积人工林中，常进行人工打枝，即是将处在树冠下方生长衰弱的侧枝剪除，打枝多少，需根据栽培目及对树木生长的影响而定。

四、灌木类

灌木类根据观赏部位的不同可分为观花类、观果类、观枝类、观形类、观叶类等。不同类型的灌木植物在剪整上有不同的要求。

1. 观花类

以观花为主要目的的修剪必须考虑植物的开花习性、着花部位及花芽的性质。

(1) 早春开花种类　绝大多数植物的花芽是在上一年的夏秋季进行分化的。花芽生长在二年生的枝条上，个别的在多年生枝条上。修剪时期以休眠期为主，结合夏季修剪。修剪方法以截、疏为主，并综合运用其他的修剪方法。修剪时需注意以下 4 点：

1) 不断调整和发展原有树形。

2) 具有顶生花芽的种类，在休眠季修剪时，不能短截着生花芽的枝条；对具有腋生花芽的种类，休眠季修剪时则可以短截枝条；对具有混合芽的种类，剪口芽可以留混合芽（花芽）。具有纯花芽的种类，剪口芽留叶芽。

3) 在实际操作中，多数树种仅进行常规修剪，即疏去病虫枝、干枯枝、过密枝、交叉枝、徒长枝等，无需特殊造型和修剪。少数种类除常规修剪外，还需要进行造型修剪和花枝组的培养，以提高观赏效果。

4) 对于先花后叶的种类，在春季花后修剪老枝，保持理想树形。对具有拱形枝条的种类如迎春、连翘等，采用疏剪和回缩的方法，一方面疏去过密枝、枯死枝、徒长枝、干扰枝；另一方面要回缩老枝，促发强壮新枝，以使树冠饱满，充分发挥其树姿特点。

(2) 夏秋开花种类　此类花灌木的花芽在当年春天发出的新梢上形成，夏秋在当年生枝条上开花，如紫薇、木槿、八仙花等。这类灌木的修剪时间通常在早春树液流动前进行，一般不在秋季修剪，以免枝条受到刺激后发生新梢，遭受冻害。修剪方法因树种而异，主要采用短截和疏剪。有的在花后还应去除残花（如珍珠梅、月季、紫薇等），以集中营养延长花期，并且还可以使一些树木二次开花。此类花木修剪时要特别注意不要在开花前进行重短截，因为其花芽大部分着生在枝条的上部或顶端。

生产实践中还常将一些花灌木整形修剪成小乔木状，以提高其观赏价值。另外，对萌芽力极强的种类或冬季易枯梢的种类，可在冬季自地面割去，如胡枝子、荆条、醉鱼草等，使其来年春天重新萌发新枝。蔷薇、迎春、丁香、榆叶梅等灌木，在定植后的头几年任其自然生长，待株丛过密时再进行疏剪与回缩，否则会因通风透光不良而不能正常开花。

2. 其他类型灌木的修剪

观果类、观枝类、观形类、观叶类灌木整形修剪的具体要求及方法，如图 3-40 所示。

五、藤本类

藤本类的整形修剪的目的是尽快让其布架占棚，使蔓条均匀分布，不重叠，不空缺。生长期

观果类　枸杞、火棘、金橘、佛手、四季橘等花木既可观花又可观果，为观赏花木中受人欢迎的种类。它们的修剪时期和方法与早春开花的种类大致相同，但需特别注意及时疏除过密枝、徒长枝、枯枝等，确保通风透光、减少病虫害，促进果实着色，提高观赏效果。为提高其坐果率和促进果实生长发育，往往在夏季采取环剥、绞缢、疏花、疏果等修剪措施

观枝类　观枝类花木如红瑞木、棣棠等，其观赏作用往往以嫩枝最鲜艳，老干的颜色较暗淡。为了延长观赏期，一般冬季不剪，到早春萌芽前重剪，以后轻剪，使其萌发更多枝叶。此外除每年早春重剪外，还应逐步疏除老枝，不断进行更新

观形类　垂枝梅、龙爪槐、龙爪榆、鸡爪槭等花木，不但可观其花，更多的时间是观赏其潇洒飘逸的形，修剪方法因树年不同而不同。如垂直梅、龙爪槐短截时不能留下芽，要留上芽；合欢、鸡爪槭等成形后只进行常规修剪，一般不进行短截修剪

观叶类　这类花木有观早春叶的，如山麻杆；有观秋叶的，如银杏、元宝枫等；还有全年叶色为紫色或红色的；如紫叶李、红叶小檗、双面红桎木等。其中有些种类花也具有较高的观赏价值，如红桎木。对观花又观叶的种类，往往按早春开花的种类修剪；其他观叶类一般只作常规修剪。对观叶花木要特别注意做好叶片保护工作，防止因温度突变、肥水过大或病虫害而影响叶片的寿命及观赏价值

图 3-40　灌木整形修剪的要求及方法

内摘心、抹芽，促使侧枝大量萌发，迅速达到绿化效果。花期后及时剪去残花，以节省营养物质。冬季剪去病虫枝、干枯枝及过密枝。衰老藤本类，应适当回缩，更新促壮。

藤本类灌木整形修剪的具体要求和方法，如图 3-41 所示。

六、绿篱

用于绿篱的植物一般都很耐修剪，在合理的修剪下，篱体才紧密、美观。绿篱的修剪形式有自然式修剪和整形式修剪两种，具体采用哪种方式，应根据栽植的目的、位置、植物种类及气候条件来确定。

1. 自然式修剪

一般不进行人工整形修剪，只适当控制高度，并疏剪病虫枝、干枯枝，任枝条自然生长，使枝条紧密相接成片提高阻隔效果。绿墙、高篱采用这种修剪方式较多。常用作防护的枸骨、枳壳、火棘等刺篱和玫瑰、蔷薇、木香、栀子花等花篱，也以自然式修剪为主。

高篱、绿墙栽植成活后，须将顶部剪平，同时将侧枝一律短截，以防止将来下部"脱脚"和"光腿"现象，以后每年在生长季均应修剪一次，直到高篱、绿墙形成。

花篱开花后略加修剪促使继续开花，冬季修去枯枝、病虫枝。对萌发力强的花篱树种，盛花后进行重剪，萌发的新枝粗壮、篱体高大美观，如栀子花、蔷薇等。

图 3-41　藤本类灌木整形修剪的具体要求和方法

2. 整形式修剪

整形式修剪，即以人们的意愿和需要不断地修剪成各种规则的形状，用于中篱和矮篱。这类绿篱主要用于草地、花坛镶边或组织人流走向，起分隔作用。为了美观和丰富园景，多采用几何图案式的整形修剪。

(1) 整形式绿篱的断面形状　整形式绿篱的断面形状有梯形、矩形、圆顶形、柱形、杯形、球形等，如图 3-42 所示。

(2) 整形式绿篱的修剪方法与时期

1) 方法。新栽绿篱从第二年开始，按照预定的高度和宽度进行短截修剪，将超过预定范围的老枝、嫩枝一律剪去。同一条绿篱高度和宽度应统一，使整条绿篱平整、通直。修剪时要依苗木大小，通常分别截去苗高的 1/3～1/2。为使苗木分枝高度尽量降低，多发分枝，提早郁闭，可在生长期 5～10 月份内对所有新梢进行 2～3 次修剪，如此反复 2～3 年，直到绿篱的下部分枝长得匀称、稠密，上部树冠彼此密接成形。

为使绿篱修剪后能平整、通直划一，修剪时可在绿篱的两头各插一根竹竿，再沿绿篱上口和下沿拉直绳子，作为修剪的准绳，以便达到预设的效果。修剪较粗的枝条，剪口应略倾斜，以便雨水能尽快流失，避免剪口积水腐烂。同时注意直径 1cm 以上的粗枝剪口应比篱面低 1～2cm，掩盖在枝叶之下，避免刚修剪后的粗剪口暴露而影响美观。从有利于绿篱植物的生长考虑，绿篱

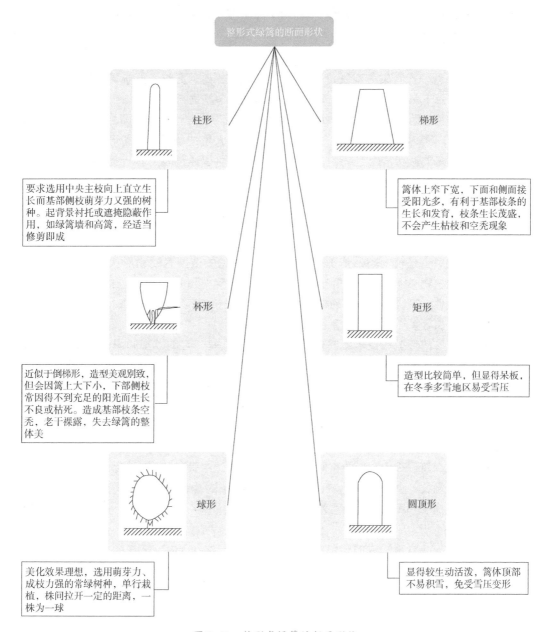

整形式绿篱的断面形状

柱形

要求选用中央主枝向上直立生长而基部侧枝萌芽力又强的树种。起背景衬托或遮掩隐蔽作用，如绿篱墙和高篱，经适当修剪即成

杯形

近似于倒梯形，造型美观别致，但会因篱上大下小，下部侧枝常因得不到充足的阳光而生长不良或枯死。造成基部枝条空秃，老干裸露，失去绿篱的整体美

球形

美化效果理想，选用萌芽力、成枝力强的常绿树种，单行栽植，株间拉开一定的距离，一株为一球

梯形

篱体上窄下宽，下面和侧面接受阳光多，有利于基部枝条的生长和发育，枝条生长茂盛，不会产生枯枝和空秃现象

矩形

造型比较简单，但显得呆板，在冬季多雪地区易受雪压

圆顶形

显得较生动活泼，篱体顶部不易积雪，免受雪压变形

图 3-42　整形式绿篱的断面形状

的横断面以上小下大为好。

正确的修剪方法是：先剪其两侧，使其侧面成为一个斜平面，两侧剪完再修剪顶面，使整个断面呈梯形。这样可使绿篱植物上下各部分枝条的顶端优势受损，刺激上下各部分枝条再长新侧枝，这些侧枝的位置距离主干相对较近，有利于获得足够的养分，同时，上小下大有利于绿篱下部枝条获得充足的阳光，从而使得全篱枝茂叶盛，维持美观外形。横断面呈长方形或倒梯形的绿篱，下部枝条常因受光不良而发黄、脱落、枯死，造成下部光秃裸露。

2）时期。绿篱的修剪时期，应根据不同植物类型灵活掌握。常绿针叶树种在春、秋季各有一次萌芽抽梢，因而在春末夏初进行第 1 次修剪，立秋后进行第 2 次修剪。对于阔叶树种，一年中新梢都能加长生长，要进行多次修剪，一般以 3 次或 4 次为宜，如小叶女贞。

为了配合节日，实际中常常于"五一""十一"到来前对绿篱进行修剪，以致节日时绿篱规则平整，观赏效果好，以烘托节日的气氛。

(3) 绿篱的更新修剪　失去观赏价值的衰老绿篱应当及时更新，更新要选择适宜的时期。常绿树种可选在 5 月下旬到 6 月底进行，落叶树种以秋末冬初进行为好。

大部分阔叶树种的萌发和再生能力都很强，可采用平茬的方法更新，即将绿篱从基部平茬，只留 4~5cm 的主干，其余全部剪去，一年之后由于侧枝大量的萌发，重新形成绿篱的雏形，2 年后即可恢复成原来的形状，达到更新的目的；另外，也可以通过间伐老干逐年更新。

大部分的常绿针叶树种再生能力较弱，不能采用平茬更新的方法，可以通过间伐和加大株距改造成非完全规整式绿篱，否则只能重栽，重新培养。

七、其他特殊形状的整形修剪

植物的特殊造型也是植物整形修剪的一种形式，常见的造型有动物形状和其他物体形状。而进行特殊造型的植物必须具备枝繁叶茂、叶片细小、萌芽力和成枝力强、自然整枝能力差、枝干易弯曲变形等条件。符合这些条件的植物有罗汉松、圆柏、黄杨、福建茶、六月雪、水蜡树、女贞、榆树、珊瑚树等。

对植物进行特殊的造型在技术上要求较高。首先需具有一定的雕塑知识，能较好地把握造型对象各部分的结构比例，其次花费的时间要长，要从基部开始做起，循序渐进，忌急于求成。另外，对体量大的造型，还须在内膛架设金属骨架，以增加支撑力。最后，对修剪方法要求灵活运用，常用的方法有截、放、变等。

各类特殊形状的整形修剪方法如下：

1. 图案式绿篱的整形修剪

组字或图案式绿篱，采用矩形的整形方式，要求篱体边缘棱角分明，界线清楚，篱带宽窄一致，每年修剪的次数比一般镶边、防护的绿篱要多，枝条的替换、更新时间应短，不能出现空秃，使其始终保持文字和图案的清晰可辨。

2. 绿篱拱门的制作与修剪

绿篱拱门设置在用绿篱围成的闭锁空间处，为了便于游人入内，常在绿篱的适当位置断开绿篱，制作一个绿色的拱门，与绿篱连为一体。制作的方法是：在断开的绿篱两侧各种一株枝条柔软的小乔木，两树之间保持较小间距，约 1.5~2.0m，然后将树梢向内弯曲并绑扎而成。也可用藤本类植物制作。藤本类植物离心生长旺盛，很快两株植物就能绑扎在一起，由于枝条柔软造型自然，又能把整个骨架遮挡起来。

绿色拱门必须经常修剪，防止新枝横生下垂，影响游人通行，并通过反复修剪，能始终保持较窄的厚度，这样树木内膛通风透光好，不会产生空秃现象。

3. 造型植物的整形修剪

用各种侧枝茂密、枝条柔软、叶片细小且极耐修剪的植物，通过扭曲、盘扎、修剪等手段将植物整形成亭台、牌楼、鸟兽等各种主体造型，以点缀和丰富园景，如图 3-43 所示。

造型植物的整形，首先要培养主枝和大侧枝以形成骨架，然后将细小的侧枝进行牵引、绑扎，使它们紧密抱合在一起；或者直接按照物体进行多年细致的修剪，而形成各种雕塑形象。为了保持造型的逼真，对扰乱形状的枝条要及时修剪，对植株表面要进行反复短截，以促发大量的密集侧枝，最终使得各种造型丰满逼真，栩栩如生。造型培育中，绝不允许发生缺棵和空秃现象，一旦空秃则难以挽回。

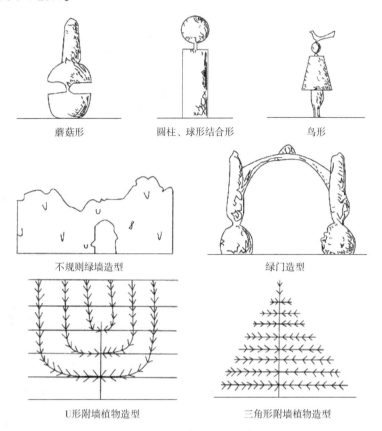

蘑菇形　　　圆柱、球形结合形　　　鸟形

不规则绿墙造型　　　　　　　绿门造型

U形附墙植物造型　　　三角形附墙植物造型

图 3-43　几种常见造型示意图

第四章
园林植物病虫害防治

第一节
植物病虫害基础知识

【新手必读】园林植物昆虫的介绍

蝗虫

蝗虫，俗称"蚂蚱"，属直翅目，包括蚱总科、蜢总科、蝗总科的种类，全世界有超过10000种，我国有1000余种，分布于全世界的热带、温带的草地和沙漠地区。蝗虫主要包括飞蝗和土蝗。在我国飞蝗有东亚飞蝗、亚洲飞蝗和西藏飞蝗3种，其中东亚飞蝗在我国分布范围最广，为害最严重，是造成我国蝗灾的最主要飞蝗种类，主要危害禾本科植物，是农业害虫，如图4-1所示。

图4-1　蝗虫

蚱蜢

蚱蜢，是蚱蜢亚科昆虫的统称。中国常见的为中华蚱蜢，雌虫较比雄虫大，体绿色或黄褐色，头尖，呈圆锥形；触角短，基部有明显的复眼。后足发达，善于跳跃，飞时可发出"札札"声。如用手握住，2条后足可作上下跳动。咀嚼式口器，为典型广栖、植食性优势种，数量大，分布广，常取食危害农作物及牧草，其营养成分丰富，是一种重要的营养源，如图4-2所示。

图4-2　蚱蜢

蝼蛄

蝼蛄，又名拉拉蛄、地拉蛄，属于直翅目蝼蛄科，主要类型有华北蝼蛄、东方蝼蛄、台湾蝼蛄和普通蝼蛄。华北蝼蛄又称单刺蝼蛄，主要分布在北方各地。

东方蝼蛄在中国各地均有分布，南方为害较重。台湾蝼蛄发生于台湾、广东、广西。普通蝼蛄仅分布在新疆，如图4-3所示。

图4-3　蝼蛄

蟋蟀

蟋蟀，无脊椎动物，昆虫纲，直翅目，蟋蟀总科。亦称促织，俗名蛐蛐、夜鸣虫（因为它在夜晚鸣叫）、将军虫、秋虫、斗鸡、促织、趋织、地喇叭、灶鸡子、孙旺，土蜇，"和尚"则是对蟋蟀生出双翅前的叫法。据研究，蟋蟀是一种古老的昆虫，至少已有1.4亿年的历史，还是在古代和现代玩斗的对象。

全世界已知22亚科55族595属（包括17个化石属），约4649种（亚种）（包括50个化石种）。该科昆虫体长大于3mm，缺少鳞片；触角丝状，长于身体；跗节3节，前足为步行足，胫节常具鼓膜听器，后足为跳跃足；多数种类雄虫前翅具发声结构；雌性产卵瓣发达，呈刀状、矛状或长板状，如图4-4所示。

图4-4 蟋蟀

螽斯

螽斯，中国北方称其为蝈蝈，是鸣虫中体型较大的一种，体长在40mm左右，身体多为草绿色、也有的是灰色或深灰色，覆翅膜质，较脆弱，前喙向下方倾斜，一般以左翅覆于右翅之上。后翅多稍长于前翅，也有短翅或无翅种类。雄虫前翅具发音器。前足胫节基部具一对听器。后足腿节十分发达，足跗节4节。尾须短小，产卵器刀状或剑状。

体长10～50mm，多为圆柱形，略侧扁。头为下口式。触角一般长于体长。复眼1对，通常单眼不明显，少数种类单眼明显。咀嚼式口器，下颚须较长，分5节，下唇须3节。前胸背板发达，多为马鞍形，有的向后延伸，有的较短，通常前缘稍向前凸，后缘圆角形；有的沟后区隆起。中胸与后胸腹板有的较平，有的骨片隆起。前、中足为步行足，后足为跳跃足，足的背、腹面具刺和距。跗节4节，除露螽亚科外，第1～2跗节均具侧沟，有的具跗垫，如图4-5所示。

图4-5 螽斯

蝉

蝉，是昆虫纲半翅目颈喙亚目的其中一科，俗称知了（蛭蟟）或借落子。因各地方言不同，别称也有相应的变化。

蝉生活于世界温带至热带地区。一些分布于沙漠地区的种类，当体温过热时，会从背板排出多余的水分，进而达到冷却及散热的效果。

雄蝉腹部有发音器，能连续不断发出尖锐的声音。雌蝉不发声，但腹部有发音器。幼虫生活在地下吸食植物的根，成虫吃植物的汁液。蝉属不完全变态（不完全变态发育）类，由卵、幼虫（若虫），经过一次蜕皮，不经过蛹的时期而变为成虫，如图4-6所示。

图4-6 蝉

蚜虫

蚜虫，又称腻虫、蜜虫，是一类植食性昆虫，包括蚜总科（又称蚜虫总科）下的所有成员。目前已经发现的蚜虫总共有10个科约4400种，其中多数属于蚜科。蚜虫也是地球上最具破坏性的害虫之一。其中大约有250种是对于农林业和园艺业危害严重的害虫。蚜虫的大小不一，身长从1~10mm不等。蚜虫的天敌有瓢虫、食蚜蝇、寄生蜂、食蚜瘿蚊、蟹蛛、草蛉以及昆虫病原真菌。蚜虫在世界范围内的分布十分广泛，但主要集中于温带地区。另外，物种的多样性在热带比在温带要低得多。蚜虫可以进行远程迁移，主要是通过随风飘荡的形式来进行扩散；例如，莴苣蚜虫被认为就是通过这种方式从新西兰传播到塔斯马尼亚。而一些人类活动也可以帮助蚜虫的迁移，例如对附着蚜虫的植物进行运输的过程，如图4-7所示。

图4-7　蚜虫

介壳虫

介壳虫是柑橘、柚子上的一类重要害虫，常见的有红圆蚧、褐圆蚧、康片蚧、矢尖蚧和吹绵蚧等。介壳虫危害叶片、枝条和果实。介壳虫往往是雄性有翅，能飞，雌虫和幼虫一经羽化，终生寄居在枝叶或果实上，造成叶片发黄、枝梢枯萎、树势衰退，且易诱发煤烟病，如图4-8所示。

图4-8　介壳虫

木虱

木虱属昆虫纲，同翅目，胸喙亚目，本科昆虫卵产在组织外，卵呈长型，具卵柄。木虱是渐变态类昆虫，个体发育经过卵、若虫和成虫三个时期。口器刺吸式。成虫体小型，活泼，能跳。头短阔。幼虫体极扁，体表覆被蜡质分泌物。多危害木本植物，主要有危害梨树的梨木虱和危害桑树的桑木虱等，如图4-9所示。

图4-9　木虱

粉虱

粉虱，昆虫纲，同翅目，胸喙亚目，科名出自希腊文，意思为面粉状的。粉虱的一龄若虫足发达，可动。触角4节。第二龄起，足及触角退化，营固定生活，体变硬，分类上叫"蛹壳"，是一个重要的分类阶段。但具有其他成虫特征，如温室白粉虱，如图4-10所示。

图4-10 粉虱

图4-11 蚱蝉

蚱蝉

异名：鸣蜩、马蜩、蟧、鸣蝉、秋蝉、蜘蟟、蚱蟟和知了等。雄虫体长而宽大，长4.4～4.8cm，翅展12.5cm；雌虫稍短，黑色，有光泽。头部横宽，中央向下凹陷，颜面顶端及侧缘淡黄褐色。复眼1对，大而横宽，呈淡黄褐色；单眼3个，位于复眼中央，排列呈三角形。触角短小，位于复眼前方，如图4-11所示。

小绿叶蝉

小绿叶蝉成虫体长3.3～3.7mm，淡黄绿至绿色，复眼灰褐至深褐色，无单眼，触角刚毛状，末端黑色。前胸背板、小盾片浅鲜绿色，常具白色斑点。前翅半透明，略呈革质，淡黄白色，周缘具淡绿色细边。后翅透明膜质，各足胫节端部以下淡青绿色，爪褐色；跗节3节；后足跳跃足。腹部背板色较腹板深，末端淡青绿色。头背面略短，向前突，喙微褐，基部绿色。卵长椭圆形，略弯曲，长径0.6mm，短径0.15mm，乳白色。若虫体长2.5～3.5mm，与成虫相似，如图4-12所示。

图4-12 小绿叶蝉

烟粉虱

烟粉虱俗称小白蛾，是近年来中国新发生的一种虫害，危害番茄、黄瓜、辣椒等蔬菜及棉花等众多作物。别看烟粉虱体长不到1mm，但它引起的危害却不容轻视。烟粉虱是一种世界性的害虫。原发于热带和亚热带区，20世纪80年代以来，随着世界范围内的贸易往来，烟粉虱借助花卉及其他经济作物的苗木迅速扩散，在世界各地广泛传播并暴发成灾，现已成为美国、印度、巴基斯坦、苏丹和以色列等国家农业生产上的首要害虫，如图4-13所示。

图4-13　烟粉虱

图4-14　松大蚜

松大蚜

松大蚜（Cinara pinitabulaeformis Zhang et Zhang）又名油松大蚜，属同翅目大蚜科大蚜属的一种昆虫，国内分布于北京、辽宁、河北、河南、山东、陕西、山西、内蒙古和华南等地，如图4-14所示。

草履蚧

草履蚧，属同翅目硕蚧科草履蚧属的一种昆虫。分布河北、山西、山东、陕西、河南、青海、内蒙古、浙江、江苏、上海、福建、湖北、贵州、云南、重庆、四川、西藏等地。危害海棠、樱花、无花果、紫薇、月季、红枫、柑橘等花木。若虫和雌成虫常成堆聚集在芽腋、嫩梢、叶片和枝秆上，吮吸汁液，造成植株生长不良，早期落叶，如图4-15所示。

图4-15　草履蚧

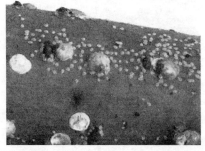

图4-16　桑白盾蚧

桑白盾蚧

桑白盾蚧，又名桑白蚧、桑盾蚧、桃介壳虫，是盾蚧科拟白轮盾蚧属的一种昆虫，一种危害桃、李、梨、梅、杏、枇杷、板栗、桑、茶等多种果树和园林植物的害虫，如图4-16所示。

茶翅蝽

茶翅蝽，为半翅目，蝽科。在东北、华北、华东和西北地区均有分布，以成虫和若虫危害梨、苹果、桃、杏、李等果树及部分林木和农作物，近年来危害日趋严重。叶和梢被害后症状不明显，果实被害后被害处木栓化，变硬，发育停止而下陷。果肉变褐形成硬核，受害处果肉微苦，严重时形成疙瘩果或畸形果，失去经济价值。危害部位：叶片、花蕾、嫩梢、果实，如图4-17所示。

图4-17 茶翅蝽

图4-18 大草蛉

大草蛉

大草蛉，是蚜虫、叶螨、鳞翅目卵及低龄幼虫等多种农林害虫的重要天敌，是害虫生物防治中极具应用价值的一种天敌昆虫，如图4-18所示。

铜绿异丽金龟

铜绿异丽金龟是节肢动物门、有颚亚门、昆虫纲、有翅亚纲、鞘翅目、金龟总科、丽金龟科、异丽金龟属昆虫的一种。别称铜绿金龟子、铜壳螂，如图4-19所示。

图4-19 铜绿异丽金龟

图4-20 菜粉蝶

菜粉蝶

菜粉蝶，别名菜白蝶，幼虫又称菜青虫，是我国分布最普遍，危害最严重，经常成灾的害虫。已知的寄主植物有9科35种之多，嗜食十字花科植物，特别偏食厚叶片的甘蓝、花椰菜、白菜、萝卜等。在缺少十字花科植物时，也可取食其他寄主植物，如菊科、白花菜科、金莲花科、百合科、紫草科、木犀科等植物，如图4-20所示。

刺蛾

刺蛾是鳞翅目刺蛾科昆虫的通称，大约有500种。分布全球，多数在热带。幼虫肥短，呈蛞蝓状。无腹足，代以吸盘。行动时不是爬行而是滑行。有的幼虫体色鲜艳，附肢上密布褐色刺毛，像乱蓬蓬的头发，结茧时附肢伸出茧外，用以保护和伪装。受惊扰时会用有毒刺毛螫人，并引起皮疹。以植物为食。在卵圆形的茧中化蛹，茧附着在叶间。刺蛾幼虫多被称为荆条虎，在东北称为洋辣子（方言），作茧称为洋辣罐（方言）。山东东部方言称为瘊子毛，八街毛子，触子毛，如图4-21所示。

图4-21 刺蛾

毒蛾

毒蛾别名桑斑褐毒蛾、纹白毒蛾、桑毒蛾、黄尾毒蛾、桑毛虫，寄主常以桑、苹果、梨、桃、山楂、杏、李、枣、柿、栗、海棠、樱桃、柳等。毒蛾为鳞翅目毒蛾科昆虫，分布于华北、东北、西北等地。在

图 4-22　毒蛾

华北地区主要危害月季、玫瑰、蔷薇、苹果、西府海棠等花灌木，如图 4-22 所示。

【新手必读】植物病虫害的类型

一、植物病害的概念

植物在生长发育过程中或贮运过程中，受到不良环境的影响或病原生物的侵害而致使植物在生理、组织及形态发生一系列的病理变化，导致植物生长发育不正常，甚至死亡，从而降低了植物的观赏价值和经济价值，称为植物病害。植物病害是由感病植物（寄主），病原与外界环境条件 3 个基本因素相互作用的产物。

植物病害是针对人类生产和经济方面而言。有些植物受到不良的环境和其他生物的影响，使之生长发育不正常，反而增加了它们的观赏和经济价值，这种现象一般不被称为病害。植物病害的发生必须经过一定的病理程序，即从生理到组织再到形态上不正常变化。这与各种机械伤不能等同视之。

二、病害的病原

凡引起植物产生病害的直接主导因素称为病原。按其性质可分为生物性病原和非生物性病原两大类。

1. 生物性病原

生物性病原是指以植物为寄生对象的有害生物，主要有真菌、细菌、类细菌体、病毒、类病毒、类立克次氏体、线虫、寄生性种子植物和藻类等，通常称为病原物。下面就以真菌为例来介绍：

（1）真菌的基本形态

1）真菌的营养体，如图 4-23 所示。

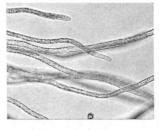

无隔菌丝　　　　　　　　　　有隔菌丝

图 4-23　真菌的营养体

2）真菌的繁殖体。营养生长到一定时期所产生的繁殖器官称为繁殖体。真菌的繁殖方式分无性和有性两种，如图4-24所示。

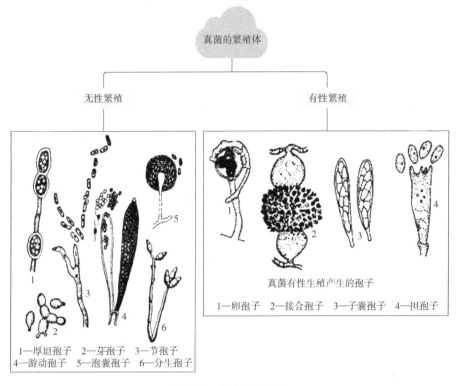

图4-24　真菌的繁殖体

（2）真菌的生活史　真菌从一种孢子萌发开始，经过一定的生长和发育阶段，最后又产生同一种孢子的过程称为真菌的生活史，如图4-25所示。

（3）真菌的主要类群　真菌的主要类群如图4-26所示。

2. 非生物性病原

非生物性病原是指除生物外的一切不利于植物生长发育的因素，包括气候、土壤、营养等因素及其他有毒物质。

（1）缺素症　缺少生长所必需的N、P、K、Ca、Mg、Fe、Mn、Zn、S等元素会引起植物生长缓慢、植株矮小、缺绿等。

（2）水分失调　土壤中水分不足或过多以及供应失调，都会对植物产生不良影响。

（3）温度不适　温度过高或过低，超过植物的适应能力，植物的代谢过程将会受到阻碍，组织将受到伤害，严重时引起死亡。

图4-25　真菌的生活史

（4）有毒物质的污染　自然界中存在的有毒气体、尘埃、农药等污染物，对植物产生不良影响，严重时便引起植物死亡。

三、病害的类型

病害的类型如图4-27所示。

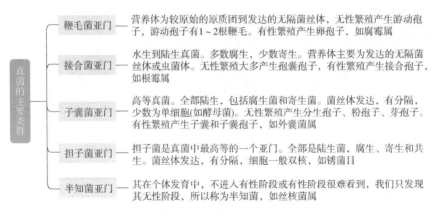

图 4-26　真菌的主要类群

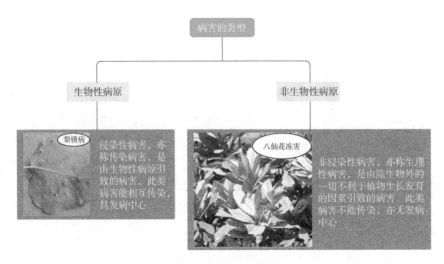

图 4-27　病害的类型

【新手必读】植物病害的症状

感病植物在外部形态上表现的不正常状态称为植物病害的症状，由病状和病症组成，如图 4-28 所示。

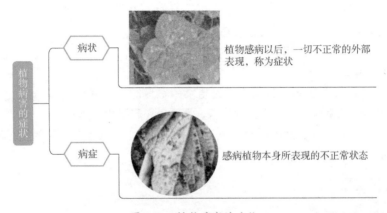

图 4-28　植物病害的症状

植物病害症状的主要类型，如图 4-29 所示。

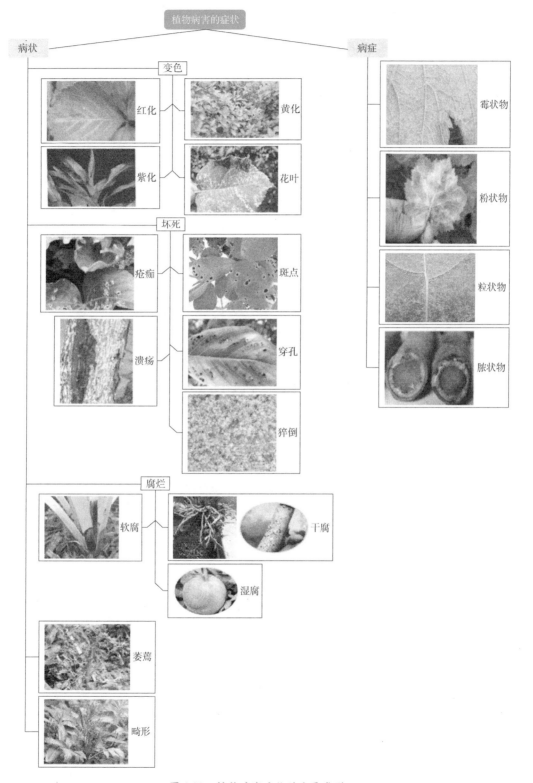

图 4-29 植物病害症状的主要类型

【新手必读】植物病害的形成过程

一、植物病害的侵染过程

植物病害的侵染过程是指病原与寄主植物接触开始到病害症状表现为止所经过的过程，又称病程。此过程是一个连续的过程，由于研究的需要，常将其分为侵入期、潜育期和症状表现期（发病期），如图4-30所示。病原侵入寄主的途径主要有自然孔口、伤口和直接侵入。

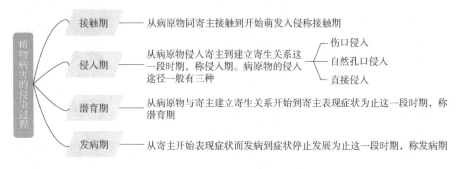

图4-30　植物病害的侵染过程

二、侵染循环

侵染循环指从前一个生长季节发病到下一个生长季节再度发病的过程。包括3个基本环节：病原物的越冬或越夏、病原的初侵染和再侵染以及病原的传播，如图4-31所示。

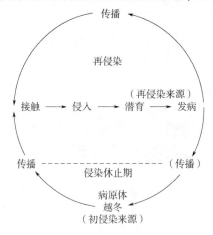

图4-31　侵染循环

三、病害的流行

植物病害在一定区域或一定时间内发生普遍而严重的现象称为植物病害的流行。植物病害的流行必须具备3个条件：大量致病力强的病原（物）、大量的感病植物和适宜的环境条件，如图4-32所示。

图4-32　病害的流行

第二节
植物病虫害的防治原理和防治技术

【高手必懂】植物病虫害的防治原理

植物病虫害的防治总的指导思想是"预防为主，综合防治"。该理论的基本点是以生态学原理和经济学原则为依据，充分发挥自然控制因素，因地制宜地采用最优化的技术组配方案，将有害生物的种群数量较长期地控制在经济损失允许水平之下，以获得最佳的经济效益和社会效益，其重点强调了如下几个观点：

1）生态观点：全面考虑生态平衡，允许有害生物的长期存在，不强调彻底消灭，让大部分生物处于和谐共存的境界。

2）经济观点：讲究实际收入，使病虫害控制在经济损失允许水平之下。

3）协调观点：讲究各种防治措施间协调，各部门之间的协调，采用最优化的技术组配方案。

4）安全观点：讲究长远的生态和社会效益，运用防治措施确保对人、畜、作物和天敌的安全，符合环境保护的原则。

【高手必懂】植物病虫害的防治技术

植物病虫害的防治技术有 5 种，具体内容如下。

1. 植物检疫

植物检疫又称法规防治，是根据国家的法律或法令设立专门的机构，对国外输入或国内输出及国内地区间调动的种子、苗木及农林产品进行检查，禁止或限制危险性病、虫、杂草等人为地传入或输出，或对已传入或发生的危险性病、虫、杂草等采取有效措施消灭或控制蔓延。

植物检疫分为对外检疫和对内检疫。对外检疫主要负责世界各国植物检疫事宜，对内检疫主要负责国内植物检疫事宜。

植物检疫对象的确定原则：国内尚未发生或虽有发生但分布不广的病、虫、杂草等有害生物；危险性大的病、虫、杂草等有害生物；一旦传入则难于根除的，通过人为传播的病、虫、杂草等有害生物；根据交往国家或地区提供的名单。

2. 农业防治法

农业防治法又称园林技术措施，是根据病虫的生物学特性和主要生态因素，通过栽培管理有目的地创造不利于病虫生存的环境条件，达到减少病虫害的一种防治方法。具体措施包括：选用抗（耐）病（虫）品种、选择适宜圃地、建立无病虫种苗基地、合理轮作、合理配制植物种类、科学肥水管理和合理修剪等。

3. 生物防治法

生物防治法是利用各种有益生物或生物代谢物来防治病虫害的方法。常用的措施包括以虫治虫、以菌治虫、以病毒治虫、以激素治虫、以其他有益生物治虫、以菌治病等。

4. 物理机械防治法

物理机械防治法是利用各种物理因素和机械设备防治病虫害的方法。具体措施有捕杀、诱杀、阻杀、汰选、高温处理等。

5. 化学防治法

化学防治法是利用化学药剂防治病虫害的方法。该法防效好，收效快，使用方法简单，受季节性限制小，适宜大面积使用。但能引起人畜中毒、污染环境、造成药害、病虫能产生抗（耐）药性、杀伤天敌破坏生态等。

【高手必懂】农药

一、农药的分类

农药的种类繁多，常根据其防治对象、作用方式和化学组成进行分类。具体分类如下。

1. 杀虫剂

1）按其作用方式分类，如图4-33所示。

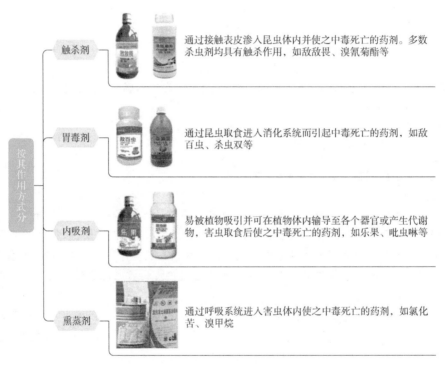

触杀剂：通过接触表皮渗入昆虫体内并使之中毒死亡的药剂。多数杀虫剂均具有触杀作用，如敌敌畏、溴氰菊酯等

胃毒剂：通过昆虫取食进入消化系统而引起中毒死亡的药剂，如敌百虫、杀虫双等

内吸剂：易被植物吸引并可在植物体内输导至各个器官或产生代谢物，害虫取食后使之中毒死亡的药剂，如乐果、吡虫啉等

熏蒸剂：通过呼吸系统进入害虫体内使之中毒死亡的药剂，如氯化苦、溴甲烷

图4-33　按其作用方式分类

2）按化学组成分类，如图4-34所示。

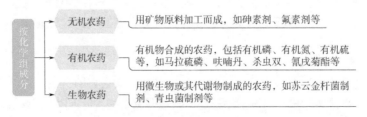

无机农药：用矿物原料加工而成，如砷素剂、氟素剂等

有机农药：有机物合成的农药，包括有机磷、有机氮、有机硫等，如马拉硫磷、呋喃丹、杀虫双、氰戊菊酯等

生物农药：用微生物或其代谢物制成的农药，如苏云金杆菌制剂、青虫菌制剂等

图4-34　按化学组成分类

2. 杀菌剂

用于防治植物病原生物引致的病害的药剂，按其作用方式可分为保护剂和治疗剂（内吸剂）。

1）保护剂：是指在病原物侵入之前，用来处理植物或植物所处的环境，以保护植物免受危害的药剂，如波尔多液。

2）治疗剂：是用于处理病原物已侵入或已发病的植物，使之不再继续受害的药剂，如多菌灵。

3. 杀螨剂

杀螨剂是用于防治植食性螨类的药剂，如虫螨克。其作用方式多为触杀剂，少数为内吸剂。

4. 杀线虫剂

杀线虫剂是用于防治病原线虫的药剂，如益舒宝。

5. 除草剂

除草剂是用于防除杂草和有害植物的药剂。除草剂的分类，如图 4-35 所示。

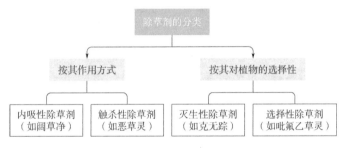

图 4-35　除草剂的分类

二、农药的剂型

农药制剂是由原药与辅助剂按一定比例经加工而成的。原药是指工厂生产的未经加工成剂的农药。辅助剂是指在农药加工过程中有助于改善农药理化性状的物质。

常用的辅助剂有填料、溶剂、乳化剂、湿润剂等。

常见剂型有：粉剂（原药与填料混合、粉碎、过筛而成）；可湿性粉剂（原药与填料、湿润剂混合、粉碎、过筛而成）；乳油（原药中加入乳化剂和溶剂制成的透明油状液体）；颗粒剂（在载体中加入原药制成一定规格的颗粒）；水剂（原药直接加入水稀释而成）。

三、农药的介绍及使用方法

常见的使用方法，如图 4-36 所示。

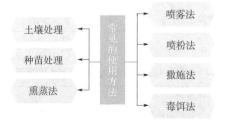

图 4-36　常见的使用方法

园林植被常用药品及使用方法见表4-1～表4-25。

1. 敌敌畏（表4-1）

表4-1　敌敌畏介绍及使用方法

毒性	对人畜毒性中等。对鱼类毒性大，对蜜蜂有剧毒
作用机理	敌敌畏对害虫有强触杀、熏蒸和胃毒作用。击倒作用强，可防治多种害虫。敌敌畏有很强的挥发性，温度越高，挥发越快
防治对象	蝶类幼虫（如灰蝶、凤蝶等）、蛾类幼虫（如夜蛾、尺蛾等）、蚜虫、蛀心虫等
应用植物	大部分植物
使用方法	防治一般害虫，每百斤水用药75～100g，防治天牛等蛀心害虫，以水稀释5～10倍注射入虫孔后以泥封口
注意事项	敌敌畏对玫瑰易产生药害，对柳树也较敏感，稀释800倍以下时应先试验后再使用

2. 乐果（表4-2）

表4-2　乐果介绍及使用方法

毒性	对人畜毒性中等。对蜜蜂毒性大
作用机理	乐果是内吸剂，喷药后由植物的枝叶吸收后，对靠吸取植物汁液为生的害虫（如介壳虫、蚜虫、红蜘蛛、蓟马、潜叶性害虫等）有高效杀虫作用，对害虫起触杀、胃毒作用。残效期5～7天。药力随气温升高而增强
防治对象	介壳虫、蚜虫、红蜘蛛、蓟马、潜叶性害虫等
应用植物	细叶榕、高山榕、杜鹃、芒果、大红花、山瑞香等
使用方法	防治一般害虫，每百斤水用药75～100g，防治天牛等蛀心害虫，以水稀释5～10倍注射入虫孔后以泥封口
注意事项	乐果对春羽、紫薇等易产生药害，春季植物发新梢时应避免使用，使用时应稀释，浓度不能过高

3. 氧化乐果（表4-3）

表4-3　氧化乐果介绍及使用方法

毒性	对人畜高毒
作用机理	氧化乐果具有良好的内吸性，喷药后由植物的枝叶吸收后，对靠吸取植物汁液为生的害虫（如介壳虫、蚜虫、红蜘蛛、蓟马、潜叶性害虫等）有高效杀虫作用，对害虫起触杀、胃毒作用。残效期5～7天。药力随气温升高而增强
防治对象	介壳虫、蚜虫、红蜘蛛、蓟马、潜叶性害虫等
应用植物	细叶榕、高山榕、杜鹃、芒果、大红花等
使用方法	防治一般害虫，每百斤水用药75～100g
注意事项	氧化乐果药害与乐果相同，使用时应注意。氧化乐果系高毒农药，使用时需做好防护措施

4. 绿福（高效氯氰菊酯）（表4-4）

表4-4　绿福（高效氯氰菊酯）介绍及使用方法

毒性	对人畜中毒，对鱼、蜜蜂高毒
作用机理	绿福对害虫有很强的触杀和胃毒作用，对虫卵也有较好的杀伤力。对食叶的蝶类幼虫（如灰蝶、凤蝶等）、蛾类幼虫（如夜蛾、尺蛾等）和蚜虫等有很好的防治效果。药性稳定，残效期8～10天

（续）

防治对象	蝶类幼虫（如灰蝶、凤蝶等）、蛾类幼虫（如夜蛾、尺蛾等）、叶蜂类幼虫和蚜虫等
应用植物	苏铁、夏威夷草、玫瑰、垂榕、紫薇、金花生、南洋楹、盆架子、凤凰木、竹类、夹竹桃、菊花、福建茶等
使用方法	防治一般害虫，每百斤水用药 50 ~ 75g
注意事项	禁止在水中使用

5. 兴棉宝（氯氰菊酯）（表4-5）

表4-5　兴棉宝（氯氰菊酯）介绍及使用方法

毒性	对人畜中毒，对鱼、蜜蜂高毒
作用机理	兴棉宝对害虫有很强的触杀和胃毒作用，还有驱避作用，杀虫速度快。对食叶的蝶类幼虫（如灰蝶、凤蝶等）、蛾类幼虫（如夜蛾、尺蛾等）和蚜虫等有很好的防治效果。药性稳定，残效期 8 ~ 10 天
防治对象	蝶类幼虫（如灰蝶、凤蝶等）、蛾类幼虫（如夜蛾、尺蛾等）、叶蜂类幼虫和蚜虫等
应用植物	苏铁、夏威夷草、玫瑰、垂榕、紫薇、金花生、南洋楹、盆架子、凤凰木、竹类、夹竹桃等
使用方法	防治一般害虫，每百斤水用药 50 ~ 75g
注意事项	禁止在水中使用

6. 蚜虫净（康福多、吡虫啉）（表4-6）

表4-6　蚜虫净（康福多、吡虫啉）介绍及使用方法

毒性	对人畜中毒，对鱼低毒
作用机理	蚜虫净具有良好的内吸性，喷药后由植物的枝叶吸收后，对靠吸取植物汁液为生的刺吸式口器害虫（如叶蝉、蚜虫、白粉虱、蓟马、潜叶性害虫等）有高效杀虫作用，对害虫起胃毒和触杀作用
防治对象	介壳虫、蚜虫、叶蝉、蓟马、潜叶性害虫等
应用植物	黄榕、木棉、小叶紫薇等
使用方法	防治一般害虫，每百斤水用药 40 ~ 50g
注意事项	不可与强碱性物质混用，以免分解失效；不宜在强阳光下使用，以免降低药效

7. 甲胺磷（表4-7）

表4-7　甲胺磷介绍及使用方法

毒性	对人畜高毒，对鱼低毒
作用机理	甲胺磷有很强的内吸作用，喷药后由植物的枝叶吸收后，对靠吸取植物汁液为生的害虫（如介壳虫、蚜虫、红蜘蛛、蓟马、潜叶性害虫等）有高效杀虫作用，对害虫起触杀、胃毒作用。在自然环境下分解缓慢，残效期长。遇碱易分解
防治对象	介壳虫、蚜虫、红蜘蛛、蓟马、潜叶性害虫等
应用植物	黄榕、山瑞香、福建茶、大红花、含笑、米仔兰、杜鹃等
使用方法	防治一般害虫，每百斤水用药 50 ~ 75g
注意事项	甲胺磷是高毒农药，使用时需做好防护措施，避免用于高空喷药

8. 敌百虫（表4-8）

表4-8　敌百虫介绍及使用方法

毒性	对人畜低毒
作用机理	敌百虫对害虫有较好的胃毒作用，还有触杀作用。对食叶的蝶类幼虫（如灰蝶、凤蝶等）、蛾类幼虫（如夜蛾、尺蛾等）和叶甲、叶蜂等多种咀嚼式口器害虫有效，对蝇类有特效
防治对象	蝶类幼虫（如灰蝶、凤蝶等）、蛾类幼虫（如夜蛾、尺蛾等）和叶甲、叶蜂
应用植物	苏铁、夏威夷草、玫瑰、垂榕、紫薇、金花生等
使用方法	防治一般害虫，每百斤水用90％敌百虫药粉75～100g，喷施
注意事项	配药时先磨碎药粉并用温水溶化后再稀释

9. 辛硫磷（表4-9）

表4-9　辛硫磷介绍及使用方法

毒性	对人畜低毒，对鱼毒性大
作用机理	辛硫磷对害虫有强触杀及较好的胃毒作用，对食叶的蝶类幼虫（如灰蝶、凤蝶等）、蛾类幼虫（如夜蛾、尺蛾等）和地下害虫［如金龟子幼虫（肥仔虫）、地老虎、线虫］等有特效
防治对象	蝶类幼虫（如灰蝶、凤蝶等）、蛾类幼虫（如夜蛾、尺蛾等）和地下害虫［如金龟子幼虫（肥仔虫）、地老虎、线虫］等
应用植物	台湾草、夏威夷草、玫瑰、金花生等
使用方法	防治地上害虫，每百斤水用药75～100g喷施；防治地下害虫，每百斤水用药50g，淋施
注意事项	辛硫磷在光照下易分解，应在阴凉避光处贮存。喷药时最好在傍晚进行，以免药剂过快失效

10. 乐斯本（表4-10）

表4-10　乐斯本介绍及使用方法

毒性	对人畜中毒，对鱼毒性低
作用机理	乐斯本对害虫有触杀、胃毒作用，可杀死绝大部分的害虫。经实验证明，可多年连续使用，而害虫对它基本无抗药性。在土中残效期长，对地下害虫和白蚁防效较好
防治对象	绝大部分的害虫和白蚁
应用植物	可用于绝大部分植物
使用方法	防治地上害虫，每百斤水用药50～75g，喷施；防治地下害虫，每百斤水用药25g，淋施
注意事项	避免与碱性农药混配

11. 乙酰甲胺磷（表4-11）

表4-11　乙酰甲胺磷介绍及使用方法

毒性	对人畜低毒，对鱼低毒
作用机理	乙酰甲胺磷对害虫有很强的触杀和胃毒作用和较好的内吸作用。对食叶的蝶类幼虫（如灰蝶、凤蝶等）、蛾类幼虫（如夜蛾、尺蛾等）和蚜虫等有很好的防治效果
防治对象	苏铁紫灰蝶、夏威夷草夜蛾、玫瑰叶蜂、垂榕灰白蚕蛾、紫薇袋蛾、金花生夜蛾、南洋楹尺蛾、盆架子绿翅绢野螟、凤凰木夜蛾、竹类绿刺蛾、夹竹桃紫蝶、菊花蚜虫、福建茶蚜虫等
应用植物	苏铁、夏威夷草、玫瑰、垂榕、紫薇、金花生等

(续)

使用方法	防治一般害虫，每百斤水用药50～75g
注意事项	无

12. 密达（蜗牛敌）(表4-12)

表4-12 密达（蜗牛敌）

毒性	对人畜低毒，对鱼低毒
作用机理	密达为专用的杀螺剂，对蜗牛、蛞蝓有很强的引诱力，蜗牛、蛞蝓被引诱进食后，会破坏体内特殊的黏液，使蜗牛、蛞蝓死亡
防治对象	福寿螺、东风螺、蛞蝓
应用植物	鸡冠刺桐、大树菠萝、柳树、洋紫荆、凤凰木、蒲桃等
使用方法	于发生盛期用6%的密达颗粒剂每公顷7500～9000g，均匀撒施或间隙性条施。若遇大雨，药粒易被冲散至土壤中，导致药效减低，需重复施用，小雨对药效影响不大
注意事项	施药后的地方不要践踏；注意气候施药。低温（15℃以下）或高温（35℃以上）时，螺的活动能力降低会影响药效。施药后大雨，药粒易被冲散流失

13. 三氯杀螨醇 (表4-13)

表4-13 三氯杀螨醇

毒性	对人畜低毒，对鱼、蜜蜂安全
作用机理	三氯杀螨醇是广谱性杀螨剂，对螨类有触杀及胃毒作用，对成螨、幼螨及卵均有效。残效期7～15天
防治对象	红蜘蛛
应用植物	黄榕、山瑞香、玫瑰、菊花等
使用方法	每百斤水用药75～100g，喷施
注意事项	不可与碱性物质混合使用，以免分解失效

14. 粉锈宁（三唑酮)(表4-14)

表4-14 粉锈宁（三唑酮)

毒性	对人畜低毒，对鱼、蜜蜂、鸟类安全
作用机理	粉锈宁是广谱的内吸性杀菌剂，具有预防和治疗作用
防治对象	白粉病、锈病、炭疽病、黑斑病等
应用植物	玫瑰、海枣、九里香、紫薇、菊花、凤仙花、美人蕉、金边剑麻等
使用方法	预防性喷药时，每百斤水用药50～70g，喷施；治疗性喷药时，每百斤水用药75～100g，喷施
注意事项	可与氧化乐果、敌敌畏等多种农药混合使用

15. 百菌清 (表4-15)

表4-15 百菌清

毒性	对人畜低毒，对鱼高毒
作用机理	百菌清是广谱的非内吸性杀菌剂，主要对导致黑斑病、白粉病、锈病等多种真菌病害起预防作用。百菌清没有内吸传导作用，不能从受药部位和根部被吸收，只能杀死植物表面的真菌，对已进入植物体内的病菌杀灭的作用很小，因此只能起到预防作用。残效期长7～10天

（续）

防治对象	白粉病、锈病、炭疽病、黑斑病、枝枯病、疫病等
应用植物	玫瑰、海枣、九里香、紫薇、菊花、凤仙花、长春花等
使用方法	预防性喷药时，每百斤水用药25～50g，喷施；发病初期治疗性喷药时，每百斤水用药75～100g，喷施
注意事项	高浓度使用时对玫瑰、桃花会有药害；不可与克螨特、杀螟松混合使用

16. 世高（表4-16）

表4-16　世高

毒性	对人畜低毒，对鱼低毒
作用机理	世高是广谱的内吸性杀菌剂，具有预防和治疗作用。药效稳定，残效期长
防治对象	叶斑病、白粉病、早期锈病、炭疽病、黑斑病、疫病等
应用植物	玫瑰、菊花、凤仙花等
使用方法	预防性喷药时，每百斤水用药2～3包，喷施；治疗性喷药时，每百斤水用药4～5包，喷施
注意事项	不可与地菌灵混合使用

17. 好生灵（代森锌）（表4-17）

表4-17　好生灵（代森锌）

毒性	对人畜低毒
作用机理	好生灵是广谱的保护性杀菌剂，用于发病初期和发病前保护，可防治多种病害
防治对象	叶斑病、白粉病、锈病、炭疽病、黑斑病、疫病、煤污病、叶枯病、灰霉病等
应用植物	玫瑰、菊花、凤仙花、百日红、鸡冠花、长春花等
使用方法	预防性喷药时，每百斤水用药50～75g，喷施；发病前期治疗性喷药时，每百斤水用药100～125g，喷施
注意事项	不可与地菌灵及铜、汞制剂及碱性农药混合使用；对口腔黏膜有腐蚀作用，喷药时需戴口罩

18. 瑞毒霉（甲霜灵、雷多米尔、灭霜灵）（表4-18）

表4-18　瑞毒霉（甲霜灵、雷多米尔、灭霜灵）

毒性	对人畜低毒，对鱼低毒
作用机理	瑞毒霉是内吸性杀菌剂，具有保护和治疗作用，对霜霉病、疫霉病和腐霉病有特效
防治对象	立枯病、锈病、黑斑病、疫病等
应用植物	玫瑰、菊花、凤仙花、百日红、鸡冠花、长春花等
使用方法	预防性喷药时，每百斤水用50%可湿性粉剂50～75g，喷施；治疗性喷药时，每百斤水用50%可湿性粉剂100～125g，喷施
注意事项	无

19. 灭病威（胶体硫、多硫悬浮剂）（表4-19）

表4-19　灭病威（胶体硫、多硫悬浮剂）

毒性	对人畜低毒
作用机理	灭病威是广谱内吸杀菌剂，是由20%多菌灵和20%硫黄混合而成的，对多菌灵、硫黄能防治的作物病害均有效，而且还有增效作用和延缓病菌对多菌灵产生抗性

（续）

防治对象	白粉病、炭疽病、叶斑病、赤霉病等
应用植物	多种
使用方法	预防性喷药时，每百斤水用40%悬浮剂100～125g，喷施；治疗性喷药时，每百斤水用40%悬浮剂150～175g，喷施
注意事项	不能与铜制剂混用

20. 农用链霉素（农用硫酸链霉素）（表4-20）

表4-20　农用链霉素（农用硫酸链霉素）

毒性	对人畜低毒，对鱼低毒
作用机理	农用链霉素，属抗生素类杀菌剂，为放线菌所产生的代谢产物，杀菌谱广，特别是对细菌性病害效果较好，具有内吸作用，能渗透到植物体内，并传导到其他部位。用于防治多种作物细菌性病害，对一些真菌病害也有一定的防治作用
防治对象	美人蕉青枯病、山瑞香溃疡病、软腐病、细菌性斑腐病、晚疫病、霜霉病、细菌性疫病
应用植物	美人蕉、山瑞香等
使用方法	防治马铃薯疫病用1000～1500倍液体喷雾，防治溃疡病用1000～1500倍液体喷雾。美人蕉青枯病，用100～150mg/kg药液，于发病初期灌根，每株灌药液0.25kg，每隔6～8天灌1次，连灌2次
注意事项	本品切勿与碱性农药或污水混合使用，可与抗菌素农药、有机磷农药混合使用；药剂使用时应现配现用，药液不能久存；喷药后8h内遇降雨，应在晴天后补喷；使用浓度一般不超过220mg/kg，以防产生药害

21. 二甲四氯（表4-21）

表4-21　二甲四氯

毒性	对人畜低毒，对鱼安全
作用机理	二甲四氯为激素类内吸性除草剂，对植物有较强的生理活性，在低浓度时对植物的生长有刺激作用，在高浓度时对双子叶植物有抑制生长作用，使植物出现畸形，直至死亡
防治对象	水苋菜、蒲公英、蓼科植物等阔叶杂草及莎草科杂草
应用植物	禾本科草地
使用方法	每百斤水用药150～175g，喷施
注意事项	二甲四氯对幼嫩杂草有效，对老熟杂草效果不佳，应掌握在杂草生长旺盛前期施药；不要与酸碱性物质接触，以免降低药效

22. 2，4-D-丁酯（表4-22）

表4-22　2，4-D-丁酯

毒性	对人畜低毒，对鱼安全
作用机理	2，4-D-丁酯为激素类内吸性除草剂，主要用于苗后茎叶处理。药剂在植物顶端抑制核酸代谢和蛋白质合成，使生长点、幼叶不能伸展。在植物下部促进细胞分裂异常，根尖膨大，筛管阻塞，韧皮部破坏，有机质运输受阻，导致植物死亡。双子叶植物对该药的降解速度慢，而禾本科植物能很快代谢，因此本药对禾本科植物无效

（续）

防治对象	马齿苋、水苋菜、蒲公英、蓼科植物等阔叶杂草及莎草科杂草
应用植物	禾本科草地
使用方法	每百斤水用药 100~125g，喷施
注意事项	在温度低、光照差、干旱时使用 2,4-D-丁酯药效差且易产生药害；不要与碱性物质接触，以免降低药效

23. 草甘膦（表 4-23）

表 4-23　草甘膦

毒性	对人畜低毒，对鱼低毒
作用机理	草甘膦为内吸灭生性除草剂，凡有光合作用的植物绿色部分都能较好地吸收草甘膦而被杀死。药物通过植物绿色部分吸收后传导至全株，植物吸收后先是叶片枯黄，然后地下部分腐烂，最后全株枯死。草甘膦进入土壤后失去活性，故对未出土的杂草及种子无效
防治对象	绝大部分的杂草
应用植物	绝大部分的杂草
使用方法	每百斤水用药 250~500g，喷施
注意事项	用药后喷雾器要彻底清洗；用药后杂草 5~8 天变黄，20 天左右全株枯死

24. 莠去津（阿特拉津、盖萨林）（表 4-24）

表 4-24　莠去津（阿特拉津、盖萨林）

毒性	对人畜低毒，对鱼低毒
作用机理	莠去津为内吸性苗前、苗后除草剂。根吸收为主，茎叶吸收较少，植物吸收后迅速传导到植物分生组织及叶部，干扰光合作用，使杂草死亡。玉米、甘蔗等抗性作物能将莠去津分解为无毒物质，因而对作物安全。莠去津有一定的水溶性，易被淋洗至土壤较深层，故对某些深根性杂草有抑制作用，残效期可达半年。本药对禾本科植物无效
防治对象	狗尾草、马齿苋、鬼针草、蓼科植物等一年生禾本科杂草和阔叶杂草
应用植物	苗圃、果园、甘蔗地、玉米地等
使用方法	50% 粉剂每百斤水用药 500~600g 喷施
注意事项	桃树对莠去津敏感，禁用

25. 克芜踪（百草枯）（表 4-25）

表 4-25　克芜踪（百草枯）

毒性	对人畜剧毒，对鱼低毒
作用机理	克芜踪为触杀型灭生性除草剂。能迅速被植物绿色部分吸收，对植物绿色部分有很强的破坏作用。克芜踪向下传导作用弱，进入土壤后失去活性，因此无法杀灭植物根茎
防治对象	绝大多数杂草
应用植物	苗圃、果园内的杂草

（续）

使用方法	20%粉剂每百斤水用药150~200g，喷施
注意事项	用药后喷雾器要彻底清洗；定向喷雾时做好保护，防止药害

合理安全使用农药应注意：对症下药、正确选用农药；适时用药；用药浓度、用药量及用药次数要合理；选择适当的剂型和施药方法；合理混配农药和交替使用农药。

第三节
常见病虫害及防治

【高手必懂】常见的病害及防治

根据病原的性质和种类，将植物病害分为真菌性病害、细菌性病害、病毒性病害、线虫病害及生理性病害等。

一、真菌性病害

真菌性病害的病原是真菌，在植物病害中发生较为普遍。常见的种类有7种，各种类型病害的症状、发病规律和具体防治措施，如图4-37~图4-43所示。

1. 炭疽病类
炭疽病类如图4-37所示。

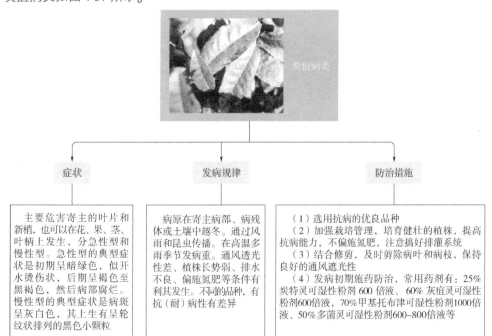

图4-37 炭疽病类

2. 叶斑病类

叶斑病类如图4-38所示。

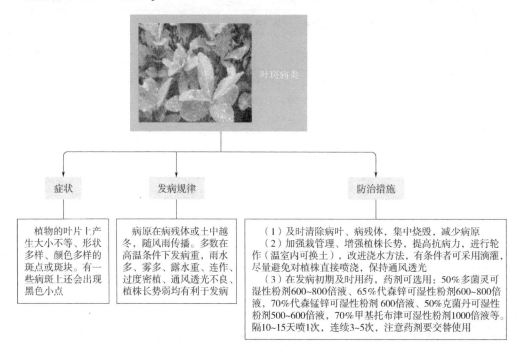

叶斑病类

症状	发病规律	防治措施
植物的叶片上产生大小不等、形状多样、颜色多样的斑点或斑块。有一些病斑上还会出现黑色小点	病原在病残体或土中越冬，随风雨传播。多数在高温条件下发病重，雨水多、雾多、露水重、连作、过度密植、通风透光不良、植株长势弱均有利于发病	（1）及时清除病叶、病残体，集中烧毁，减少病原 （2）加强栽管理、增强植株长势，提高抗病力，进行轮作（温室内可换土），改进浇水方法，有条件者可采用滴灌，尽量避免对植株直接喷浇，保持通风透光 （3）在发病初期及时用药，药剂可选用：50%多菌灵可湿性粉剂600~800倍液、65%代森锌可湿性粉剂600~800倍液、70%代森锰锌可湿性粉剂600倍液、50%克菌丹可湿性粉剂500~600倍液、70%甲基托布津可湿性粉剂1000倍液等。隔10~15天喷1次，连续3~5次，注意药剂要交替使用

图 4-38　叶斑病类

3. 锈病类

锈病类如图4-39所示。

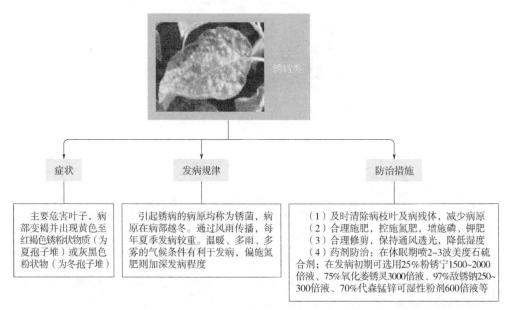

锈病类

症状	发病规律	防治措施
主要危害叶子，病部变褐并出现黄色至红褐色锈粉状物质（为夏孢子堆）或灰黑色粉状物（为冬孢子堆）	引起锈病的病原均称为锈菌，病原在病部越冬。通过风雨传播，每年夏季发病较重。温暖、多雨、多雾的气候条件有利于发病，偏施氮肥则加深发病程度	（1）及时清除病枝叶及病残体，减少病原 （2）合理施肥，控施氮肥，增施磷、钾肥 （3）合理修剪，保持通风透光，降低湿度 （4）药剂防治：在休眠期喷2~3波美度石硫合剂；在发病初期可选用25%粉锈宁1500~2000倍液、75%氧化萎锈灵3000倍液、97%敌锈钠250~300倍液、70%代森锰锌可湿性粉剂600倍液等

图 4-39　锈病类

4. 白粉病类

白粉病类如图 4-40 所示。

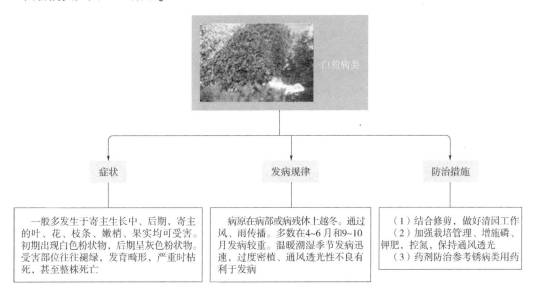

症状	发病规律	防治措施
一般多发生于寄主生长中、后期，寄主的叶、花、枝条、嫩梢、果实均可受害。初期出现白色粉状物，后期呈灰色粉状物。受害部位往往褪绿，发育畸形，严重时枯死，甚至整株死亡	病原在病部或病残体上越冬。通过风、雨传播。多数在4~6 月和9~10月发病较重。温暖潮湿季节发病迅速，过度密植、通风透光性不良有利于发病	（1）结合修剪，做好清园工作 （2）加强栽培管理、增施磷、钾肥，控氮，保持通风透光 （3）药剂防治参考锈病类用药

图 4-40　白粉病类

5. 叶枯病

叶枯病如图 4-41 所示。

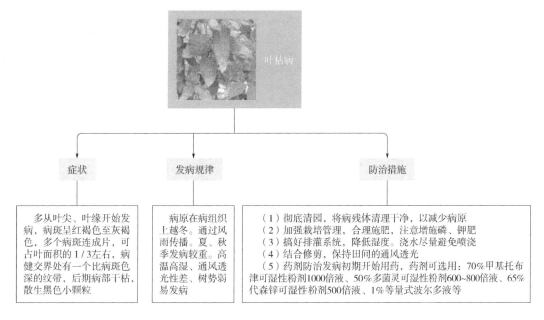

症状	发病规律	防治措施
多从叶尖、叶缘开始发病，病斑呈红褐色至灰褐色，多个病斑连成片，可占叶面积的 1／3 左右，病健交界处有一个比病斑色深的纹带，后期病部干枯，散生黑色小颗粒	病原在病组织上越冬。通过风雨传播。夏、秋季发病较重。高温高湿、通风透光性差、树势弱易发病	（1）彻底清园，将病残体清理干净，以减少病原 （2）加强栽培管理，合理施肥，注意增施磷、钾肥 （3）搞好排灌系统，降低湿度。浇水尽量避免喷浇 （4）结合修剪，保持田间的通风透光 （5）药剂防治发病初期开始用药，药剂可选用：70%甲基托布津可湿性粉剂1000倍液、50%多菌灵可湿性粉剂600~800倍液、65%代森锌可湿性粉剂500倍液、1%等量式波尔多液等

图 4-41　叶枯病

6. 煤烟病

煤烟病如图 4-42 所示。

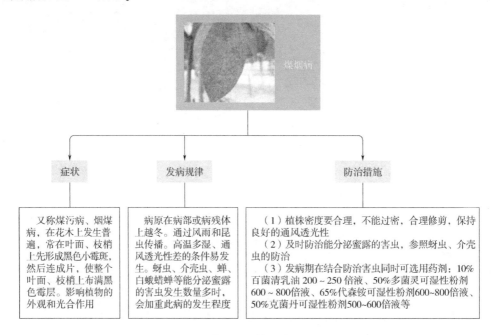

症状	发病规律	防治措施
又称煤污病、烟煤病，在花木上发生普遍，常在叶面、枝梢上先形成黑色小霉斑，然后连成片，使整个叶面、枝梢上布满黑色霉层。影响植物的外观和光合作用	病原在病部或病残体上越冬。通过风雨和昆虫传播。高温多湿、通风透光性差的条件易发生。蚜虫、介壳虫、蝉、白蛾蜡蝉等能分泌蜜露的害虫发生数量多时，会加重此病的发生程度	（1）植株密度要合理，不能过密，合理修剪，保持良好的通风透光性 （2）及时防治能分泌蜜露的害虫，参照蚜虫、介壳虫的防治 （3）发病期在结合防治害虫同时可选用药剂：10%百菌清乳油 200～250 倍液、50%多菌灵可湿性粉剂600～800倍液、65%代森铵可湿性粉剂600~800倍液、50%克菌丹可湿性粉剂500~600倍液等

图 4-42　煤烟病

7. 霜霉病类

霜霉病类如图 4-43 所示。

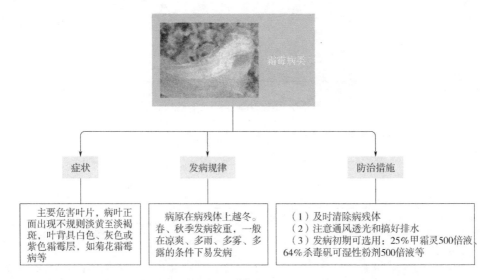

症状	发病规律	防治措施
主要危害叶片，病叶正面出现不规则淡黄至淡褐斑，叶背具白色、灰色或紫色霜霉层，如菊花霜霉病等	病原在病残体上越冬。春、秋季发病较重，一般在凉爽、多雨、多雾、多露的条件下易发病	（1）及时清除病残体 （2）注意通风透光和搞好排水 （3）发病初期可选：25%甲霜灵500倍液、64%杀毒矾可湿性粉剂500倍液等

图 4-43　霜霉病类

二、细菌性病害

细菌性病害的病原为细菌，常见的有细菌性软腐病和青枯病，如图 4-44 所示。

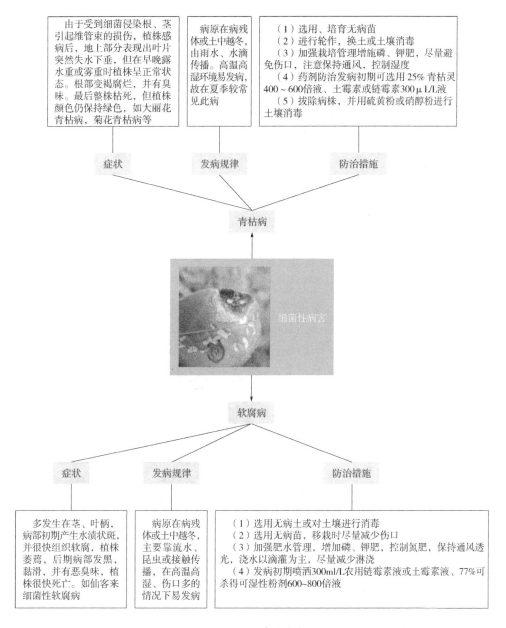

由于受到细菌侵染根、茎引起维管束的损伤，植株感病后，地上部分表现出叶片突然失水下垂，但在早晚露水重或雾重时植株呈正常状态。根部变褐腐烂，并有臭味。最后整株枯死，但植株颜色仍保持绿色，如大丽花青枯病，菊花青枯病等

病原在病残体或土中越冬，由雨水、水滴传播。高温高湿环境易发病，故在夏季较常见此病

（1）选用、培育无病苗
（2）进行轮作，换土或土壤消毒
（3）加强栽培管理增施磷、钾肥，尽量避免伤口，注意保持通风，控制湿度
（4）药剂防治发病初期可选用25%青枯灵400～600倍液、土霉素或链霉素300μL/L液
（5）拔除病株，并用硫黄粉或硝醇粉进行土壤消毒

症状　　　发病规律　　　防治措施

青枯病

细菌性病害

软腐病

症状　　　发病规律　　　防治措施

多发生在茎、叶柄，病部初期产生水渍状斑，并很快组织软腐，植株萎蔫，后期病部发黑，黏滑，并有恶臭味，植株很快死亡。如仙客来细菌性软腐病

病原在病残体或土中越冬，主要靠流水、昆虫或接触传播，在高温高湿、伤口多的情况下易发病

（1）选用无病土或对土壤进行消毒
（2）选用无病苗，移栽时尽量减少伤口
（3）加强肥水管理，增加磷、钾肥，控制氮肥，保持通风透光，浇水以滴灌为主，尽量减少淋浇
（4）发病初期喷洒300ml/L农用链霉素液或土霉素液、77%可杀得可湿性粉剂600~800倍液

图 4-44　细菌性病害

三、病毒性病害

病毒性病害的病原为植物性病毒，为整株性病害，常引起寄主花叶矮化和畸形。较常见的是花叶病，如图 4-45 所示。

四、线虫病

线虫病由线虫的寄生引起。线虫为微小的蠕虫，可寄生在植物的多种器官上。引起的危害症状极像病害的症状，故将其称为病害。如根结线虫病、松材线虫病、穿孔线虫病等。

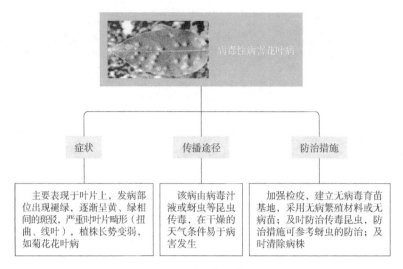

图 4-45 花叶病

发生根结线虫病的植株其根上会形成大小不等，表面粗糙的瘤状物，线虫则置于瘤内，如图 4-46 所示。植株受害后枯死。由于雌虫产卵于根瘤内或土中，幼虫主要在浅土层中活动，进入根部后，其分泌物能刺激根部产生瘤状物。主要通过种苗、肥料、流水和农具等传播。其防治措施是：加强检疫，轮作、选用无病土栽种，土壤消毒（可选用 10% 益舒宝颗粒剂、10% 克线磷颗粒剂等，施用量为 3 ~5kg/亩）。

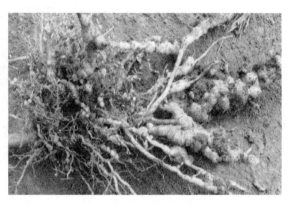

图 4-46 植物根部

【高手必懂】常见的虫害及防治

植物虫害包括地下害虫、叶部害虫、枝干害虫和吸汁害虫。

一、地下害虫

主要是指危害植物的地下部分或近地表部分的害虫。地下害虫的类型及防治措施如下。

1. 金龟子类

（1）形态特征　成虫中至大型，颜色多样，触角鳃状，前足为开掘足，前翅鞘翅，多数种类腹部末节部分外露。幼虫体灰白色，呈"C"形，体胖而多皱褶，寡足型，臀部肥大呈蓝紫色。

（2）发生特点　一至多年发生 1 个世代。在土中或厩肥堆中越冬。幼虫常年在有机质丰富的土中或厩肥堆下生活，取食腐殖质或植物的根。成虫具假死性，有些种类具趋光性。

（3）防治措施　金龟子防治措施，如图 4-47 所示。

2. 蝼蛄

（1）形态特征　蝼蛄俗称"土狗"，属直翅目、蝼蛄科。食性杂，以成虫、若虫危害根部或

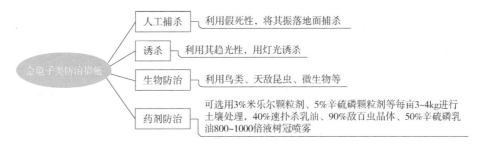

图 4-47 金龟子类防治措施

近地面幼茎。喜欢在表土层钻筑坑道，可造成幼苗干枯死亡。常见有非洲蝼蛄、华北蝼蛄，体黄褐色至黑褐色，触角丝状，前胸近圆筒形，前足为开掘足，前翅短，后翅长，折叠时呈尾须状，腹末具 1 对尾须。

（2）发生特点　发生世代数因种类和地区的不同而不同，多为 1～3 年完成 1 个世代。以成虫，若虫在土中越冬。每年春、夏季危害严重。成虫昼伏夜出，具趋光性，对粪臭味和香甜味有趋性。成虫喜欢在腐殖质丰富或未腐熟的厩肥下的土中筑土室产卵。

（3）防治措施　蝼蛄防治措施，如图 4-48 所示。

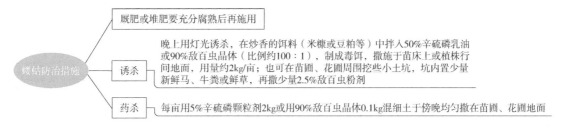

图 4-48 蝼蛄防治措施

3. 蟋蟀

（1）形态特征　蟋蟀属直翅目、蟋蟀科，分布广，全国大部分地区均有分布。食性杂，成、若虫均能危害多种花木的幼苗和根。常见的有大蟋蟀，油葫芦等。形体粗壮，黄褐色至黑褐色，触角丝状，长于体长，后足为跳跃足，具尾须 1 对，雌虫产卵管呈剑状。

（2）发生特点　1 年发生 1 代，以若虫在土中越冬。5～9 月是主要危害期。成虫具趋光性，昼伏夜出，雨天一般不外出活动，雨后初晴或闷热的夜晚外出活动为甚。地势低洼阴湿，杂草丛生的苗圃、花圃及果园虫口密度大。

（3）防治措施　蟋蟀防治措施，如图 4-49 所示。

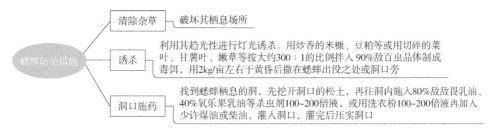

图 4-49 蟋蟀防治措施

4. 地老虎类

（1）形态特征　属鳞翅目、夜蛾科，俗称地蚕，以地老虎为例，成虫体长16～24mm，体暗褐色，触角雌虫丝状，雄虫羽毛状，肾状纹外侧有1个尖端向外的三角形黑斑，其外方有2个尖端向内的三角形黑斑，3个黑斑的尖端相对是此虫的主要特征；幼虫体长37～50mm，黄褐色至黑褐色，背线明显，各节背面有2对毛片（呈黑色粒状）前面1对小于后面1对，臀板黄褐色，其上有2条深褐色纵带。

（2）发生特点　在我国范围内每年发生2～7代。以幼虫或蛹在土中越冬。全年以第1代幼虫（4月下旬～6月中旬）危害最为严重。成虫昼伏夜出，具强烈的趋光性，对酸甜味亦有强烈的趋性。幼虫具假死性、自残性和迁移性。该虫喜阴湿环境，田间植株茂密、杂草多、土壤湿度大则虫口密度大，危害重。而高温对其发育不利。

（3）防治措施　地老虎类防治措施，如图4-50所示。

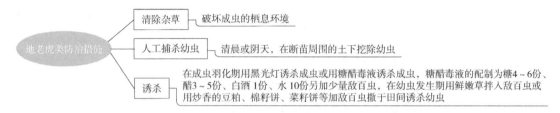

图4-50　地老虎类防治措施

5. 白蚁

（1）形态特征　主要分布于南方，主要危害植物的茎干皮层和根系，造成植物长势衰弱，严重时枯死。危害植物的白蚁主要有家白蚁和黑翅土白蚁。形态体柔软，乳白色至黑褐色，触角串珠状，分为有翅型和无翅型。

（2）发生特点　白蚁是社会性昆虫，等级明显，分工严格，分为王族和补充王族、兵蚁、工蚁。喜阴暗潮湿环境，多在树干内和地下筑巢。每年的春、夏季为繁殖蚁（长翅型）婚飞季节，尤其是大雨前后闷热的傍晚，成虫成群飞翔，若找到适合的环境，成对的雌雄虫将会筑新巢，成为新的群体。有翅型成虫具强烈的趋光性。

（3）防治措施　白蚁防治措施，如图4-51所示。

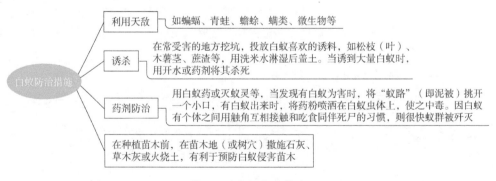

图4-51　白蚁防治措施

二、叶部害虫

叶部害虫主要以植物的叶片为食，主要集中在鞘翅目和鳞翅目。具体类型如下：

1. 叶甲类

（1）形态特征　叶甲又名金花虫，属鞘翅目、叶甲科。小至中型，体卵圆至长形，体色因种类而异，触角丝状，复眼圆形，体表常具金属光泽，幼虫为寡足型。

（2）发生特点　以成虫、幼幼虫咬食叶片危害，造成叶片穿孔或残缺，严重时叶片被吃光。多以成虫越冬，越冬场所因种而异。成虫具有假死性，有些种类具趋光性。常见种类有恶性叶甲、龟叶甲、榆绿叶甲、榆黄叶甲、黄守瓜、黑守瓜等。

（3）防治措施　叶甲类防治措施，如图4-52所示。

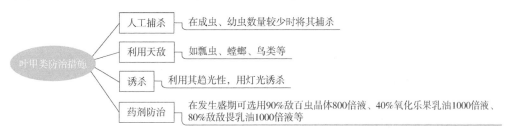

图4-52　叶甲类防治措施

2. 袋蛾类

（1）形态特征　袋蛾又称蓑蛾，属鳞翅目、蓑蛾科。体中型，成虫雌雄异型，雄虫有翅，触角羽毛状，雌虫无翅无足，栖于袋囊内。幼虫肥胖，胸足发达，常负囊活动。

（2）发生特点　以雌成虫和幼虫食叶危害，致使叶片仅剩表皮或穿孔。袋蛾类危害对象多，可达几百种，如茶、山茶、柑橘类、榆、梅、桂花、樱花等，一年中以夏、秋季危害严重。雄成虫具有趋光性。常见种类有大袋蛾、小袋蛾、白茧袋蛾、茶袋蛾等。

（3）防治措施　袋蛾类防治措施，如图4-53所示。

图4-53　袋蛾类防治措施

3. 刺蛾类

（1）形态特征　刺蛾属鳞翅目、刺蛾科。幼虫俗称刺毛虫、痒辣子。成虫体粗壮，体被鳞毛，翅色一般为黄褐色或鲜绿色，翅面有红色或暗色线纹。幼虫短肥，颜色鲜艳，头小，可缩入体内，体表有瘤，上生枝刺和毒毛。常见的有褐刺蛾，绿刺蛾，黄刺蛾和扁刺蛾等。

（2）发生特点　刺蛾类分布广，食性杂，危害对象多，可危害桃、李、梅、桑、茶等多种林木。以幼虫咬食叶片危害，一般1年发生2代，以老熟幼虫结茧越冬，4~10月均有危害。初孵幼虫有群集性，成虫有趋光性。化蛹于坚实的茧内。

（3）防治措施　刺蛾类防治措施，如图4-54所示。

4. 尺蛾类

（1）形态特征　尺蛾属鳞翅目、尺蛾科，为小至大型蛾类，幼虫称为"尺蠖"。成虫体细长，翅大而薄，鳞片稀少，前后翅有波浪状花纹相连。幼虫虫体细长，仅第6腹节和第10腹节各具1对腹足。常见种类有油桐尺蠖、柑橘尺蠖、青尺蠖、绿尺蠖、绿额翠尺蠖、大叶黄杨尺

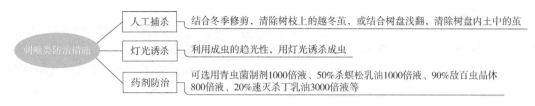

图 4-54　刺蛾类防治措施

蟆等。

(2) 发生特点　1 年发生多代，多以蛹在土中越冬。以幼虫咬食叶片危害植物。成虫静止时，翅平展。幼虫静止时，常将虫体伸直似枯枝状，或在枝条叉口处搭成桥状。幼虫老熟后在疏松的土中化蛹，入土深度一般为 1 ~ 3cm。成虫具趋光性。

(3) 防治措施　尺蛾类防治措施，如图 4-55 所示。

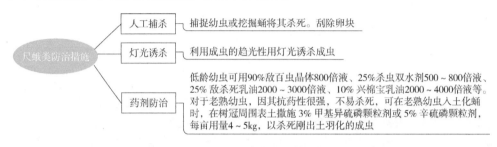

图 4-55　尺蛾类防治措施

5. 天蛾类

(1) 形态特征　天蛾属鳞翅目、天蛾科，为大型蛾类。体粗壮，触角丝状，末端呈钩状，口器发达，翅狭长，前翅后缘常呈弧状凹陷。幼虫粗大，体表粗糙，体侧常具有往后方向的斜纹，第 8 腹节背面具 1 根尾角。常见种类有蓝目天蛾、豆天蛾、甘薯天蛾、芝麻天蛾、芋双线天蛾等。

(2) 发生特点　以幼虫咬食寄主叶片危害植物，造成叶片残缺不全。每年可发生多代。蛹在土中越冬。成虫飞行迅速，具强烈的趋光性。

(3) 防治措施　参考尺蛾的防治措施。

6. 毒蛾类

(1) 形态特征　毒蛾属鳞翅目、毒蛾科，为中型蛾类。成虫体粗壮，体被厚密鳞毛，色暗。幼虫具毛瘤，毛瘤上长有毛簇，毛簇分布不均匀，长短不一致，毛有毒。常见种类有双线盗毒蛾、舞毒蛾、乌桕毒蛾、柳毒蛾等。

(2) 发生特点　以幼虫咬食幼嫩叶片，危害对象多。1 年发生多代，以幼虫或蛹越冬。成虫昼伏夜出，具趋光性。低龄幼虫具群集性。

(3) 防治措施　参考尺蛾的防治措施。

7. 灯蛾类

(1) 形态特征　灯蛾属鳞翅目、灯蛾科。为中型蛾类。虫体粗壮，体色鲜艳、腹部多为红色或黄色，其上生一些黑点、翅多为灰、黄、白色，翅上常具斑点。幼虫体表具毛瘤，毛瘤上具浓密的长毛，毛分布较均匀，长短较一致。

(2) 发生特点　以幼虫咬食叶片危害植物。每年发生多代。以蛹越冬。成虫具趋光性，幼虫具假死性。

（3）防治措施　参考尺蛾的防治措施。

8. 凤蝶类

（1）形态特征　凤蝶属鳞翅目、凤蝶科，为大型蝶类。体色鲜艳，翅面花纹美丽，后翅外缘呈波浪状，有些种类的后翅还具有尾突。幼虫前胸前缘背面具翻缩腺，亦称"臭丫腺"，受到惊动时伸出，并散发香味或臭味。常见种类有柑橘凤蝶、玉带凤蝶、茴香凤蝶、樟凤蝶、黄花凤蝶等。

（2）发生特点　每年可发生多代。越冬形式因种而异。主要以幼虫咬食芸香科、樟科及伞形花科等植物的嫩叶、嫩梢。一般于夏、秋季为发生盛期。成虫常产卵于幼嫩叶片的叶背、叶尖上或嫩梢上。幼虫一般在早晨、傍晚和阴天取食。

（3）防治措施　凤蝶类防治措施，如图4-56所示。

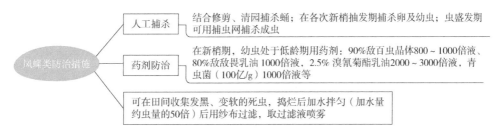

图4-56　凤蝶类防治措施

9. 粉蝶类

（1）形态特征　粉蝶属鳞翅目、粉蝶科，为中型蝶类。体色多为黑色，翅常为白色、黄色或橙色，翅面杂有黑色斑点。后翅为卵圆形，幼虫体表粗糙，具小突起和刚毛，黄绿色至深绿色，常见的有东方粉蝶。

（2）发生特点　每年发生多代。以蛹越冬、南方部分地区不越冬。以幼虫咬食寄主叶片危害植物，主要危害十字花科植物。成虫对芥子油苷有强烈的趋性。

（3）防治措施　参考凤蝶类的防治措施。

10. 弄蝶类

（1）形态特征　弄蝶属鳞翅目、弄蝶科，小至大型蝶类。成虫体粗壮，头大，体色多暗色，体被厚密的鳞毛，触角末端呈钩状，前翅翅面常具黄白色斑。幼虫的头黑褐色，胸腹部乳白色，第1、2胸节缢缩呈颈状，体表具稀疏的毛。常见种类有香蕉弄蝶、稻弄蝶等。

（2）发生特点　每年发生多代。以幼虫卷叶咬食危害植物，常从叶缘开始，将叶片卷成虫苞，并边卷叶边取食。幼虫老熟后在虫苞中化蛹。成虫多在早晨、傍晚及阴天活动，飞行迅速。

（3）防治措施　弄蝶类防治措施，如图4-57所示。

图4-57　弄蝶类防治措施

三、枝干害虫

枝干害虫主要指蛀干、蛀茎、蛀枝条及危害新梢的各种害虫。

1. 天牛类

（1）形态特征 天牛属鞘翅目、天牛科，中至大型。成虫长形，颜色多样；触角鞭状，常超过体长；复眼肾形，围绕触角基部。幼虫呈筒状，属无足型，背、腹面具革质凸起，用于行动。常见有星天牛、桑天牛、桃红颈天牛等。

（2）发生特点 种类多、分布广、危害对象多。以幼虫钻蛀植物的茎干、枝条，成虫啃食树皮，危害叶片。幼虫常在韧皮部和木质部取食并形成蛀道。每1~3年发生1代。多以幼虫在蛀道内越冬。幼虫老熟后在蛀道内化蛹。

（3）防治措施 天牛类防治措施，如图4-58所示。

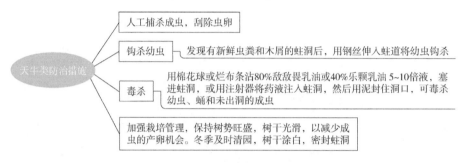

图4-58 天牛类防治措施

2. 小蠹类

（1）形态特征 小蠹属鞘翅目、小蠹科，小型昆虫。体椭圆形，体长约3mm，色暗，头小，前胸背板发达，触角锤状。常见的有柏肤小蠹，纵坑切梢小蠹等。

（2）发生特点 发生世代因种而异。以成虫蛀食形成层和木质部，形成细长弯曲的坑道。雌虫在坑道内交尾并产卵其中。一年中以夏季危害严重。

（3）防治措施 小蠹类防治措施，如图4-59所示。

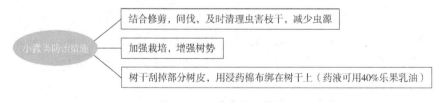

图4-59 小蠹类防治措施

四、吸汁害虫

吸汁害虫的类型及其防治措施如下：

1. 蚜虫类

（1）形态特征 蚜虫属同翅目、蚜科，为小型昆虫。体长约2mm，体色多样，触角丝状。具有翅型和无翅型，第6腹节两侧背具1对腹管，腹末具尾片。常见种类有桃蚜、棉蚜、橘蚜、菜蚜、菊姬长管蚜、蕉蚜、夹竹桃蚜等。

（2）发生特点 以成、若虫刺吸寄主的叶、芽、梢、花危害植物，造成被害部位卷曲、皱缩、畸形，还能诱发煤烟病和传播病毒病。1年可发生多代。可行孤雌生殖和胎生。干旱气候、枝叶过于茂密、通风透光性差有利其发生。成虫对黄颜色有趋性。

（3）防治措施　蚜虫类防治措施，如图4-60所示。

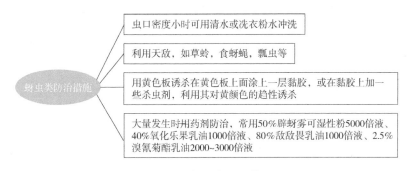

蚜虫类防治措施

虫口密度小时可用清水或洗衣粉水冲洗

利用天敌，如草蛉，食蚜蝇，瓢虫等

用黄色板诱杀在黄色板上面涂上一层黏胶，或在黏胶上加一些杀虫剂，利用其对黄颜色的趋性诱杀

大量发生时用药剂防治，常用50%辟蚜雾可湿性粉5000倍液、40%氧化乐果乳油1000倍液、80%敌敌畏乳油1000倍液、2.5%溴氰菊酯乳油2000~3000倍液

图4-60　蚜虫类防治措施

2. 叶蝉类

（1）形态特征　叶蝉属同翅目、叶蝉科，为小型昆虫。体长多在3~12mm，体色因种而异，头宽，触角刚毛状，体表被一层蜡质层，后足胫节有一排刺。常见的有大青叶蝉、小青叶蝉、桃一点斑叶蝉、黑尾叶蝉等。

（2）发生特点　以成、若虫刺吸寄主枝、叶的汁液危害植物。1年可发生多代。以成虫越冬。在夏、秋季发生较为严重。成虫具强烈的趋光性，能横行。

（3）防治措施　参考蚜虫类的防治措施。

3. 蚧类

（1）形态特征　蚧类又称介壳虫，属同翅目、蚧总科。为小型昆虫，虫体表面常覆盖介壳、各种粉绵状等蜡质分泌物。蚧类种类繁多，外部形态差异大。常见种类有吹绵蚧、矢尖蚧、红蜡蚧、褐圆蚧、草履蚧、褐软蚧等。

（2）发生特点　蚧类多以雌虫和若虫固定不动刺吸植物的叶、枝条、果实等的汁液危害植物。危害对象多，还能诱发煤烟病，造成植物的外观和生长受到严重的影响，降低了产量和观赏价值。

（3）防治措施　蚧类防治措施如图4-61所示。

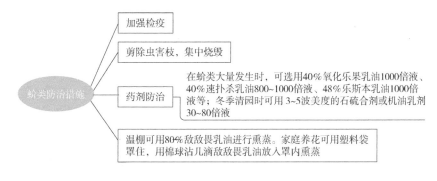

蚧类防治措施

加强检疫

剪除虫害枝，集中烧毁

药剂防治

在蚧类大量发生时，可选用40%氧化乐果乳油1000倍液、40%速扑杀乳油800~1000倍液、48%乐斯本乳油1000倍液等；冬季清园时可用3~5波美度的石硫合剂或机油乳剂30~80倍液

温棚可用80%敌敌畏乳油进行熏蒸。家庭养花可用塑料袋罩住，用棉球沾几滴敌敌畏乳油放入罩内熏蒸

图4-61　蚧类防治措施

4. 木虱类

（1）形态特征　木虱属同翅目、木虱科，为小型昆虫。能飞善跳，但飞翔距离有限，成虫、

若虫常分泌蜡质盖于身体上，木虱类多危害木本植物。常见的有柑橘木虱，梧桐木虱、梨木虱和榕卵痣木虱。榕卵痣木虱成虫体粗壮，体长约3mm，体淡绿色至褐色，上有白色纹，雌成虫较雄虫略大，产卵管发达；若虫淡黄色至淡绿色，体扁，近圆形。

（2）发生特点　发生特点1年约1~2代。以若虫或卵在叶芽中越冬，南方有些地区越冬现象不明显。主要危害细叶榕，若虫在嫩芽上危害，产生大量絮状蜡质，致使嫩芽干枯、死亡。成虫在嫩叶、嫩梢上危害植物。

（3）防治措施　木虱类防治措施，如图4-62所示。

图4-62　木虱类防治措施

5. 螨类

（1）形态特征　螨类不是昆虫，在分类上属蛛形纲、蜱螨目，最常见的是柑橘红蜘蛛和柑橘锈蜘蛛。柑橘红蜘蛛成虫雌螨体椭圆形，雄螨楔形，雌螨暗红色，雄螨鲜红色，足4对，卵扁球形，红色，足上有1个垂直卵柄，顶端有放射性的丝，固定于叶面。幼虫浅红色，足3对。若螨似成螨，略小。

（2）发生特点　螨类的危害特点与刺吸性害虫有相似之处，以成虫、幼虫和若虫刺吸寄主的叶片、嫩梢和果实危害植物。造成受害处呈现小白点，失绿，无光泽，严重时整片叶灰白。每年发生10多代，春、秋两季为发生高峰期。

（3）防治措施　螨类防治措施，如图4-63所示。

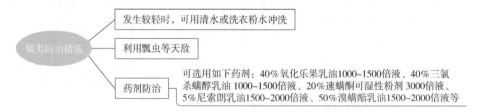

图4-63　螨类防治措施

第五章
各类园林植物的养护管理

第一节
乔木的养护管理

【高手必懂】常绿树种的养护管理

一、肥水管理

1. 施肥

对于常绿树种，施肥的种类应以有机肥为主，同时适当施用化学肥料，施肥方式以基肥为主，兼施追肥。

（1）施肥的时期　基肥宜施迟效性有机肥料，分为秋施和春施，秋施基肥正值根系秋季生长高峰，伤根容易愈合，此时增施有机肥可提高土壤孔隙度，使土壤疏松，有利于土壤积雪保墒，防止冬春土壤干旱，并可提高地温，减少根系冻害。春施基肥，肥效发挥较慢，到生长后期肥效才发挥作用，造成新梢二次生长，对树木生长发育不利。追肥应在树木需肥的关键时期及时施入。

（2）施肥的方法　喜肥树种应适当多施，而耐瘠薄的树种则可少施，小树少施，大树多施，幼龄针叶树不宜施用肥料。施肥量过多或不足，对树木生长发育均有不良影响。

肥料施在距根系集中分布层稍深、稍远的地方，有利于根系向纵深扩展，形成强大的根系，扩大吸收面积，提高吸收能力。根系强大，分布较深远，施肥宜深，范围也要大一些；根系浅，施肥应较浅；幼树根系浅，一般施肥浅而且范围较小。随着树龄的增大，施肥要逐年加深，施肥范围也要逐年扩大，以满足树木根系不断扩展的需要。

追肥应每次少施，适当增加次数，既可以满足树木的需要，又可以减少肥料的流失。氮肥在土壤中的移动性较强，即使是浅施，也可使其渗透到根系分布层内被树木吸收；钾肥的移动性较差，磷肥的移动性更差，所以宜深施至根系分布最多处。

2. 灌水

4~6 月份

是树木发育的旺盛时期，需水量较大，在这个时期一般都需要灌水

7～8月份
为雨季，降水较多，空气湿度大，故不需要多灌水，但如果遇到大旱之年，在此期也应灌水

9～10月份
在北方地区是秋季，树木准备越冬，因此在一般情况下，不应多灌水，以免引起徒长；但如果过于干旱，也可适量灌水

在冬季
应灌封冻水，特别是对在华北地区越冬尚有一定困难的边缘树种，一定要灌封冻水

此外，不同树种，不同栽植年限，则对灌水的要求也有差异。耐旱的深根性树种灌水量少，而浅根性树种则灌水量要多。喜湿润土壤的树种应注意灌水。就灌水次数来说，刚刚栽种的树一定要灌3次水，新栽乔木需要连续灌水3～5年（灌木最少5年），土质不好的地方，树木因缺水而生长不良或遇干旱，均应延长灌水年限，直到树木扎根较深后才可停止；对于新栽常绿树，常常要在早晨向树上喷水，以利于树木成活。

二、修剪

常见的需要修剪的树种包括油松、马尾松、侧柏、红松等，其修剪方法是去掉主干下部的部分侧枝和生长弱的枝条。有些枝条位于树冠下方，形成不了统一的树冠，这样的枝条也应去掉，在截去枝条时要注意削平伤口并涂抹保护剂。

对于用在行道树中的树种，应该从其是否影响交通的角度进行修剪，一般树干的高度与树种、所处的位置及其交通量有密切的关系。一般情况下，处于道路旁的油松，其主干高度应在2m左右，如果不影响交通还可适当降低，而处于绿地中的油松树干高度则可根据需要而定。孤植的油松要有明显的主干，一般在2.5～3.0m左右，片植的油松则可根据其观赏要求进行适当的修剪。

白皮松不能修剪，特别是丛生型白皮松，为了不影响白皮松的观赏价值，应保持树体的丰满。而对于华山松来说，一般需进行适当的修剪，修去树干下方的枝条，使树冠体现出丰满有韵的树姿。雪松则严格要求不要进行修剪，除非其影响了其他活动。

常绿乔木大苗培育的规格，要求具有该树种本来的冠形特征，如尖塔形、圆锥形、圆头形等，树高3～6m，枝下高应为2m，冠形匀称。对于轮生枝明显的常绿乔木树种，如黑松、油松、华山松、云杉、辽东冷杉等，这类树种干性强，有明显的中央领导枝，中央领导枝每年向上长1节，分生1轮分枝，同时这类树种还有明显主梢，需要特别注意。修剪时要注意每年从基部剪除一轮分枝，以促进生长。对于轮生枝不明显的常绿树种，如侧柏、圆柏、雪松、铅笔柏等，这些树种幼苗期的生长速度较轮生枝常绿树种稍快，在培育过程中要注意及时处理主梢竞争枝（剪梢或摘心）。

修剪常绿树主要是为了形成灌木状或紧密的树形。常绿树种，特别是针叶树，一般不耐重剪，常绿树在苗圃时整形极轻，主要发展其自然树形。有些长叶针叶树种，如松属、云杉属的树种，通常只能轻轻剪掉梢顶。如果修剪超过新梢就会发生小枝枯梢，一旦枝条发生枯梢就要疏除。如果修剪以后，树冠出现豁口，则应通过拉撑调节整形。在云杉整形中，如果在新梢柔韧时，从着生处去掉长梢，可在1～2年内阻止末梢的生长，从而使枝条粗壮丰满。松类中的多数树种，最好在新针叶开放之前，即新梢仍呈蜡烛状时修剪，这样不会对树体产生伤害，可保持树木原来的健康外貌。具有鳞片状或刺状叶的针叶树种，如柏、金钟柏及圆柏等属的树种，要修剪成比较理想的树形，只需部分地剪除它们过长的枝条。

【高手必懂】落叶树种的养护管理

一、肥水管理

1. 施肥

处于园林绿地中的乔木树种一般不在养护期施肥，而是在栽植前将有机肥施于种植坑内。如果树木处于土壤贫瘠的环境中，则应该进行追肥。

（1）施肥的位置　对落叶乔木树种来说，因其所处的位置不同，应采取的施肥方法也不同，如图 5-1 所示。

图 5-1　落叶树种施肥的位置

（2）土壤施肥的方法

1）地表施肥：生长在裸露土壤中的小树，可以撒施，但必须同时松土或灌水，使肥料进入土层才能获得比较满意的效果。要特别注意的是不要在树干 30cm 以内干施化肥，否则会造成根茎和树干基部的损伤。

2）叶面施肥：一般是在化肥溶解之后进行喷雾式施肥，单一化肥的喷洒浓度可为 0.3%～0.5%，尿素甚至可达 2%。叶面施肥的喷洒量以营养液开始从叶片大量滴下为准。

3）施肥量：一般乔木树种可施腐熟的有机肥 5kg/株左右，但要注意必须远离树干。

2. 灌水

乔木树种一般根系发达，具有很强的耐旱能力，因此，灌水只在每年的春季树木开始展叶前进行。如果土壤保水能力差，也可适当增加灌水次数和灌水量。

灌水方法多为盘灌，即以树干基部为圆心，在地面筑埂围堰，在盘内灌水。盘深 20～30cm，灌水前应先在盘内松土，以利于水分渗透，待水渗完以后，铲平围堰，松土保墒。

二、修剪

在实际生产中，落叶乔木类大苗一般用于行道树、庭荫树等。落叶乔木树种的修剪方法参考前面章节相关内容。

三、病虫害防治

1. 常见病害

（1）黄栌白粉病

1）病原：漆松钩丝壳菌。

2）症状：主要危害叶片，发病初期，叶片正面出现白色小斑点，小斑点逐渐扩大成为污白色的圆斑，犹如雨滴溅起的泥浆所形成的泥斑，不易被发现，但病斑最后发展成典型的白粉斑，其边缘略呈放射状。发病严重时，白粉斑往往相连成片，整个叶片被厚厚的白粉层覆盖。发病后期，白粉层上出现白色、黄色、黑色的小颗粒，即闭囊壳，此时白粉层逐渐消解。叶片褪绿，花青素受破坏，黄栌叶片不变红而呈黄色，引起叶片早落。发病严重时嫩梢也被危害，连年发生树势衰弱，如图5-2所示。

3）防治措施：秋冬季结合清园彻底扫除病落叶，剪除病枯枝条。提高树势，增强抗病性。春季及时剪除分蘖，减少发病部位。山谷窝风处要搭配针叶树种，杜绝纯林栽培。休眠期喷洒波美度3~4的石硫合剂（地面落叶和枝干），消灭越冬菌源。生长期喷洒25%粉锈宁可湿性粉剂1000~1500倍液，或15%的粉锈宁700倍液，防治效果好，药效长达2个月。叶片上出现病斑时喷药，每年喷1次基本可以控制住白粉病的发生。

(2) 槐树溃疡病

1）病原：镰孢霉属真菌和小穴壳属真菌。

2）症状：镰孢霉属真菌引起的溃疡病，枝干上最初出现黄褐色、水渍状、近圆形的病斑，之后逐渐发展为梭形斑，其长径为1~2cm；较大的病斑中央略下陷，有酒糟味，呈典型的湿腐状；病斑常可环切主干，致使上部枝干枯死；如病斑未环切主干，通常病斑多能于当年愈合。小穴壳属真菌引起的溃疡病，其初期症状与镰孢霉属真菌引起的溃疡病症状相似，但病斑颜色较深，边缘为紫黑色，长径可达20cm以上，病斑发展迅速，也可环切主干；发病后期，病部产生许多黑色小点状的分生孢子器；随后病部逐渐干枯下陷或开裂呈溃疡斑，但其周围很少产生愈伤组织，如图5-3所示。

3）防治措施：加强养护管理是重要的防治途径，在起苗、假植、运输和定植的过程中，要尽量避免苗木失水。药剂防治主要是用25%瑞多霉300倍液加入适当泥土后涂于病部，或用70%托布津800倍液、90%百菌清300倍液、40%乙磷铝250倍液喷洒，也可得到较好的效果。

(3) 泡桐丛枝病

1）病原：类菌质体。

2）症状：泡桐丛枝病开始多发生在植株的个别枝条上。其典型症状为丛枝型，即病枝上的芽大量萌发，抽出许多纤细柔弱的小枝，这些小枝还可重复数次，抽出更多更细弱的小枝，其上叶片小而黄，有时皱缩，还有不明显的花叶症状，远观病枝形似鸟巢，落叶后呈扫帚状。丛生的树枝常于冬季枯死。连年发病可导致全株死亡。较老的感病植株除严重者外，常可见到有的病株多年仅在一侧枝条上表现病状，而另一侧则保持健康状态，如图5-4所示。

3）防治措施：培育无病苗木，严格选用无病植株作采种和采根母株；修除或环剥病枝。秋季在病害停止发生后，树液向根部回流前，彻底修除病枝；春季在树液向上回升前，对病枝进行环状剥皮（在病枝基部，将韧皮部环状剥除，宽度为环剥部位直径的1/3~1/2，以不

图5-2　黄栌白粉病

图5-3　槐树溃疡病

图5-4　泡桐丛枝病

愈合为度），能收到较显著的防治效果。药剂治疗可用四环素族的抗菌素注入幼苗或幼树的髓心内，大树则需在树干基部或丛枝基部打洞，将针管插入边材木质部，将药液徐徐注入，用量因树木大小而异。此法对轻病株效果较好，重病株则易复发。

2. 常见虫害

槐尺蛾（图5-5）的防治方法

1）3月之前，在树冠下及其周围松土中挖蛹，消灭越冬蛹。

2）5月中旬及6月下旬重点做好第1、2代幼虫的防治工作。当100片叶上有5~7条幼虫时，应在1周内进行防治。可使用苏云金杆菌乳剂600倍液，这种药液既具有杀虫作用又不伤害天敌，也可与杀螨剂混用，防治红蜘蛛。

3）采用化学防治，可喷洒50%杀螟松乳油、80%敌敌畏乳油1000~1500倍液，50%辛硫磷乳油2000~4000倍液。

4）可用黑光灯诱杀成虫。

图5-5　槐尺蛾

黄连木尺蛾（图5-6）的防治方法

1）人工挖蛹在晚秋或早春进行，以降低虫口基数。

2）幼虫危害期，喷洒75%辛硫磷乳油、50%亚胺硫磷乳油2000倍液，50%杀螟松乳油500倍液，25%西维因可湿性粉剂300~500倍液。幼虫期的防治，掌握在4龄以前进行效果更好。

3）可用黑光灯诱杀成虫。

图5-6　黄连木尺蛾

槐羽舟蛾（图5-7）的防治方法

1）幼虫危害期，喷洒50%杀螟松乳油1000倍液或50%辛硫磷乳油2000倍液。

2）对分散树木，可进行人工挖蛹，特别是对消灭越冬代蛹，更为有效。

3）在成虫盛发期可设置黑光灯诱杀成虫。

图5-7　槐羽舟蛾

杨扇舟蛾（图5-8）的防治方法

1）幼虫发生期，喷洒80%敌敌畏乳油、50%杀螟松乳油1000倍液，50%辛硫磷乳油1000~1500倍液。

2）可人工挖蛹灭虫，或用黑光灯诱杀成虫。

图5-8　杨扇舟蛾

舞毒蛾（图5-9）的防治方法

1）秋、冬季刮卵块。

2）以灯光诱杀成虫。

3）在树干上涂刷毒环，毒杀上、下树幼虫。

4）在幼虫3龄前，可用25%敌百虫粉喷粉、50%敌敌畏乳油或50%杀螟松乳油1000倍液喷雾。

图5-9　舞毒蛾

星天牛（图5-10）的防治方法

1）人工捕杀成虫：利用成虫飞翔力不强、有假死性的特点，可大力进行人工捕杀。在有天牛蛀害的树干上可以发现外口整齐、木质新鲜的圆形孔洞，即当年的羽化孔，这表明此处有新羽化的成虫飞出。

图 5-10　星天牛

2）捕杀卵或幼虫：根据天牛咬刻槽产卵的习性，找到产卵槽，用硬物击之杀卵；经常检查树干，发现有新鲜粪屑时，用小刀轻轻挑开皮层，即可将幼虫处死。

3）清除虫源：及时剪除被害枝梢，并伐除枯死或风折的树木，更新衰老树，使其无适宜的产卵场所。

4）用灯光诱杀：根据许多天牛成虫具有趋光性的习性，可设置黑光灯诱杀成虫。

5）化学防治：受害株率较高、虫口密度较大时，可选用内吸性药剂喷施受害树干，如使用杀螟松、敌敌畏等100～200倍液，对成虫都有效。将80%敌敌畏500倍液注射入蛀孔内或用浸药棉塞孔（外用泥封孔），也可用溴氰菊酯等农药做成毒签插入蛀孔中，这些方法都可毒杀幼虫。

6）树干涂白：成虫发生前，在树干基部80cm以下刷白涂剂可有效预防成虫产卵，其配方是石灰（10kg）+硫黄（1kg）+动物胶适量+水（20～40kg）。

第二节
灌木的养护管理

【高手必懂】花灌木树种的养护管理

一、肥水管理

1. 施肥

基肥宜施迟效性有机肥料。秋施基肥，有机质腐烂分解的时间较充分，可提高矿质化程度，第二年春季可及时为花灌木吸收和利用，促进其根系生长，特别是对某些观花、观果类树木的花芽分化及果实发育极为有利。

追肥又叫补肥，对观花、观果类树木来说，花后追肥与花芽分化期追肥比较重要，尤以花谢后追肥更为关键；而对开花较晚的花木来说，这两次追肥可合为一次。某些果树如花谢后施肥过早或施用氮肥过多，都有促使幼果脱落的可能。

花前追肥和花后追肥常与基肥施用相隔较近，条件不允许时则可以将追肥省去，但对牡丹来说，花前必须保证施一次追肥。此外，某些果树及观果类树木在果实速生期施一次由氮、磷、钾配置而成的壮果肥，可取得较好效果。对于初栽2～3年内的花木，每年在生长期进行1～2次追肥实为必要，有营养缺乏征兆的树木可随时追肥。

2. 灌水和排水

根据各地的条件，观花、观果类树木在发芽前后到开花期、新梢生长期和幼果膨大期、果实迅速膨大期以及果熟期和休眠期，如果土壤含水量过低，都应进行灌水。干旱的气候条件下或干旱时期，灌水量应多，反之应少，甚至要注意排水。花灌木的灌水一般采用围堰的方法进行，当然对于成片栽植的树木也可采用漫灌和管灌的方法进行。

二、整形修剪

花灌木的整形修剪参考前面章节有关内容。

三、病虫害防治

绝大多数花灌木都易被病虫害侵染，无论是叶片、花冠、树干、枝条还是根系，都有各种病虫害存在，有些病虫害可以对花灌木造成毁灭性的灾害，有些虽然不能够造成灾害，但也会严重影响它的观赏价值。

花灌木常见的病虫害类型和防治方法如下。

1. 病害

（1）月季白粉病

1）病原：蔷薇单囊壳菌。

2）症状：白粉病侵染月季的绿色器官，叶片、花器、嫩梢发病较重，如图5-11所示。

3）防治措施：减少侵染来源，结合修剪，剪除病枝、病芽和病叶。休眠期喷洒2~3波美度的石硫合剂，消灭病芽中的越冬菌丝或病部的闭囊壳。加强栽培管理，改善环境条件，栽植密度不要过密；增施磷、钾肥；施用氮肥要适量；灌水最好在晴天的上午进行。采用药剂防治，常用的有25%粉锈宁可湿性粉剂1500~2000倍液、50%苯来特可湿性粉剂1500~

图5-11　月季白粉病

2000倍液和碳酸氢钠250倍液。喷洒农药时应注意药剂的交替使用，以免白粉菌产生抗药性。

（2）月季枯枝病

1）病原：伏克盾壳霉菌，又名蔷薇盾壳霉。

2）症状：主要发生在茎部，感病部位最初出现苍白、黄色或红色的小点，后扩大为椭圆形至不规则形病斑，中央为浅褐色或灰白色，并有一清晰的紫色边缘，后期病斑下陷，表皮纵向开裂。溃疡斑上着生许多黑色小颗粒，为分生孢子器，老病斑边缘较周围的组织隆起。大的溃疡斑可以由小病斑相互连接而成，也可由单个病斑发展而成。病斑经常环绕茎部一周，引起病部以上变褐枯死。枝枯病一般只发生在茎部，但有时也能危害被蔷薇放线孢侵染的叶片，如图5-12所示。

3）防治措施：及时修剪病株并销毁，修剪应在晴天进行，以利于伤口愈合，伤口可用1%硫酸铜溶液消毒，再涂波尔多液或其他药剂保护伤口。使用药剂防治，在生长期内可选用50%多菌灵可湿性粉剂800~1000倍液、70%甲基托布。

图5-12　月季枯枝病

(3) 月季黑斑病

1) 病原：蔷薇放线孢菌。

2) 症状：该病主要侵害月季的叶片，也可侵害叶柄、叶脉、嫩梢等部位。发病初期，叶片正面出现褐色小斑点，逐渐扩展成为圆形、近圆形或不规则形病斑，直径为 2～12mm，黑紫色，病斑边缘呈放射状，这是该病的特征性症状。发病后期，病斑中央组织变为灰白色，其上着生许多黑色小点粒，即为病原菌的分生孢子盘。有的月季品种的病斑周围组织变黄，有的品种在黄色组织与病斑之间有绿色组织，称为"绿岛"。病斑之间相互连接使叶片变黄、脱落。嫩梢上的病斑为紫褐色的长椭圆形斑，而后变为黑色，病斑稍隆起。叶柄、叶脉上的病斑与嫩梢上的相似。花蕾上的病斑多为紫褐色的椭圆形斑，如图 5-13 所示。

图 5-13　月季黑斑病

3) 防治措施：减少侵染来源，秋季彻底清除枯枝落叶，并结合冬季修剪剪除有病枝条；休眠期喷洒 2000 倍五氯酚钠水溶液或 1% 硫酸铜溶液，杀死病残体上越冬的病菌；改善环境条件，控制病害的发生，灌水最好采用滴灌、沟灌的方式，切忌喷灌，灌水时间最好是晴天的上午，以便使叶片保持干燥；控制栽植密度，以利于通风透气为准；增施有机肥和磷、钾肥，氮肥的施用要适量，以利于植株健壮生长，提高抗病性。发病期间还可喷洒 80% 代森锌可湿性粉剂 500 倍液、70% 甲基托布津可湿性粉剂 1000 倍液、50% 多菌灵可湿性粉剂 500～1000 倍液或 1% 等量式波尔多液，防治效果比较好。7～10 天喷一次，为了防止病原菌抗药性的产生，药剂必须交替使用。生产中应多栽培抗病品种，选用抗病砧木，淘汰观赏效果差的感病品种。

(4) 紫薇白粉病

1) 病原：南方小钩丝壳菌，菌丝体着生于叶片上下表面。

2) 症状：主要侵害紫薇的叶片，嫩叶比老叶易感病。嫩梢和花蕾也会受侵染，叶片展开即可受侵染。发病初期，叶片上出现白色小粉斑，扩大后为圆形病斑。严重时，白粉斑可相互连接成片，有时白粉层会覆盖整个叶片，叶片扭曲变形，枯黄早落，如图 5-14 所示。

3) 防治措施：减少侵染来源，秋季清除病枯枝和落叶并销毁，生长期及时摘除病芽、病叶和病梢；喷洒 25% 粉锈宁可湿性粉剂 3000 倍液或 80% 代森锌可湿性粉剂 500 倍液有效，药剂应交替使用。

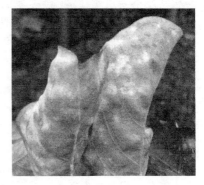

图 5-14　紫薇白粉病

(5) 樱花褐斑病

1) 病原：核果尾孢菌。

2) 症状：主要危害樱花叶片，也可侵染嫩梢。发病初期，叶片正面出现针尖大小的紫褐色小斑点，逐渐扩大形成直径为 3～5mm 的圆形斑或近圆形斑，病斑为褐色至灰白色，其边缘为紫褐色。病斑后期有小霉点着生，即病原菌的分生孢子及分生孢子梗。病原菌的侵入刺激寄主组织产生离层，使病斑脱落，呈穿孔状，穿孔边缘整齐，如图 5-15 所示。

3) 防治措施：减少侵染来源，收集病枯落叶，剪除有病

图 5-15　樱花褐斑病

枝条，并加以处理；加强管理，增强树势，控制病害的发生；适地适树，不在风口区栽植樱花，必要时设风障保护；增施有机肥及磷、钾肥，及时灌水，尤其是在干旱季节更应如此；在展叶前后喷洒65%代森锌可湿性粉剂500倍液、70%甲基托布津可湿性粉剂1000倍液或波尔多液均可。

（6）桃缩叶病

1）病原：畸形外囊菌。

2）症状：主要危害叶片，嫩梢、花、果也可能受侵害。从芽鳞中展出的嫩叶即可表现出症状。病叶呈波纹状皱缩卷曲，叶片由绿色变为黄色至紫红色，叶片加厚，质地变脆。春末、夏初季节，叶片上面出现一层灰白色粉层，即病原菌的子实体，有时叶背病部也出现白粉层，病叶逐

图5-16 桃缩叶病

渐干枯、脱落。嫩梢发病变为灰绿色或黄色，节间短且有些肿胀，病枝条上的叶片多呈丛生状，卷曲，严重时病枝梢枯萎死亡。幼果发病时，发病初期幼果上有黄色或红色的斑点，稍隆起，病斑随着果实的长大逐渐变为褐色且龟裂，引起早落果，如图5-16所示。

3）防治措施：早春喷洒农药是防治桃缩叶病的关键时期，桃芽膨大抽叶前，喷洒3～5波美度的石硫合剂，或160倍的等量式波尔多液。早春喷一次药基本上能控制住病害的

发生，但要掌握好喷药时间，过早会降低药效，过晚则容易发生药害。减少侵染来源，桃树落叶后喷洒3%硫酸铜溶液，以便杀死芽上越夏、越冬的孢子。发病初期，及时摘除病叶、剪除被害枝条均有一定的防治效果。

2. 虫害

大袋蛾（图5-17）防治方法

1）人工摘除护囊：因其行动迟缓，又无毒害，而园林植物一般较为低矮，所以在虫口较集中、症状较明显时，可用人工摘除护囊的方法消灭幼虫。但要注意保护囊内天敌。

2）药剂防治：在幼龄幼虫（3龄前）盛期及时喷药。常用药剂有90%敌百虫、80%敌敌畏、75%辛硫磷、50%乙酸甲胺磷、50%杀螟松、50%马拉硫磷1000～1500倍液，鱼藤肥皂水1:1:200倍液，菊酯类农药5000～10000倍液。

3）生物防治：用青虫菌液喷雾，同时要保护天敌，包括鸟类、寄生蜂、寄生蝇及病原微生物等。

图5-17 大袋蛾

黄刺蛾（图5-18）防治方法

1）消灭越冬虫茧：黄刺蛾以茧越冬历时很长，可结合选育、修枝、松土等园林技术措施，铲除越冬虫茧。利用成虫的趋光性，可设置黑光灯诱杀成虫。

2）摘除虫叶：初孵幼虫有群集性，被害叶片成透明枯斑，容易识别，因而可组织人力摘除虫叶，消灭幼虫。

3）药剂防治：可用90%敌百虫晶体、80%敌敌畏乳油、25%亚胺硫磷乳油、50%辛硫磷乳油1500～2000倍液或菊酯类农药5000倍液喷射，均有较好效果。

图5-18 黄刺蛾

4）保护和利用天敌：黄刺蛾的天敌有上海青蜂和刺蛾广肩小蜂等。用天敌防治效果显著。

介壳虫（图5-19）类防治方法

1）植物检疫：介壳虫在自然情况下，不活动或很少活动，自身传播能力有限，但极易随苗木、果品、花卉的调运长距离传播。必须加强植物检疫，消灭或封锁在局部地区发生严重的介壳虫。对国内或国际调运的花木要加强检疫，发现有严重危害的介壳虫。要采取有效措施，经过认真防治后才能调运，否则应不予调运或集中烧毁。

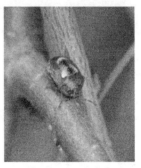

图5-19　介壳虫

2）园林技术措施：通过园林技术措施来改变和创造不利于介壳虫发生的环境条件，如选育抗虫品种；实行轮作，减少同种介壳虫发生机会；合理施肥，增强植株自然抗虫力；合理密植；冬季和早春，结合修剪，剪除虫枝并烧毁，减少越冬虫口基数；对个别枝条或叶片上的介壳虫，用软刷、竹片或破布，轻刷、轻刮或抹涂，或用破布蘸煤油抹杀等。

3）药剂防治：当介壳虫发生量大、危害严重时，可采用药剂防治。消灭越冬代雌虫可在冬季喷1次10～15倍的松脂合剂或40～50倍的机油乳剂。消灭越冬代若虫可在冬季和春季发芽前，喷3～5波美度的石硫合剂或3%～5%柴油乳剂。防治出土的初孵若虫可在早春树根周围土面喷撒50%西维因可湿性粉剂500倍液或50%辛硫磷乳油1000倍液、200谱赛乳油2000～3000倍液、3%莫比朗乳油1000～2000倍液或25%水胺·辛乳油400～2500倍液。生长期介壳虫发生严重时，可用树大夫防虫注干液进行防治。将药液直接注入树干中，随树干中液流迅速输送到树的干、茎、叶部位，从而杀死危害园林树木的介壳虫。

4）保护和利用天敌：介壳虫天敌种类很多，如澳洲瓢虫可捕食吹绵蚧；大红瓢虫和红缘黑瓢虫可捕食草履蚧；红点唇瓢虫可捕食褐圆蚧、桑白蚧、吹绵蚧等多种介壳虫。

图5-20　蚜虫

蚜虫（图5-20）类防治方法

1）人工防治：要防治木本花卉上的蚜虫，可在早春刮除老树皮及剪除受害枝条，消灭越冬卵。

2）保护和利用天敌：蚜虫的天敌很多，最常见的有瓢虫、草蛉、食蚜蝇、蚜茧蜂、蚜小蜂、蚜霉菌等，应予以保护和利用。有条件的地方，应积极开展人工助迁、人工繁殖和田间释放。

3）药剂防治：蚜虫大发生时，可使用10%吡虫啉可湿性粉剂2000倍液、3%莫比朗乳油2000～2500倍液、0.26%苦参碱水剂1500～2000倍液、32%杀蚜净乳油1000～2500倍液、

5%麦丰得乳油1000～2000倍液或2.5%蚜虱灭乳油1500～2000倍液，均可取得很好效果。

【高手必懂】垂直绿化植物的养护管理

一、肥水管理

1. 施肥

（1）施肥时间　施肥的时间要根据施肥的种类来决定。施用基肥应在秋季植株落叶后或春季发芽前进行；施用追肥，应在春季萌芽后至当年秋季进行，在生长季节和雨水较多的地区要注

意及时补充肥力。

（2）施肥方法　基肥应使用有机肥，施用量宜为每延长米 0.5～1.0kg。追肥分为根部追肥和叶面追肥。根部追肥可分为密施和沟施，每 2 周 1 次，每次施混合肥每延长米 100g 左右，施化肥每延长米 50g。叶面施肥时，对以观叶为主的攀缘植物可以喷浓度为 5% 的氮肥尿素，对以观花为主的攀缘植物喷浓度为 1% 的磷酸二氢钾。叶面喷肥宜每半月 1 次，一般每年喷 4～5 次。

施用的有机肥必须经过腐熟，施用化肥必须粉碎、施匀；施用有机肥不应浅于 40cm，施用化肥不应浅于 10cm。施肥后应及时浇水。叶面喷肥宜在早晨或傍晚进行，也可结合喷药一起喷施。

2. 浇水

对新植和近期移植的各类攀缘植物应连续浇水，直至植株不浇水也能正常生长为止，特别要注意植物生长关键时期的浇水量。做好冬初冻水的浇灌，以利于防寒越冬。

由于攀缘植物根系浅、占地面积少，因此，在土壤保水力差或气候干燥季节应适当增加浇水次数和浇水量。

二、修剪

对攀缘植物修剪可以在植株秋季落叶后和春季发芽前进行。为了整齐美观，也可在任何季节随时修剪，但对于观花类的攀缘植物来说，修剪要在落花之后进行。

修剪的对象主要是多余枝条，以减轻植株下垂的重量。对于有些生长过旺的枝条也应适当短截，控制其生长速度，使其他生长较慢的植株能够得到快速生长，同时也可以促进经过修剪的分枝的生长。另外，对于已经种植多年的攀缘植物还应进行适当的间移，其目的是使植株正常生长，减少修剪量，充分发挥植株的作用。间移应在休眠期进行。

三、病虫害防治

攀缘植物的主要病虫害有蚜虫、螨类、叶蝉、天蛾、虎夜蛾、斑衣蜡蝉、白粉病等。在防治上应贯彻"预防为主，综合防治"的方针。

在栽植时，应选择无病虫害的健壮苗，栽植不应过密，应保持植株通风透光，以防止或减少病虫害的发生。栽植后应加强攀缘植物的肥水管理，促使植株生长健壮，以增强植株抗病虫害的能力。及时清理病虫落叶、杂草等，消灭病源、虫源，防止病虫扩散、蔓延。

加强病虫情况检查，发现病虫害时应及时进行防治。在防治方法上要因地、因树、因虫制宜，采用人工防治、物理机械防治、生物防治、化学防治等各种有效方法。在化学防治时，要根据不同病虫害对症下药。喷洒药剂应均匀周到，应选用对天敌较安全、对环境污染较小的农药，既要控制住主要病虫害，又要注意保护天敌和环境。

第三节
竹类和棕榈类植物的养护管理

【高手必懂】竹类植物的养护管理

一、竹子的生长习性

竹类是禾本科竹亚科植物。自古以来人们都把竹子作为装点住宅、绿化园林的佳品。一般来说，有竹子分布的丘陵山区的气温比邻近地区低，降水量和相对湿度高，竹子垂直分布上限的气温又常低于其水平分布北界的气温。水分条件对竹子的分布起主要作用，其次才是温度条件。竹子根系稠密，竹子生长快，蒸发作用强，既要求水湿条件好，以便于有充足的水分供应，但又不耐积水淹涝，故对土壤的要求高于一般树种。

二、竹子的养护管理

1. 幼林的养护管理

竹子栽植成活后尚未成林的阶段称为幼林，幼林是成林的基础，健壮生长的幼林是培育良好的成林的先决条件。幼林养护管理的主要目的是提高栽植成活率，加速成林速度，尽快起到绿化、观赏的作用。

幼林养护管理采用的主要措施有：适时灌溉，保证竹子生长对水分的需要；应用地面覆盖或间种其他绿肥作物，减少地面蒸发；除草松土；适时施肥；防治病虫害及其他伤害。

2. 成林的养护管理

竹子幼林经过大量发笋长竹后，即进入成林阶段。竹子成林后养护管理的措施主要包括两个方面，即改善竹林生长条件和调整竹林群体结构。

(1) 散生竹

1) 改善竹林生长条件。松土施肥：成林后的竹园每 5 年左右应进行 1 次全面松土，除去林内老鞭、杂草、石块等，并适时施肥。肥料以有机肥为主，夏秋季可施菜籽饼或将锄下的嫩草埋入土中；春夏季可施化肥，如尿素等，每年 1～3 次，每次 150～225kg/hm²；最好能在竹林内种植地被或耐阴的绿肥。

挖除竹蔸：散生竹砍伐后，残留的竹蔸一般要 10 年左右才能全部腐烂，没有腐烂的竹蔸埋在土中如同石块一样，阻碍竹鞭行进和生长，所以要及时挖除竹林内的竹蔸和老鞭，以便竹园（林）的更新、复壮。挖除竹蔸时还应给竹林松土，使之利于新鞭新笋生长。

合理排灌：竹类大都喜湿忌积水，故在旱季要注意适时灌溉，而在雨季则要注意排涝，否则竹林生长就会受到影响。

2) 调整竹林群体结构。一般说来竹林结构包括 8 项因子，如图 5-21 所示。

优良竹林结构的基本要求，如图 5-22 所示。

调整竹林群体结构的措施，如图 5-23 所示。

(2) 丛生竹的养护管理 丛生竹的养护管理同样围绕改善竹林生长条件和调整竹林群体结

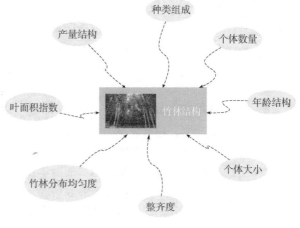

图 5-21 竹林结构

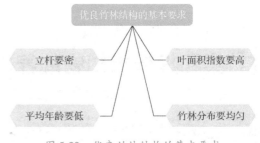

图 5-22 优良竹林结构的基本要求

调整竹林群体结构的措施

疏笋育竹和护笋养竹

疏竹就是合理地挖除弱笋、小笋。竹林中的弱笋、小笋是不可避免的，因为每年出土的竹笋必然有大有小，有强有弱。竹林每年出土的竹笋只有10%~40%成竹，而有60%~90%的退笋。因此，在实践中应选留粗壮的竹笋育竹，将细弱竹笋挖除，这样做既符合自然规律，又可提高观赏效果。对选留疏除的竹笋，用锄头扒开茎部泥土，从笋与鞭相连处切断，千万注意不要损伤竹鞭，取出竹笋后，用泥土覆盖笋穴。对保留的竹笋要加以保护，防止人和畜的危害，禁止挖掘竹笋

"大小年"改"花年"

理论和实践都证明花年竹林可以提高立竹度，增加叶面积指数，充分利用太阳光能制造有机物质，从而促使竹林尽快生长，尽早起到观赏的作用

控制钩梢

钩梢是指对出笋长出的新竹，用快刀钩去竹秆上的枝梢。其作用是为了减轻冬季与早春雪压之害，使竹秆通直。在没有雪压和风倒危害的地方，不提倡钩梢。在有风雪的地方，也要注意控制钩梢的强度，要求每株立竹保留15盘以上枝条

定向培育

竹类的生长一般都具有向光趋肥的特性，因此，可采取一定的措施引导竹鞭伸展和竹林扩大的方向，使竹株合理分布，充分利用林地空间。引导出笋方向的方法：一是通过采伐阻止竹子向不适宜的方向伸展出笋；二是通过松土、施肥，引导竹林竹鞭向适宜的方向发展出笋

合理采伐

合理采伐包括掌握适宜的采伐时间、竹龄(在采伐中有"存三去四不留七"的说法)、强度和方法，采伐时间一般在冬季较好。采伐时要掌握去弱留强、去老留幼、去密留疏、去内留外的原则

图 5-23　调整竹林群体结构的措施

构来采取措施，但在具体情况下应结合丛生竹的生长发育特点进行。以麻竹为例，主要的措施如下。

1）幼林抚育。麻竹定植后，如遇春旱则每隔3~4天可灌水1次；开始发芽展叶后，每隔半个月追施薄肥1次，但在秋后不宜施肥，平时还应注意除草松土。栽植的当年4~5月份有50%左右的母竹萌发新笋，其他要保持到第2年发笋，若第2年再不发笋，说明母竹的笋芽受损，应在第3年春挖除，重新补植新母竹。

2）割笋与留母竹更新。麻竹出笋期为5~10月份，一般分为早期、盛期和晚期。5~6月份为早期，出笋量占总量的26%左右；7~8月份为盛期，出笋量占总量的52%左右；9~10月份为晚期，出笋量占总量的22%左右。最好在出笋盛期选取强壮的、方位适宜的壮笋作为母竹。

每一根麻竹母竹可维持寿命4~6年，4~6年后由于笋头及其基部的笋芽不断增加，母竹的营养负担逐渐加重，如不增加母竹，则竹林逐渐衰败，所以每隔4~6年必须进行留母竹及更新。

3）扒竹。每年2月中下旬（雨水前后）在竹丛周围用锄头自外而内的把土扒开，让竹蔸上的笋芽见阳光。目的是提高土温，刺激笋芽提早萌发，同时也便于施肥。

4）施肥。麻竹出笋量高，消耗养分也多，每年要施肥2~3次，第1次在扒土后10天左右进行，用人粪尿、厩肥、垃圾肥、塘泥、饼肥皆可，每丛施人粪尿25~50kg或腐熟饼肥5~10kg

或塘泥、垃圾肥150~200kg。待小笋芽达到6~7cm时，应进行培土，将原扒开的土重新盖在原处。第2、3次是追肥，在出笋的早期和盛期进行，每次每丛施人粪尿10~15kg或尿素0.5kg，在竹丛附近开沟，肥料用水稀释后浇入。但应注意防止嫩笋接触过浓的肥水，以免引起萎缩死亡。

【高手必懂】棕榈类植物的养护管理

一、生态习性

棕榈类植物分布于热带、亚热带或温暖地区，尤其以南北回归线之间为主要分布地区，是我国南方地区广泛栽植的、富有热带风光的观赏植物。

多数棕榈类植物正常生长温度是22~30℃，低于15℃则进入休眠状态，而高于35℃也不利于其生长。但有较少的品种适应性强，如棕榈可耐-15℃低温，欧洲矮棕耐寒力十分强。如低温未伤及茎尖，可修剪掉受伤的叶片结合第二年春肥水管理使之恢复；如根际受伤或茎顶腐烂则生存的可能性极小，茎顶受伤尤为严重。越冬前少施氮肥，多施磷钾肥，增强光照，增加植物体内的糖分积累，提高抗寒能力。长时间的高温会使一些耐阴性较强的棕榈植物叶片萎蔫或灼焦死亡，如散尾葵和棕竹，应结合浇水喷雾减少盛夏时节高温的影响。

大多数物种要求有充足的光照，在缺少光照的荫蔽环境里会使幼龄植物茎叶徒长。

棕榈植物对相对湿度十分敏感，热带棕榈在相对湿度低的时候会生长不良；而沙漠棕榈植物则遇相对湿度高的环境容易腐烂与死亡。

棕榈植物喜欢富含腐殖质的酸性土壤，特别是原产于热带雨林地区的棕榈植物。如表土为沙质壤土，底土有一层结构疏松的黏土最为理想。棕榈植物较耐瘠薄。

二、养护管理

1. 施肥

定植时要下足基肥，小苗每隔1~2个月追施1次有机肥或复合肥。大苗常在苗木移植成活后于生长季内（5~10月份）每季度追施1次，各种有机肥或复合肥均可，仲秋气温降低时，少施氮肥。温度低于15℃，应停止施肥，以免使生长的新叶遇低温受寒害。

棕榈植物缺氮，极易出现植株生长缓慢，叶色变黄，叶片变小，甚至畸形；缺磷植株生长矮小，叶色变成橄榄绿或黛青色，有时甚至是黄色，植株失去光泽，且根系不发达；缺钾最早表现为下部叶片边缘坏死，或叶面出现坏死斑点或斑块，后逐渐向上部叶片扩展，变得越来越严重，缺钾多见于沙地，尤其是春夏两季雨水较多的地方。因此，只有氮磷钾平衡供应，植株才能健康地生长。

2. 水分管理

棕榈植物在幼株时或刚移栽未成活之前需要较细心的管理与照顾，成熟后可逐渐转为粗放管理。一般在苗木移栽时应浇足定根水，在苗木生长发育过程中应经常保持场地土壤湿润，干旱时每天浇水1次。浇水量因物种不同而异。

3. 补光

若光照经常不足，植物生长也会变得缓慢，并逐渐衰萎。尤其是丛生种，侧芽的分蘖需要光线充足，即萌发侧芽的季节性要注意透光补光。少数较耐阴的品种，如棕竹、竹节椰子、袖珍椰子、裂叶玲珑椰子、鱼尾椰子等，保持40%~70%的光照最佳，并严禁植株种植或摆放过密，且要及时修除枯叶、病叶及下垂叶等，以增加透光性及减少病虫源。

第四节
草坪和花坛的养护管理

【高手必懂】草坪的养护管理

一、肥水管理

1. 草坪草生长所需要的营养元素及施肥

（1）草坪草生长所需要的营养元素　在草坪草的生长发育过程中必需的营养元素有碳（C）、氢（H）、氧（O）、氮（N）、磷（P）、钾（K）、钙（Ca）、镁（Mg）、硫（S）、铁（Fe）、锰（Mn）、铜（Cu）、锌（Zn）、硼（B）、钼（Mo）、氯（Cl）16种。草坪草的生长对每一种元素的需求量有较大差异，通常按植物对每种元素需求量的多少，将营养元素分为三组，即大量元素、中量元素和微量元素，见表5-1。

无论是大量、中量还是微量元素，只有在适宜的含量和适宜的比例时才能保证草坪草的正常生长发育。根据草坪草的生长发育特性，进行科学的、合理的养分供应，即按需施肥，才能保证草坪各种功能的正常发挥。

表5-1　草坪草生长所需要的营养元素

分类	元素名称	化学符号	有效形态
大量元素	氮	N	NH_4^+，NO_3^-
	磷	P	HPO_4^{2-}，$H_2PO_4^-$
	钾	K	K^+
中量元素	钙	Ca	Ca^{2+}
	镁	Mg	Mg^{2+}
	硫	S	SO_4^{2-}
微量元素	铁	Fe	Fe^{2+}，Fe^{3+}
	锰	Mn	Mn^{2+}
	铜	Cu	Cu^{2+}
	锌	Zn	Zn^{2+}
	钼	Mo	MoO_4^{2-}
	氯	Cl	Cl^-
	硼	B	$H_2BO_3^-$

（2）施肥　草坪草需要足够的土壤营养，城市土壤多数肥力较差难于长期满足需要，需每年冬季施经粉碎的有机质肥；生长季节施用以氮肥为主磷、钾肥相配合的速效肥，氮、磷、钾比例一般以5:4:3为宜。一般可喷施（根外追肥），也可撒施。前者是将化肥按比例加水稀释，喷洒于叶面；后者是将化肥加少量细土混匀后撒于草坪上，撒施后喷水使肥料渗入土中，水量不要过多，以免肥料流失。

草坪施肥方案的编写，如图 5-24 所示。

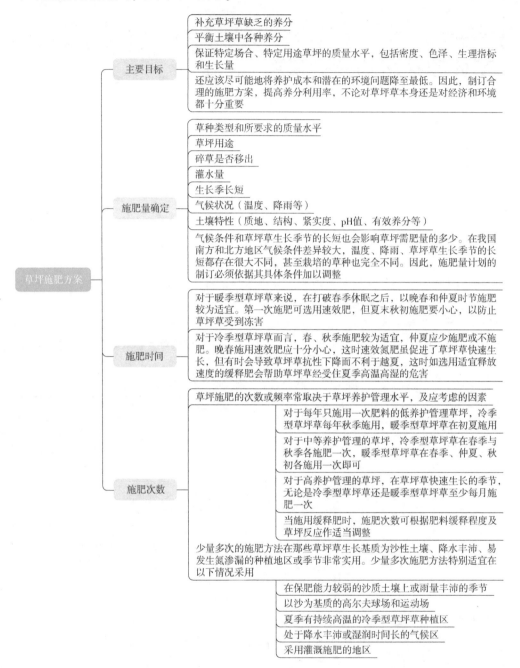

图 5-24　草坪施肥方案

2. 水分管理

新植草坪除雨季外，每周浇水 2~3 次，水量充足湿透表土 10cm 以上。夏季炎热，不在烈日当头的中午浇水，以免影响草坪草的正常生长。生长季节若遇干旱要多浇水。另外，草坪内也不能长时间积水，雨季一定要及时排除积水。

二、修剪

通过修剪可控制草坪草的生长高度，使草坪草叶片更为细小、草坪低矮，增加观赏效果；促进禾草根茎分蘖，增加草坪的密集度与平整度，一定程度上抑制、减少杂草的生长；通过多次修剪，还可以消灭某些双子叶杂草（使其不结籽），保证草坪的纯度；入冬前修剪，可以延长暖季型草坪的绿色期。

根据草坪的高度确定修剪的时间。在目标高度的1.5倍时修剪，对植物根系的影响最小，即草坪的修剪应遵循1/3原则。一天中最好在清晨草叶挺直时修剪。剪草时要按顺序进行，保持草坪的清洁整齐。剪下的草叶要清理取出留作他用，如用作堆肥或覆盖材料。

1. 修剪的作用

1）修剪的草坪显得均一、平整而更加美观，提高了草坪的观赏性。草坪若不修剪，草坪草容易出现生长参差不齐，会降低其观赏价值。

2）在一定的条件下，修剪可以维持草坪草在一定的高度下生长，增加分蘖，促进横向匍匐茎和根茎的发育，增加草坪密度。

3）修剪可抑制草坪草的生殖生长，提高草坪的观赏性和运动功能。

4）修剪可以使草坪草叶片变窄，提高草坪草的质地，使草坪更加美观。

5）修剪能够抑制杂草的入侵，减少杂草种源。

6）正确的修剪还可以增加草坪草抵抗病虫害的能力。修剪有利于改善草坪的通风状况，降低草坪冠层温度和湿度，从而减少病虫害发生的机会。

2. 修剪的高度

草坪草实际修剪高度是指修剪后的植株茎叶高度。草坪草修剪必须遵守1/3原则，即每次修剪时，剪掉部分的高度不能超过草坪草茎叶自然高度的1/3。每一种草坪草都有其特定的耐修剪高度范围，这个范围常常受草坪草种及品种生长特性、草坪质量要求、环境条件、发育阶段、草坪利用强度等诸多因素的影响，根据这些因素可以大致确定某一草坪草的耐修剪高度范围，见表5-2。多数情况下，在这个范围内可以获得令人满意的草坪质量。

表 5-2　主要草坪草的参考修剪高度（个别品种除外）

草种	修剪高度/cm	草种	修剪高度/cm
巴哈雀稗	5.0～10.2	地毯草	2.5～5.0
普通狗牙根	2.1～3.8	假俭草	2.5～5.0
杂交狗牙根	0.6～2.5	钝叶草	5.1～7.6
结缕草	1.3～5.0	多年生黑麦草	3.8～7.6*
匍匐剪股颖	0.3～1.3	高羊茅	3.8～7.6
细弱剪股颖	1.3～2.5	沙生冰草	3.8～6.4
细羊茅	3.8～7.6	野牛草	1.8～7.5
草地早熟禾	3.8～7.6*	格兰马草	5.0～6.4

注：*某些品种可忍受更低的修剪高度。

3. 修剪频率

修剪频率是指在一定的时期内草坪修剪的次数，修剪频率主要取决于草坪草的生长速率和对草坪的质量要求。冷季型庭院草坪草在温度适宜和保证水分的春、秋两季生长旺盛，每周可能需要修剪两次，而在高温的夏季生长受到抑制，每两周修剪一次即可；相反，暖季型草坪草在夏季生长旺盛，需要经常修剪，在温度较低、不适宜生长的其他季节则需要减少修剪频率。

1）对草坪的质量要求越高，养护水平越高，修剪频率也越高。

2）不同草种的草坪其修剪频率也不同。

3）表5-3给出几种不同用途草坪的修剪频率和次数，仅供参考。

表5-3　草坪修剪的频率及次数

应用场所	草坪草种类	修剪频率/(次/月)			年修剪次数
		4~6月	7~8月	9~11月	
庭院	细叶结缕草	1	2~3	1	5~6
	翦股颖	2~3	8~9	2~3	15~20
公园	细叶结缕草	1	2~3	1	10~15
	翦股颖	2~3	8~9	2~3	20~30
竞技场、校园	细叶结缕草 狗牙根	2~3	8~9	2~3	20~30
高尔夫球场发球台	细叶结缕草	1	16~18	13	30~35
高尔夫球场果岭区	细叶结缕草	38	34~43	38	110~120
	翦股颖	51~64	25	51~64	120~150

三、病虫害防治

1. 草坪常见的病害类型

（1）草坪褐斑病

1）病原：褐斑病是一种由立枯丝核菌引起的一种真菌病害。

2）症状：在高温高湿的炎热夏秋季节，首先观察到叶片先变成黄绿色，然后萎蔫变成淡褐色斑点，进而死亡。初始时期病斑形状为长条形或纺锤形，不很规则，长1~4cm，后侵入茎秆。当出现小型枯草斑块时，预示病害即将大面积发展；其典型特征为草坪出现粗略圆形的淡褐色斑区，直径0.1~1.5m，边缘呈现褐色圆环，如图5-25所示。

图5-25　草坪褐斑病

3）防治措施：加强草坪管理，清除病残体，平衡使用氮、磷、钾肥。避免炎热高湿时施肥、剪草。改善通风条件，板结践踏严重的区域应适当打孔，避免草坪积水。在5月上旬至8月下旬，夜间温度达到19~21℃时，就应对草坪进行杀菌药剂喷洒以预防褐斑病。结合使用树先生生根粉、灌根宝来营养植株，促发根系，健壮植株，提高草坪抗逆性。

（2）草坪腐霉枯萎病

1）病原：主要由腐霉菌在高温高湿条件下引起的根部、根茎部、茎和叶变褐腐烂。

2）症状：发病初期叶片呈水渍状和黑色黏滑状，后变成褐色或白色；早晨可在受侵染的植株上观察到絮状的灰色或白色的菌丝体；病斑呈2~5cm圆形状，若未能及时防治，小病斑会连接融合成大而不规则的病斑，如图5-26所示。

3）发病条件：高温（26～35℃）、潮湿气候易发病，土壤排水不良，草坪氮肥施肥量过多也会引发此病。

4）防治措施：少施氮肥，增施磷肥。并改善草坪的立地条件，加强修剪，增强通风透光性。避免清晨和傍晚灌水。前期预防可喷施菌杀，杀死病菌，病害发生严重期喷施菌杀＋破千菌，效果更迅速。

图 5-26　草坪腐霉枯萎病

（3）草坪镰刀枯萎病

1）病原：病土、病残体和病种子是镰刀菌的主要初侵染来源。该病主要造成烂芽和苗腐、根腐、茎基腐、叶斑和叶腐、匍匐茎和根状茎腐烂等一系列复杂症状。

2）症状：发病草坪出现淡绿色圆形或不规则形 2～30cm 斑。湿度高时，病部可出现白色至粉红色的菌丝体和大量的分生孢子团。三年生以上的草坪可出现直径达 1m 左右、呈条形、新月形或近圆形的枯草斑。由于枯草斑中央为正常植株，整个枯草斑呈蛙眼状，如图 5-27 所示。

3）防治措施：应及时清理枯草层使其厚度不超过 2cm。剪草高度不宜过低，一般保持在 5～8cm。科学施肥，增施有机肥和磷肥、钾肥，控制氮肥用量。夏季草坪病害发生多，

图 5-27　草坪镰刀枯萎病

危害大，可在病害发生前打药预防，即 4、5、6 月开始喷杀菌剂杀菌（夏季草坪草长势弱，若忽视病害存在，以肥代药这样会加重一些病害的蔓延）。

（4）草坪夏季斑枯病

1）病原：子囊菌亚门异宗配合的真菌。

2）症状：初期叶部、根冠部、根状茎部呈黑褐色，后期维管束变成褐色；草坪出现环形、瘦弱、生长较慢的小斑块、草株变成枯黄色、多呈圆形斑块，斑块大多不超过 40cm，如图 5-28 所示。

3）发病条件：多发生在炎热多雨天气后的高温天气，空气湿度大，气温在 23～35℃；其与褐斑病的最大区别是斑圈为枯圈；病原菌一般沿根冠部和茎组织蔓延。

4）防治措施：科学养护促进根系生长是防治的基础，因为夏季斑是一种根部病害，凡能促进根部生长的措施都可以减轻病害。避免低修剪，特别是在高温季节。最好使用缓释氮肥，深灌水，减少灌溉次数。打孔、梳草、通风、改善排水条件，减轻土壤紧实等均有利于控制病害。成坪草坪茎叶

图 5-28　草坪夏季斑枯病

喷雾或灌根的首次施药，最好选择在春末或夏初，选择的药剂有：菌杀、根病全除、杀毒矾、灭霉灵、代森锰锌、甲基托布津、乙磷铝等。

（5）草坪币斑病

1）病原：子囊菌亚门核盘菌。草坪常见病害，为茎叶部病害。危害翦股颖、狗牙根、早熟禾、结缕草、紫羊茅等草种。

2）症状：草地上可观察到细小、环形、凹陷、漂白或稻草色小斑块；斑块直径较小，一般不超过 6cm；清晨可观察到白色，棉絮状或蜘蛛网状菌丝体；叶片开始为水浸状绿斑，逐渐变成枯黄色，有深褐色或紫红色边缘，病斑常呈漏斗状，有白色小斑点，如图 5-29 所示。

3）防治措施：科学施肥，以复合的肥料为主，并配以适量的微量元素，以提高草坪的健康指数。合理灌溉，避免在傍晚浇水或长时间浇水，致使土壤湿度大，易感染病菌。通过打孔覆沙等作业降低枯草层厚度，缓解土壤紧实状况，促进草坪表层通风，减少遮阴，提高修剪高度等措施有利于减少币斑病的发生。在发现并确诊币斑病害后，首要的策略是喷施杀菌剂菌杀进行控制，三唑类（如丙环唑、三唑酮）、甲托、异菌脲对币斑病均有较好的治疗效果。严重情况下复配

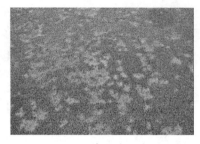

图 5-29　草坪币斑病

使用破千菌，效果显著。温暖而潮湿的天气、形成重露凉爽的夜温，土壤干旱瘠薄、氮素缺乏等因素都会加重病虫害的流行。

（6）草坪叶枯病（图 5-30）

1）离孺孢叶枯病：危害叶、叶鞘、根和根颈等部位，造成严重叶枯、根腐、颈腐，导致植株死亡、草坪稀疏、早衰，形成枯草斑或枯草区。典型症状是叶片上出现不同形状的病斑，中心浅棕褐色，外缘有黄色晕。潮湿条件下有黑色霉状物。温度超过 30℃时，病斑消失，整个叶片变干并呈稻草色。

2）弯孢霉叶枯病：主要引起多种草坪草的叶斑和叶枯。在营养不良、生长较弱的草坪上尤其容易发病。其危害严重，在高温高湿的环境条件下病情很难控制，发病草坪衰弱、稀薄，有不规则形枯草斑，枯草斑内草株矮小，呈灰白色枯死。

图 5-30　草坪叶枯病

3）德氏霉叶枯病：是一类引起多种草坪草发生叶斑、叶枯、根腐和茎基腐的重要病害。可侵染多种草坪草。引起的病害种类很多，由于寄主与病原菌之间的专化性，症状表现不同。

（7）草坪炭疽病

1）病原：草坪炭疽病病原菌为禾生炭疽菌，属半知菌亚门腔孢纲黑盘孢目炭疽菌属。

2）症状：引起根、茎基部腐烂，发病初期叶片病斑呈水渍状，颜色变深，并逐渐发展成圆形褐色大斑。草坪上会出现直径几厘米到几米不规则的枯草斑。斑块呈红褐色—黄色—黄褐色—褐色的变化，如图 5-31 所示。

（8）草坪锈病

1）病原：锈病主要发生在叶片和叶鞘，同时也侵染基部和穗部。

2）症状：锈病发生初期在叶和茎上出现浅黄色斑点，随着病害的发展，病斑数目增多，叶、茎表皮破裂，散发出黄色、橙色、棕黄色或粉红色的夏孢子堆。用手捋一下病叶，手上会有一层锈色的粉状物。草坪草受锈病为害后，会生长不良，叶片和茎变成不正常的颜色，生长矮小，光合作用下降，严重时导致草坪草死亡，如图 5-32 所示。

图 5-31　草坪炭疽病

3）防治措施：加强科学的养护管理，不可过量施入氮肥，保持正常的磷、钾肥比例。合理浇水，避免草地湿度过大或过于干燥，要见干见湿，避免傍晚浇水。保证草坪通风

图 5-32　草坪锈病

透光，以便抑制锈菌的萌发和侵入。前期预防可喷施菌杀，杀死病菌，病害发生严重期喷施粉锈唑＋破千菌，效果更显著。

2. 草坪常见的虫害类型

草坪虫害一般不多，但有时也可能发生害虫及病害。如有发现，应对症下药及时除治，避免危害蔓延。

（1）食叶害虫　食叶害虫是指用咀嚼式口器危害草坪草茎叶等地上部分器官的一类害虫，主要包括黏虫（图5-33）、斜纹夜蛾（图5-34）、草地螟（图5-35）、蝗虫（图5-36）、软体动物等，咬食草坪草茎叶，造成残缺，严重时形成大面积的"光秃"。

黏虫防治方法

1）清除草坪周围杂草或于清晨在草丛中捕杀幼虫。

2）诱杀成虫。灯光诱杀成虫；或利用成虫的趋化性，用糖醋液诱杀，按糖、酒、醋、水为2:1:2:2的比例混合，加少量敌敌畏。

3）初孵幼虫期及时喷药。喷洒25%爱卡士乳油800～1200倍液、40.7%乐斯本乳油1000～2000倍液、30%伏杀硫磷乳油2000～3000倍液、20%哒嗪硫磷乳油500～1000倍液、50%辛硫磷乳油1000倍液、10%天王星乳油3000～5000倍液；或用每克菌粉含100亿活饱子的杀螟杆菌菌粉或青虫菌菌粉2000～3000倍液喷雾。

4）人工摘除卵块、初孵幼虫及蛹。

图 5-33　黏虫

斜纹夜蛾防治方法

图 5-34　斜纹夜蛾

1）诱杀成虫。利用成虫的趋光性，用黑光灯、糖醋液、杨树枝以及甘薯、豆饼发酵液诱杀成虫，糖醋液中可加少许敌百虫或敌敌畏。

2）清洁草坪，加强田间管理，同时结合日常管理采摘卵块，消灭幼虫。

3）药剂防治。喷药宜在暴食期以前并在午后或傍晚幼虫出来活动后进行。可供选择的药剂有：40.7%乐斯本乳油1000～2000倍液、30%伏杀硫磷乳油2000～3000倍液、20%哒嗪硫磷乳油500～1000倍液、50%辛硫磷乳油1000倍液，或用每克菌粉含100亿活孢子的杀螟杆菌菌粉或青虫菌菌粉2000～3000倍液喷雾。

草地螟防治方法

1）人工防治。利用成虫白天不远飞的习性，用拉网法捕捉。

2）药剂防治。用30%伏杀硫磷乳油2000～3000倍液、20%哒嗪硫磷乳油500～1000倍液、50%辛硫磷乳油1000倍液，或用每克菌粉含100亿活孢子的杀螟杆菌菌粉或青虫菌菌粉2000～3000倍液喷雾。

图 5-35　草地螟

蝗虫防治方法

1）药剂喷洒。发生量较多时可采用药剂喷洒防治，常用的药剂有：3.5%甲敌粉剂、4%敌马粉剂喷粉，30kg/hm²；25%爱卡士乳油800~1200倍液、40.7%乐斯本乳油1000~2000倍液、30%伏杀硫磷乳油2000~3000倍液、20%哒嗪硫磷乳油500~1000倍液喷雾。

图5-36　蝗虫

2）毒饵防治。用麦麸100份+水100份+40%氧化乐果乳油0.15份混合拌匀，22.5kg/hm²；也可用鲜草100份切碎加水30份拌入40%氧化乐果乳油0.15份，112.5kg/hm²。随配随撒，不能过夜。阴雨、大风、温度过高或过低时不宜使用。

3）人工捕杀。

图5-37　蜗牛和蛞蝓

软体动物防治方法

危害草坪的软体动物主要有蜗牛和蛞蝓（图5-37）。

1）人工捕捉。发生量较小时，可人工捡拾，集中杀灭。

2）使用氨水。用稀释成70~100倍的氨水，于夜间喷洒。

3）撒石灰粉。用量为75~112.5kg/hm²。

4）施药。撒施8%灭蜗灵颗粒剂或用蜗牛敌（10%多聚乙醛）颗粒剂，15kg/hm²；用蜗牛敌+豆饼+怡糖（1：10：3）制成的毒饵撒于草坪，诱杀蛞蝓。

（2）吸汁害虫　吸汁害虫是指用刺吸式口器（也有少数其他的类型）危害草坪草茎叶的一类害虫，主要包括盲蝽、蚜虫（图5-38）、叶蝉（图5-39）、飞虱（图5-40）、螨类等，吸取茎叶的汁液，使得叶片表面出现大量失绿斑点，严重时草坪草枯黄，有时会发生煤污病。

蚜虫防治方法

1）冬灌可降低地面温度，对蚜虫越冬不利，能大量杀死蚜虫；有翅蚜大量出现时及时喷灌可抑制蚜虫发生、繁殖及迁飞扩散；趁有翅蚜尚未出现时，将无翅蚜碾压死，减轻受害。

2）药剂防治。喷洒10%吡虫啉可湿性粉剂3000~4000倍液、50%辟蚜雾可湿性粉剂3000~4000倍液、25%爱卡士乳油800~1200倍液、40.7%乐斯本乳油1000~2000倍液、30%伏杀硫磷乳油2000~3000倍液、20%哒嗪硫磷乳油500~1000倍液。

图5-38　蚜虫

3）生物防治。利用瓢虫、草蛉、食蚜蝇、蚜茧蜂、蚜小蜂等天敌控制蚜虫。

叶蝉防治方法

1）冬季、早春清除草坪及周围杂草，减少虫源。

2）成虫发生期，利用黑光灯或普通灯光诱杀。

3）药剂防治。喷洒 50% 叶蝉散乳油 1000～1500 倍液、3% 莫比郎乳油 1000～3000 倍液、20% 速灭杀丁乳油 3000 倍液，消灭成虫、若虫。

图 5-39 叶蝉

图 5-40 飞虱

飞虱防治方法

1）选择对飞虱具有抗性或耐害性的草坪草品种。

2）药剂防治。喷洒 25% 爱卡士乳油 800～1000 倍液、50% 叶蝉散乳油 1000～1500 倍液、20% 好年冬乳油 2000～3000 倍液。

螨类防治方法

危害草坪草的螨虫（图 5-41）是蛛形纲、蜱螨类的一些植食性种类，主要有麦岩螨、麦圆叶爪螨等。

1）结合灌水，将螨虫振落，使其陷于淤泥而死。

2）虫口密度大时，耙糖草坪，可大量杀伤虫体。

3）药剂防治。喷洒 1.8% 阿维菌素乳油 1000～3000 倍液、20% 扫螨净可湿性粉剂 2000～4000 倍、25% 倍乐霸可湿性粉剂 1000～2000 倍液、50% 溴螨醋乳油 1000～2000 倍液、20% 螨克乳油 1000～2000 倍液、73% 克螨特乳油 2000～3000 倍液、50% 苯丁锡可湿性粉剂 1500～2000 倍液、5% 霸蜡灵悬浮剂 1500～3000 倍液、20% 阿波罗悬浮剂 2000～2500 倍液。

图 5-41 螨虫

（3）钻蛀害虫 钻蛀害虫是一类以幼虫危害草坪草茎秆或叶片的一类害虫，主要包括秆蝇（图 5-42）及潜叶蝇（图 5-43）两类，在茎秆或叶片内钻蛀危害，造成大量"枯心苗""烂穗"，严重时草坪草枯黄。

图 5-42 秆蝇

秆蝇防治方法

1）加强草坪管理，增强禾草的分蘖能力，以提高抗虫力。

2）药剂防治。关键时期为越冬代成虫盛发期至第 1 代初孵幼虫蛀入茎秆之前这段时间。可供选择的药剂有 50% 杀螟威乳油 3000 倍液、40% 氧化乐果与 50% 敌敌畏乳油 1000 倍液（按 1∶1，混合）。

潜叶蝇防治方法

1）适时灌溉，清除杂草，消灭越冬、越夏虫源，降低虫口基数。

2）掌握成虫发生期，及时喷药防治，防止成虫产卵。

3）幼虫危害初期，喷洒1.8%阿巴丁乳油3000倍液、40%斑潜净乳油1000倍液、48%乐斯本乳油1000倍液、5%锐劲特悬浮剂2000倍液，上述药剂添加"效力增"水剂1000倍液，可提高防治效果。

图5-43　潜叶蝇

（4）食根害虫　食根害虫是指主要生活在土表下，危害草坪草根部及茎基部的害虫，包括蛴螬（图5-44）、沟金针虫（图5-45）、地老虎（图5-46）、蝼蛄（图5-47）等，造成草坪草植株黄枯，严重时形成"斑秃"。

蛴螬防治方法

图5-44　蛴螬

1）成虫防治。成虫有假死性，可人工振落捕杀；利用成虫的趋光性，设置黑光灯进行诱杀；成虫发生盛期，喷洒2.5%功夫乳油3000～5000倍液、40.7%乐斯本乳油1000～2000倍液、30%佐罗纳乳油2000～3000倍液、25%爱卡士乳油800～1200倍液，消灭成虫。

2）幼虫防治。毒土法，虫口密度较大的草坪，撒施5%辛硫磷颗粒剂，用量为30kg/hm²，为保证撒施均匀，可掺适量细沙土。喷药、灌药，用50%辛硫磷乳油500～800倍液喷洒地面，也可用48%毒死蜱乳油1500倍液灌根。拌种，草坪播种前，将75%辛硫磷乳油稀释200倍，按种子量的1/10拌种，晾干后使用。

3）灌水淹杀蛴螬。

沟金针虫防治方法

1）栽培防治。沟金针虫发生较多的草坪应适时灌溉，保持草坪的湿润状态可减轻其危害，而细胸金针虫发生较多的草坪则宜维持适宜的干燥以减轻危害发生。

2）药物防治。撒施5%辛硫磷颗粒剂，用量为30～40kg/hm²；或用50%辛硫磷乳油1000倍液喷浇根际附近的土壤。

图5-45　沟金针虫

地老虎防治方法

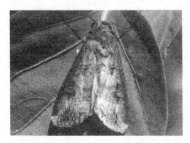

图5-46　地老虎

1）及时清除草坪附近杂草，减少虫源。

2）诱杀成虫。毒饵诱杀，在春季成虫羽化盛期，用糖醋液诱杀成虫，糖醋液配制比为糖6份、醋3份、白酒1份、水10份加适量敌敌畏，盛于盆中，于近黄昏时放于草坪中；灯光诱杀，用黑光灯诱杀成虫。

3）用幼嫩、多汁、耐干的新鲜杂草（酸模、灰菜、苜蓿等）70份与25%西维因可湿性粉剂1份配制成毒饵，于傍晚撒于草坪中，诱杀3龄以上幼虫。

4）幼虫危害期，喷洒2.5%功夫乳油3000～5000倍液、40.7%乐斯本乳油1000～2000倍液、30%佐罗纳乳油2000～3000倍液、25%爱卡士乳油800～1200倍液、75%辛硫磷乳油1000倍液；也可用50%辛硫磷乳油1000倍液喷浇草坪；或撒施5%辛硫磷颗粒剂，用量为30kg/hm²。

蝼蛄防治方法

1）灯光诱杀成虫。特别在闷热天气、雨前的夜晚更有效。可在晚上7～10时点灯诱杀。

2）毒饵诱杀。用80%敌敌畏乳油或50%辛硫磷乳油0.5kg拌入50kg，至半熟或炒香的饵料（麦麸、米糠等）中作毒饵，傍晚均匀撒于草坪上。但要注意防止畜、禽误食。

3）毒土法。虫口密度较大的草坪，撒施5%辛硫磷颗粒剂，用量为30kg/hm²，为保证撒施均匀，可掺适量细沙土。

4）灌药毒杀。用50%辛硫磷乳油1000倍液、48%毒死蜱乳油1500倍液灌根。

图5-47　蝼蛄

【高手必懂】花坛的养护管理

一、肥水管理

1. 施肥

草花所需要的肥料主要依靠整地时所施入的基肥。在定植的生长过程中，也可根据需要，进行几次追肥。追肥时，千万注意不要污染花、叶，施肥后应及时浇水。不可使用未经充分腐熟的有机肥料，以免产生烧根现象。

2. 浇水

花苗栽好后，在生长过程中要不断浇水，以补充土中水分之不足。浇水的时间、次数、灌水量则应根据气候条件及季节的变化灵活掌握。如有条件还应喷水，特别是对于模纹花坛、立体花坛，要经常进行叶面喷水。

喷水时还要注意：一般应在上午10时前或下午4时以后浇水，如果一天只浇一次，则应安排在傍晚前后为宜；浇水量要适度，若浇水量过大，土壤过湿，会造成花根腐烂；浇水时不可太急，避免冲刷土壤。

二、修剪

一般草花花坛，在开花时期每周剪除残花2～3次，模纹花坛更应经常修剪，保持图案明显、整齐。对花坛中的球根类花卉，开花后应及时剪去花梗，消除枯枝残叶，这样可促使子球发育良好。

三、防治病虫害

花苗生长过程中，要注意及时防治地上和地下的病虫害，由于草花植株娇嫩，所施用的农药，要掌握适当的浓度，避免发生药害。

第六章
综合实例

【高手必懂】✕✕✕园林植物养护管理整体方案

一、序言

养护与管理是一项经常性的工作，施工后头几年养护管理尤为重要。为了使所栽植的各种绿地植物不仅能成活，而且能长得更好，就必须根据这些植物的生物学特性、生长发育规律和当地的具体生态条件，制定一套符合实情的科学养护管理措施。绿地植物的养护管理工作，必须一年四季不间断地进行，内容有灌水、排水、除草、中耕、施肥、整形修剪、病虫害防治、防风防寒等。

二、编制依据

1）中国✕✕✕研究院工程建筑、结构施工图。

2）中国✕✕✕研究院工程园林绿化图。

3）园林绿化养护管理质量标准（一级标准）。

三、园林绿化维护小组

园林绿化维护小组如图6-1所示。

图 6-1　园林绿化维护小组

四、冬季养护

根据✕✕✕✕年（灌木补种、乔木更换实际情况的前一年）现场苗木冬季防寒所做措施以及✕✕✕✕年10月灌木补种、乔木更换的实际情况，专门制定一套冬季防寒措施及冬剪计划，具体工作如下：

1. 灌木防寒

计划时间：×××年11月2日起至11月26日。

技术措施：浇冻水、覆土、搭风挡和防风帐；屋顶花园沿绿地边缘搭高80~100cm防风挡，院内绿地内色块沿外边缘搭高80~100cm防风挡；金叶女贞、大叶黄杨当年秋季补植量多且处于风口范围的搭防风帐。

2. 乔木防寒

计划时间：×××年11月6日起至11月26日。

技术措施：浇冻水、封堰、树干涂白，法桐和合欢树干缠裹无纺布。

3. 冬季修剪

计划时间：12月中下旬~来年1月下旬。

修剪方案：落叶乔灌木整形修剪，具体内容参照五、1.（1）整形修剪的方式。

4. 冬季补水

因秋季补植大叶黄杨、金叶女贞、红叶小檗等苗木属于反季节栽植，根系没有恢复，不利于其安全越冬，而北京地区冬季干旱少雪，故冬季需根据天气情况进行补水，预计在来年1月上中旬给上述植物补水一遍。

五、养护管理技术措施及要求

1. 修剪

园林树木修剪应依据园林绿化功能的需要和设计的要求，在不违背树木的生长特性和自然分枝规律的前提下（特型树木除外），充分考虑树木与生长环境的关系，并根据树龄及生长势强弱进行修剪。每年修剪树木前必须制定修剪技术方案，并对工人进行培训，认真贯彻后方可进行操作，做到因地制宜，因树修剪。

自然型树木的修剪应以树木自然分枝习性所形成的树冠形状为基础进行修剪。造型树木的修剪应根据园林绿化对树木的特定要求，适当控制树木部分枝干，按照绿化美化要求把树木剪成各种理想形态。

园林树木可在休眠期和生长期进行修剪。有严重伤流和易流胶的树种应避开生长期和落叶后伤流严重期。抗寒性差的、易抽条的树种如合欢于早春进行。绿篱、色块、黄杨球等修剪必须在每年的5月上旬和8月底以前进行。针叶树剪除基部垂地枝条，随树木生长根据需要逐步提高分枝点。花期后剪除残花、残果。园林树木修剪时，落叶树不留橛，针叶树留1~2cm长的橛。修剪的剪口平滑，不劈裂，注意留芽的方位。

整形、修剪的目的除了可以调节城市绿化植物生长与开花结果、生长与衰老更新之间的矛盾外，重要的在于满足观赏的要求，达到美的效果。整形往往通过修剪，故通常将二者统称整形修剪。

（1）整形修剪的方式　由于各种树木生长的自身特点以及对其预期达到的要求不同。整形修剪的方式也不同，大体可分为人工式、自然式、自然和人工混合式三种。

1）人工式修剪。将树冠修剪成各种特定的形状，如多层式、螺旋式、半圆式或侧篱等。这种修剪方法在规则式绿地中应用较多。

2）自然式修剪。由于每种树木都有一定的树形，通过整形修剪保持其原有的自然生长状态，充分体现其自然美，这种方式称自然式修剪。修剪时保持其树冠的完整，对病虫枝、伤残枝、重叠枝、内枝过密和根部牵生枝以及砧木上萌发出的枝条进行修剪。而为增添绿地景色，要求干基枝条不光秃，形成自下而上完整圆满的绿体，下部枝条不修剪，只对上边的病虫枝、枯死枝及影响树形的枝条进行修剪。

各种树木因分株习性、生长状况不同，形成各式各样的自然冠形，归纳起来，了解各种树木的冠形是进行自然式修剪的基础。除塔形、伞形、拱枝形、丛生形外，其余各类冠形的明显界限，会随年龄增长而发生变化，故修剪时要灵活掌握。

3）自然和人工混合式修剪是符合人们观赏需要和树木生长要求，在自然形式基础上的一种修剪方法。这种方法主要适用于干性弱或无主枝的一些树种。

（2）整形修剪的时期　树木的整形修剪常年可进行，如结合抹芽、摘心、剪枝等，大规模整形修剪在休眠期进行，以免伤流过多，影响树势。

（3）灌木类的整形修剪　灌木类的整形修剪要视灌木的种类而定，不同种类的灌木其整形修剪的要求不同，具体介绍如下：

1）对先开花后发叶类的修剪可在春季开花后修剪老枝并保持理想树姿。对枝条稠密的种类，可适当疏剪弱枝、病枯枝。用重剪进行枝条的更新，用轻剪维持树形。对于具有拱形枝的种类，可将老枝重剪，促进发生强壮的新条以充分发挥其树姿特点。

2）对花开于当年新梢类的修剪在冬季或早春修剪和整形，可行重剪使新梢强健。

3）对观赏枝条及观叶类的修剪在冬季或早春施行重剪，以后行轻剪，使萌发多数枝及叶，耐寒的观枝植物，可在早春修剪，以使冬季充分发挥观赏作用。

4）对萌芽力极强的种类或冬季易干梢类的修剪可在冬季自地面剪去，使来春重新萌发新枝。

2. 灌水、排涝

（1）灌水的原则

1）根据不同的气候确定灌水。

2）根据树种不同、栽植年限不同确定灌水和排水量，如观花树种，特别是花灌木的灌水量和灌水次数均比一般的树要多；对于喜欢湿润土壤的树种，注意灌水。

根据本市气候特点、土壤保水、植物需水、根系喜气等情况，适时适量进行浇水，促其正常生长。浇水前检查土壤含水量（一般取根系分布最多的土层中的土壤，用手攥可成团，但指缝中不出水，泥团落地能散碎，就可暂不浇水；杨柳树等较喜水的树木则土壤含水量可适当多一些）。

新植树木在连续5年内充足灌溉，土质保水力差或根系生长缓慢的树种，应适当延长灌水年限。

浇水树堰高度不低于10cm，树堰直径，有铺装地块的以预留池为准，无铺装地块的，乔木以树干胸径10倍左右、树冠垂直投影的1/2为准，并保证不跑水、不漏水。

（2）排涝　排涝是防涝保树的主要措施。土壤水分过多，氧气不足，抑制根系呼吸，减退吸收能力；严重缺氧时，根系进行无氧呼吸，容易积累酒精使蛋白质凝固，引起根系死亡。特别对耐水力差的树种应抓紧时间及时排水。

雨季采用排水措施及时对绿地和树池排涝，防止植物因涝至死。绿地和树池内积水不得超过24h；宿根花卉种植地积水不得超过12h。

3. 中耕除草、施肥及病虫害的防治

（1）中耕除草　在植物生长季节要不间断地进行中耕除草，应除小、除早、除了。除下的杂草要集中处理，并及时清运。中耕是采用人工方法促使土壤表层松动。它可增加土壤透气性，提高土温，促进肥料的分解，有利于根系生长；中耕还可切断土壤表层毛细管，增加孔隙度，以减少水分蒸发和增加透水性。

土壤经受践踏后会板结，久之影响植物正常生长。中耕深度依栽植植物及树龄而定，浅根性的中耕深度宜浅，深根性的则宜深，一般为5cm以上，如结合施肥则可加深深度。中耕宜在晴

天，或雨后2~3天进行，土壤含水量在50%~60%时最好。中耕次数：花灌木一年内至少1~2次；小乔木一年至少一次；大乔木至少隔年一次。夏季中耕结合除草一举两得，宜浅些；秋后中耕宜深些，可结合施肥进行。

杂草消耗大量水分和养分，影响城市绿地植物生长，同时传播各种病虫害。除草要本着"除早、除小、除了"的原则。除草是一项繁重的工作，一般用于拔除或用小铲、锄头除草，结合中耕也可除去杂草。

（2）施肥 根据园林树木生长需要和土壤肥力情况，合理施肥，平衡土壤中各种矿质营养元素，保持土壤肥力和合理结构。

1）以有机肥为主，适当施用化学肥料。

2）施肥方式以基肥为主，基肥与追肥兼施。

（3）病虫害防治 防治园林植物病虫害贯彻"预防为主，综合防治"的方针。科学、有针对性地进行养护管理，使植株生长健壮，以增强抗病虫害的能力。及时清理带病虫的落叶、杂草等，消灭病源、虫源，防止病虫扩散、蔓延。加强病虫检查，发现主要病虫害应根据虫情预报及时采取防治措施。

生物防治：保护和利用天敌，创造有利于其生存发展的环境条件。

化学防治：应选用高效、低毒、无污染、对天敌较安全的药剂。用药时，对不同的防治对象，抓住时机、对症下药、安全用药，同时，尽量采取兼治，减少喷药次数。

操作人员按照《农药操作规程》及《园林树木病虫害防治技术操作质量标准》进行作业。

1）病害及其防治。植物病害可按其性质分为传染性病害和非传染性病害两大类。由生物性病原如真菌、细菌、病毒、类菌质体、线虫、螨类、寄生性种子植物等引起的病害具有传染性，称为传染性病害；由生理性病原如营养物质缺乏或过剩、水分供应失调、温度过高或过低、光照不足、环境过湿、土壤中有害盐类含量过高或过低、空气中存在有毒气体以及药害、肥害等引起的病害不具有传染性，称非传染性病害或称生理性病害，如缺铁常造成叶黄化，缺磷会使老叶暗绿，枝叶带紫色，无光泽，甚至出现枯斑。在传染性病害中，绝大多数是由真菌引起的，其次是由病毒和细菌引起的，而由其他病原物引起的病害占少数。这类病害主要是借风、雨水、流水、昆虫、种苗、土壤、病株残体以及人类活动等传播，再不断地侵染。

总之，绿化植物病害的发生是在一定的环境条件下受病原物的侵染造成的。病原物传染植物使其发病的过程称为病程，病程可分为接触期、侵入期、潜育期和发病期4个时期。病害发展到最后一个时期病原物就可以进行繁殖、传播和扩大蔓延。

2）害虫及其防治。植物在生长发育过程中，根、茎、叶、花、果实、种子都可能遭受害虫的危害，害虫发生严重时会使种苗及观赏植物资源受到巨大损失。根据害虫食性及危害部位，将植物害虫分为5大类，即苗圃害虫、枝梢害虫、食叶害虫、蛀干害虫及种实害虫。常见的苗圃害虫有地老虎、金针虫、种蝇、线虫等，它们栖居于土壤中，危害种子或幼苗的根部、嫩茎和幼芽。枝梢害虫多为蛾类和甲虫类，它们钻蛀、啃食植株的枝梢及幼茎，直接影响主梢的生长；另外还有蚜虫及蚧壳虫，它们用刺吸式的口器吸取梢株汁液，消耗营养，影响生长，有时还传播病毒，引起病害。食叶害虫是以植株的叶片为营养的害虫。它们中有枯叶蛾、毒蛾、舟蛾、刺蛾等，种类颇多。由于这些害虫大量食害叶片，造成植株生长衰弱，因而失去观赏价值。蛀干害虫有天牛、吉丁虫类和象甲类。其中以天牛的危害最重。它可在植株的本质部、韧皮部钻蛀取食，严重阻碍养分和水分的输导，引起植株生长衰弱，甚至成片死亡。

害虫对绿化植物的危害是相当惊人的，必须足够重视，努力做好害虫的防治工作。

4. 草坪的养护管理

（1）浇水　草坪草根系较浅，吸收水分、养分的范围小，而其枝叶既多又嫩，体内水分易于蒸发散失。及时补充水分显得更为重要。尤其是在炎热的夏季，蒸腾作用强烈，水分散失量大，草坪极易缺水。

同时，有些冷季型草坪草，为了防止夏眠，保证良好的观赏效果，在夏季炎热的天气，经常喷水降温，新建草坪，3~5 天要浇一次水，成坪后可 10 天左右浇一次水，以一次浇透土层超过 10cm 为度。

（2）除杂草　草坪内的杂草，不但影响草坪的整洁和美观，同时与草坪草争肥、争水、争阳光。由于杂草的生命力强，生长快，如不及时去除，很快便会将草坪"吃掉"，失去观赏价值。

清除杂草的方法：用手拔除或用小铲挖除整个植株。人工除草是一项经常性工作，耗劳力较多，在杂草结籽之前务须全部除光，否则种子成熟后散落在草坪上，将造成今后事倍功半的后果。

（3）修剪　为保持草坪的平整、美观，草坪草在生长季节需经常修剪。如长期不剪，会使草坪草枝蔓伸长，表面不平，有的还因结籽而使草坪草变黄，使其观赏价值大大降低。此时修剪，不仅增加剪草难度，而且会导致剪后枝秆枯黄、稀疏、恢复生长时间较长，影响美观。

草坪修剪能促进分蘖，使其枝叶茂密，叶色嫩绿富有弹性，观赏效果好。修剪工作一般在 5 月中下旬~10 月上旬进行，修剪次数与草坪草品种；管理条件和建坪时间有关。一般生长速度较快的草坪草，修剪次数要多。反之，生长速度较慢的草坪草品种修剪次数可适当减少。

（4）追肥　施适量肥料，可促使草坪草生长繁茂，叶色葱绿。常用化肥，用硫酸铵 1.5%、过磷酸钙 0.4%、硝酸钾 0.3% 的比例配合施用，每百平方米用量为 3~5kg；施肥时间一般在春季为宜。

六、全年养护管理工作安排

全年养护管理工作安排，见表 6-1。（备注：以下为一般情况下的养护工作安排，根据本工程实际情况所做的冬季养护措施详见第四条："冬季养护"。）

表 6-1　全年养护管理工作安排

月份	养护工作安排
一月份	全年中气温最低的月份，露地树木处于休眠状态 冬季修剪：对落叶树木的整形修剪；乔木上的枯枝、伤残枝、病虫枝进行修剪 检查树木绑扎、立桩情况，发现松绑、铅丝嵌皮、摇桩等情况时立即整改 防治害虫：在树下疏松的土中挖虫蛹、虫茧，集中烧死。蚧壳虫采取刮除树干上的幼虫的方法 冬季极度缺水情况下浇一次防冻水，时间选在中午进行 冬季气候比较干燥、风力较大、苗木树液流动较慢，草坪草枯黄，容易引起火灾，注意做好防火工作
二月份	气温较上月有所回升，树木仍处于休眠状态 养护工作与 1 月份相同
三月份	气温继续上升，中旬以后，树木开始萌芽，下旬有些树木开花 春灌：因春季干旱多风，蒸发量大，为防止春旱，对绿地等应及时浇水 施肥：土壤解冻后，对植物施用基肥并灌水 根据天气情况进行浇水，促使绿地早日返青。为了使苗木早日发芽返青，对树木进行开堰浇水 修剪：对苗木的枯枝、废枝进行修剪并对苗木进行整形修剪，保证乔木树形优美。绿篱、色块修剪，根据天气情况，定期浇水、随时清拔杂草 施肥：及时耕松土改良土壤墒情。追施复合肥后马上浇水，以免烧伤新叶

（续）

月份	养护工作安排
四月份	气温继续上升，树木均萌芽开花或展叶开始进入生长旺盛期 施肥：草坪结合灌水，追施速效氮肥 修剪：剪除冬、春季干枯的枝条 防治病虫害：蚧壳虫、天牛及其他病虫害的防治工作 绿地内养护：注意大型绿地内的杂草及攀缘植物的挑除。对草坪也要进行挑草。根据天气情况进行浇水。至少每十天一次透水，防止新叶因缺水而回缩，影响苗木的正常生长。草坪应定期浇水
五月份	气温急骤上升，树木生长迅速 浇水：树木展叶盛期，需水量很大，应适时浇水 修剪：修剪残花 防治病虫害：捕捉天牛，由蚧壳虫、蚜虫等引起的煤污病也进入了盛发期 根据天气情况进行浇水。至少每周一次透水，防止新叶因缺水而回缩，影响苗木的正常生长 修剪：对苗木的枯枝、废枝进行修剪并对苗木进行整形修剪，保证乔木树形优美。对行道树进行抹芽、去萌蘖枝。定期浇水、随时清拔杂草。清理树穴中的杂草
六月份	气温高 浇水：植物需水量大，要及时浇水 施肥：结合松土除草、施肥、浇水以达到最好的效果 修剪：继续对行道树进行剥芽除蘖工作 排水工作：有大雨天气时要注意低洼处的排水工作 防治病虫害 做好树木防汛防风前的检查工作，对松动、倾斜的树木进行扶正、加固及重新绑扎 根据天气情况进行浇水，至少每周一次透水，防止新叶因缺水而回缩，影响苗木的正常生长，浇水时间应选在早10点前，减少蒸发同时减少病虫害诱因，可作叶面喷水，保持叶面清新 更换残废苗木：对有些返青不好及长势不好苗木进行更换，保证绿地苗木的美观。清理地被中的杂草等 修剪：对萌发的乔木进行进一步整形修剪抹芽，保证树形优美，控制地被的生长高度在设计高度范围，对行道树特别注意疏枝，以防汛期发生倒伏，地被注意适当疏枝，改善通风透光，减少内部枝叶的枯黄、发生空膛 根据情况半月内打药一次，防止苗木病虫害的发生 加强杂草的防治清除工作，及时清理杂草，清除杂物以确保绿地纯净
七月份	气温最高，中旬以后会出现大风大雨情况 排涝：大雨过后要及时排涝 施追肥：在下雨前干施氮肥等速效肥 对树桩逐个检查，发现松垮、不稳立即扶正绑紧 防治病虫害 根据天气情况进行浇水。至少每周一次透水，保证苗木的生长需求，浇水时间为上午8:00～10:00，下午5:00～6:00。可做叶面喷水，保持叶面清新 修剪：对地被进行适当的整形修剪，保证树形优美，控制地被的生长高度在设计高度范围，对行道树特别注意疏枝，以防汛期发生倒伏，地被注意适当疏枝，改善通风透光，减少内部枝叶的枯黄、发生空膛 根据情况打药，防止苗木病害的发生 及时清理绿地中的杂草，清除杂物以确保绿地纯净

（续）

月份	养护工作安排
八月份	仍为雨季 排涝：大雨过后，对低洼积水处要及时排涝 修剪：除一般树木外，对绿篱进行造型修剪 中耕除草：杂草生长也旺盛，要及时除草，并可结合除草进行施肥 防治病虫害：捕捉天牛为主，注意根部的天牛捕捉。潮湿天气注意白粉病及腐烂病，及时采取措施 根据天气变化，做好雨季排水防涝工作，在每次暴雨来临前，对防涝薄弱部位进行加固，并派人员定期巡逻发现险情及时汇报、及时抢救 修剪：对地被进行适当的整形修剪，保证树形优美，控制地被的生长高度在设计高度范围，地被注意适当疏枝，改善通风透光，减少内部枝叶枯黄、发生空膛 及时清理绿地中的杂草，清除杂物以确保绿地纯净
九月份	气温有所下降，迎国庆做好相关工作 修剪：迎接国庆工作，树木三级分叉以下剥芽。绿篱造型修剪。绿地内除草，及时清理死树，做到树木青枝绿叶，绿地干净整齐 施肥：对一些生长较弱，枝条不够充实的树木，应追施一些磷、钾肥 防治病虫害：穿孔病为发病高峰。天牛开始转向根部危害，注意根部天牛的捕捉。做好其他病虫害的防治工作 节前做好各类绿化设施的检查工作 据天气变化，做好雨季排水防涝工作。在每次暴雨来临前，对防涝薄弱部位进行加固，并派人员定期巡逻，发现险情及时汇报、及时抢救 浇水：盛夏季节天气炎热，地被等苗木每 10 天浇水一次 及时清理绿地中的杂草，清除杂物以确保绿地纯净
十月份	气温下降，十月下旬进入初冬，树木开始落叶，陆续进入休眠期 绿地养护：及时去除死树，及时浇水。绿地、草坪挑草切边工作要做好。草花生长不良的要施肥 浇水：根据天气情况进行浇水 及时清理绿地中的杂草，清除杂物以确保绿地纯净
十一月份	土壤开始夜冻日化，进入隆冬季节 树木防寒 浇水：在封冻前完成浇越冬透水两遍 封堰：用土在树木根部埋严实 树干缠裹草绳或无纺布 树木涂白，涂白高度为 1～1.2m
十二月份	低气温，开始冬季养护工作 冬季气候比较干燥、风力较大、草坪草枯黄，易燃，修剪过高枯草 修剪：对乔木进行冬季整形修剪，保证乔木树形优美

【高手必懂】×××园林树木整形修剪方案

园林植物整形修剪受植物自身和外界环境等诸多因素制约，是一项理论性和实践性都很强的工作，而苗木整形与修剪技术的好坏直接影响到园林的景观效果，因此作出以下计划：

1）根据园林植物的生物学特性、生长发育阶段、树龄及景观等要求的不同进行修剪与整形，选择适当的方法和时期进行。园林树木的整形修剪常年可进行，但大规模修剪在休眠期进行为好，以免伤流过多，影响树势。

2）遵循"先上后下，先内后外，去弱留强，去老留新"的原则修剪进行，促使园林植物枝序分布均匀、疏密得当，冠形完整、丰满，树形美观。

3）顶端优势强的植物，保留其顶芽；轮状分枝的树木，不短截其一级分枝；顶端优势不强而萌发力强的，让其形成自然树形，或根据景观需要修剪造型。

4）早春开花的观花木本植物，在花期后轻剪；夏季开花的落叶植物，在冬季休眠期或生长相对停滞期修剪；一年多次开花的，在花期后及时轻剪。

5）观果木本植物根据其开花结果习性进行修剪，以培养健壮的结果母枝和结果枝为主。

6）休眠期修剪以整形为主，可稍重剪；生长期修剪以调整树势为主，宜轻剪。有伤流的植物须避免雨期修剪，在休眠期修剪。

7）树木的徒长枝、下垂枝、交叉枝、并生枝、病虫枝、枯枝、残枝、凋枯的叶片和花梗均安排及时修剪，以促进生长保持美观。修剪下的枝叶，需在当天清运完毕。

【高手必懂】×××园林植物病虫害防治方案

园林植物病虫害防治应"以防为主，防治结合"，俗话讲"三分种，七分养"，针对园林病虫的发生规律，结合各个月份的气候特点，将病虫害防治与苗木养护紧密结合在一起，真正实现对园林植物病虫害的可持续控制。

一、各月份注意要点

各月份注意要点，见表6-2。

表6-2　各月份注意要点

一月份	是全年中气温最低的月份 防治害虫：冬季是消灭园林害虫的有利季节。可在树下疏松的土中挖出刺蛾的虫蛹、虫茧，集中烧死。在冬季防治害虫，往往有事半功倍的效果 检查防寒设施的完好情况，发现破损立即修补
二月份	气温较上月有所回升，树木仍处于休眠状态 继续剪除病虫枝，并注意观察病虫害的发生情况
三月份	三月份气温开始有大幅度回升，中旬以后，树木开始萌芽，下旬有些树木开花 防治病虫害：天气渐暖，许多病虫害即将发生，本月是防治病虫害的关键时刻。要维护修理好各种除虫防病器械并准备好药品 杂草也陆续开始大量生长，清除绿地内杂草，要做到除早除小，保证绿地内无杂草
四月份	防治病虫害：蚧壳虫在第二次蜕皮后陆续转移到树皮裂缝内、树洞、树干基部、墙角等处分泌白色蜡质薄茧化蛹。采用喷洒杀螟松等农药杀虫 天牛开始活动了，可以采用嫁接刀或自制钢丝挑除幼虫，但是伤口要做到越小越好 做好其他病虫害如蚜虫、螨虫、地老虎、蛴螬等害虫及白粉病、锈病的防治工作
五月份	气温高，降雨量小，湿度小，而又是树木的生长旺季，养护进入主要时期 防治病虫害：刺蛾第一代孵化，但尚未达到危害程度，根据养护区内的实际情况做出相应措施。使用农药严格按操作规程和有关规定进行配比，用量正确无药害产生

（续）

六月份	防治病虫害：六月中、下旬刺蛾进入孵化盛期，应及时采取措施，现基本采用 50% 杀螟松乳剂 500～800 倍液喷洒（或用复合 BT 乳剂进行喷施）。继续对天牛进行人工捕捉，对蚜虫防治仍然不可忽视
七月份	本月天气炎热，杂草生长快，要继续中耕除草、疏松土壤 袋蛾、刺蛾、天牛、龟腊蚧、盾蚧、第二代吹绵蚧螨类等害虫大量发生，应注意防治，同时要继续防治炭疽病、白粉病、叶斑病等 伏天气温高，雨水少时要灌溉抗旱。本月又是暴雨较多的月份，故要注意防涝
八月份	经常检查土壤内含水情况，此时为植物生长旺盛阶段，是植物需水量最大的时间，干旱时要及时浇水，及时灌水、排水 防治病虫害：加强病虫害的防治工作，尤其蚜虫、刺蛾等夏天易发生的虫害和病害
九月份	继续抓好除害灭病工作；特别要检查蚜虫等的发生情况，一经发现，立即防治
十月份	做好防病治虫工作，消灭各种成虫和虫卵 继续中耕除草：杂草生长仍然旺盛，继续做好杂草的除草工作，做到除早，除小。草坪及时进行切边 修剪：色块苗木造型修剪，曲线顺畅，轮廓明显，不脱脚，不缺损，三面整齐平整，球类修剪圆整 病虫害防治工作：继续做好病虫害防治工作，以预防为主
十一月份	进行病虫害防治，结合冬季树木涂白，及时清理消灭越冬虫蛹、虫茧及有关病原体 乔灌木树干涂白方法是水：生石灰：石硫合剂：食盐 =100：20：1：0.5
十二月份	继续抓好防治病虫害工作，剪除病虫枝、枯枝、消灭越冬病虫源，并结合冬季大扫除，搞好绿地卫生工作 维修工具，保养机械设备

二、具体综合管理措施

（1）**注意景观绿地卫生** 及时收集园圃中的病虫害残体、草坪的枯草层，并加以处理，深埋或烧毁。生长季节要及时摘除病、虫枝叶，清除因病虫或其他原因致死的植株。园艺操作过程中应避免人为传染。温室中带有病虫的土壤、盆钵在未处理前不可继续使用。无土栽培时，被污染的营养液要及时清除，不得继续使用。

（2）**加强肥水管理** 合理的肥水管理不仅能使植物健壮地生长，而且能增强植物的抗病虫能力。观赏植物应使用充分腐熟且无异味的有机肥，以免污染环境，影响观赏。使用无机肥时要注意氮、磷、钾等营养成分的配合，防止施肥过量或出现缺素症。浇水方式、浇水量、浇水时间等都影响着病虫害的发生。喷灌和滋水等方式往往容易引起叶部病害的发生，最好采用沟灌、滴灌或沿盆钵边缘浇水。浇水量要适宜，浇水过多易烂根，浇水过少则易使花木因缺水而生长不良，出现各种生理性病害或加重侵染性病害的发生。多雨季节要及时排水。浇水时间最好选择晴天的上午，以便及时地降低叶片表面的湿度。

（3）**改善环境条件** 改善环境条件主要是指调节栽培场所的温度和湿度，尤其是温室栽培植物，要经常通风换气，降低湿度，以减轻灰霉病、霜霉病等病害的发生。种植密度、盆花摆放密度要适宜，以利通风透光。冬季温室的温度要适宜，不要忽冷忽热。草坪的修剪高度、次数、时间也要合理，否则，也会加剧病害的发生。

【高手必懂】×××园林乔木养护管理方案

1）通过修剪形成并保持乔木的树形，做到主、侧枝分布匀称，内膛不空，通风透光，树冠完整，树形美观。

2）对针叶类乔木进行疏剪，不短截主干或重剪侧枝，并及时剪除影响人行或公共安全的下部枝条。

3）及时抹除阔叶类的乔木树干上的不定芽，不得拉伤树皮；及时清除根蘖枝，但应避免对树木的主根造成伤害。

4）成形的阔叶类乔木，以及时疏剪过密枝、短截过长枝为主要工作，保持其自然形树型和观赏特性；造型乔木按照设计要求及时进行修剪。

5）棕榈类乔木不应剪切顶梢，但应及时剪除干枯的叶片。叶鞘自然脱落的棕榈类，不宜人工割除叶鞘。基部萌生的植株，应根据生物学特性和景观要求，予以清除或保留。

6）当乔木与架空电力线路导线的最小垂直距离接近规定的距离时，进行及时短截。

7）靠近快车道的行道树，对主干 3.0m 以下的分枝全部剪除。同一道路的行道树，对生长较快的进行重剪，生长较慢的轻剪，以使树冠的大小保持一致。

8）行道树树冠下缘线的高度宜保持一致，不低于 3.0m；道路两侧树冠的外缘线基本在一条直线上，并与路缘线相协调，顶部高度宜基本保持一致。

9）道路两侧行道树完全郁闭时，剪除部分枝叶，以使道路中线垂直上方保留 100～150cm 的透光、透气通道。

10）为保证行道树高度、体量和形态基本均匀一致，对生长较差的增加施肥次数或进行土壤改良。

11）行道树保持树干直立，对树身倾斜的及时扶正。

【高手必懂】×××园林灌木养护管理方案

1）对模纹花坛、绿篱和造型的灌木及时修剪，以保持图案清晰，层次分明、面线平整、线条流畅，冠形丰满。对自然生长的灌木，修剪以维持植物自然形态为原则。

2）绿篱的控制高度应符合设计要求，满足功能需要。

3）人行横道和道路交叉口处 3.5m 以内分车绿化带中的灌木或绿篱，其修剪或造型的控制高度不得超过 70cm；道路中间分隔带的绿篱，修剪高度宜保持在 60～150cm。

4）木本类地被植物，根据其生物学特性及景观要求控制高度，不宜超过 60cm。对于阻碍景观透视线的大型灌木进行及时修剪，并要符合景观要求。

【高手必懂】×××园林竹类植物养护管理方案

1）及时浇灌或排涝，浇灌的水渗透至土表 5cm 以下；经常中耕和除杂草，松土深度一般为 15～20cm，但不能损伤竹鞭或竹笋，拔除的杂草覆盖在植株周围；在每年 3 月上中旬、6 月上旬、11 月中下旬各追肥一次，其中秋冬追肥施有机肥。

2）新栽植的竹林，进行及时疏笋、护笋，每株母株去除弱笋、病笋，保留 2～3 个健壮竹笋，并挖出笋末期的竹笋；对散生竹的边笋和冬笋给予保留。

3）成年竹林在每年的 4～6 月份施肥 1～2 次，肥料以有机肥为主。5～6 月为竹鞭快速生长期，将成片的散生竹林缘外2~3m范围内的土壤深翻30~50cm，在林内空隙较大处深翻，将老鞭清除，施入有机肥。对丛生竹，则在竹丛内及周围50~100cm范围内，覆盖一层厚25~35cm的种植土，促进竹鞭的伸展与生长。

4）当竹林进入郁闭期，应采取"砍劣留优、砍密留稀、去小留大"的原则，挖除初期笋、末期笋、弱笋和病笋。培养健壮竹株，促使竹林的竹龄结构合理、密度得当。同时，将老的和已死亡的竹头挖除，并用富含有机质的种植土填充空隙。

【高手必懂】×××园林棕榈类植物养护管理方案

1. 土壤

大多数棕榈植物喜欢富含腐殖质的酸性土壤，特别是原产于热带雨林地区的棕榈植物园。如表土为砂质壤土，底土有一层结构疏松的黏土最为理想。

2. 营养

棕榈植物虽较耐瘠薄，但所吸收的营养成分只有达到平衡时才能使其健康生长。棕榈植物缺氮，极易出现植株生长缓慢，叶色变黄，叶片变小，甚至畸形；缺磷植株生长矮小，叶色变成橄榄绿或带青色，有时甚至是黄色，植株失去光泽，且根系不发达；缺钾最早表现为下部叶片边缘坏死，或叶面出现坏死斑点或斑块，后逐渐向上部叶片扩展，变得越来越严重，缺钾多见于砂地，尤其是春夏两季雨水较多的地方。因此，只有氮磷钾平衡供应，合理施用，植株才能健康地生长。

3. 种植移栽

种植棕榈植物的场地，土质若不好，可用山泥或垃圾土或有机肥拌入土壤垫底改良。棕榈植物的种植宜在春季气温18℃以上时进行，此后温度渐升，水分蒸发较小，有利于植株复壮生长。秋季种植要预留2个月以上的持续生长时间，才能进入冬季保暖，否则最终仍容易导致死亡。冬季忌移苗，移后若遇低温，茎干需用草袋或塑料薄膜包扎保温，使之顺利越冬，否则遇寒害生育受阻，恢复较困难，尤其是单干物种，如大王椰子、红棕榈、假槟榔等，移植时要特别注意保护茎生长点，不可折断或受到伤害。夏季虽不是种植与移植棕榈植物的最佳时期，但若苗木壮实，植后加强水管，仍能取得良好的效果。

棕榈科植物种植或移栽时，尤其是大棵苗木种植或移栽时，为减少植物蒸腾，提高成活率，要剪去一些叶片，仅留3~5叶，甚至仅留1~2片心叶，其余均要剪去。但这样要恢复到完整树冠所需要时间较长，一般要2~3年。若要很快起到绿化布置的效果，可不剪叶，但要在栽后采取补液措施，或用稻草包裹树干或搭棚遮阴等，且每天早、中、晚都要喷水，或提前3~6个月断根，即沿干基周围挖成环形沟，干基附有大土球，断根后经常给干基浇水，促使新根萌发与断根生长分枝。起苗时土球高度要比直径大，成圆柱形，移栽时要带土球，且土球要完好无损，树穴要深挖以防伤害下胚轴入土较深的种类的根部。此法也可有效地减缓或克服大棵树木移栽常发生的生长停滞现象，提高绿化效果。定植时通常土球面要比种植的低；但若种植地的地下水位较高，种植时其土球面则要比种植穴高些，以防止基部积水多而烂根。茎干较高的植株还需用竹子固定，防止风吹造成根部松动，影响成活。

4. 防寒防冻

暂时不要去掉仍有一定绿色组织的叶片，最好能将冻死的叶片也暂时保留下来，直到低温气候结束。

5. 其他

若光照经常不足，植物生长也会变得缓慢，并逐渐衰萎。尤其是丛生种，侧芽的分蘖需要光线充足，即萌发侧芽的季节性要注意透光补光。少数较耐阴的品种，如棕竹、竹节椰子、袖珍椰子、裂叶玲珑椰子、鱼尾椰子等，保持 40% ～70% 的光照最佳，并严禁植株种植或摆放过密，且要及时修除枯叶、病叶及下垂叶等，以增加透光性及减少病虫源。

参 考 文 献

[1] 李坤新. 园林绿化与管理 [M]. 北京：中国林业出版社，2007.

[2] 魏岩. 园林植物栽培与养护 [M]. 北京：中国科学技术出版社，2003.

[3] 吴丁丁. 园林植物栽培与养护 [M]. 北京：中国农业大学出版社，2007.

[4] 白金瑞. 园林绿化与管理 [M]. 武汉：华中科技大学出版社，2012.

[5] 陈进勇，朱莹，张佐双. 园林树木选择与栽植 [M]. 北京：化学工业出版社，2011.

[6] 吴玉华. 园林树木 [M]. 北京：中国农业出版社，2008.

[7] 陈祺，陈佳. 园林工程建设现场施工技术 [M]. 北京：化学工业出版社，2011.

[8] 谢云. 园林植物造景工程施工细节 [M]. 北京：机械工业出版社，2009.

[9] 郭爱云. 园林工程施工技术 [M]. 武汉：华中科技大学出版社，2012.

[10] 蒋林君. 园林绿化工程施工员培训教材 [M]. 北京：中国建筑工业出版社，2011.

[11] 曹受金，田英翠. 攀援植物在南方园林绿化中的应用 [J]. 北方园艺，2006（3）：109-110.

[12] 姚德权. 攀援植物及攀援植物在园林中的应用 [J]. 北京农业，2011（6）：63-64.

[13] 劳动和社会保障部教材办公室. 园林绿地养护 [M]. 北京：中国劳动社会保障出版社，2005.

[14] 罗锡，秦琴. 园林植物栽培与养护 [M]. 3版. 重庆：重庆大学出版社，2016.

[15] 佘远国. 园林植物栽培与养护管理 [M]. 2版. 北京：机械工业出版社，2019.

[16] 孙会兵，邱新民，等. 园林植物栽培与养护 [M]. 北京：化学工业出版社，2018.

[17] 陈有民. 园林树木学 [M]. 2版. 北京：中国林业出版社，2013.

[18] 胡林，边秀举，等. 草坪科学与管理 [M]. 北京：中国农业大学出版社，2001.

[19] 赵燕. 草坪建植与养护 [M]. 2版. 北京：中国农业大学出版社，2012.

[20] 陆欣，谢英荷. 土壤肥料学 [M]. 2版. 北京：中国农业大学出版社，2011.